2025年用

共通テスト
実戦模試

③ 数学Ⅰ・A

Z会編集部 編

スマホで自動採点！　**学習診断サイトのご案内**

スマホでマークシートを撮影して自動採点。ライバルとの点数の比較や，学習アドバイスももらえる！　本書のオリジナル模試を解いて，下記 URL・二次元コードにアクセス！

Z会共通テスト学習診断　検索

https://service.zkai.co.jp/books/k-test/

二次元コード →

詳しくは別冊解説の目次ページへ

目次

本書の効果的な利用法 …… 3

共通テストに向けて …… 4

共通テスト攻略法

　データクリップ …… 6

　傾向と対策 …… 8

模試　第１回

模試　第２回

模試　第３回

模試　第４回

模試　第５回

大学入学共通テスト　試作問題

大学入学共通テスト　2024 本試

大学入学共通テスト　2023 本試

マークシート …… 巻末

本書の効果的な利用法

本書の特長

本書は，共通テストで高得点をあげるために，**過去からの出題形式と内容，最新の情報を徹底分析して作成した実戦模試である。**本番では，限られた時間内で解答する力が要求される。本書では時間配分を意識しながら，出題傾向に沿った良質の実戦模試に複数回取り組める。

■ 共通テスト攻略法 ―― 情報収集で万全の準備を

以下を参考にして，共通テストの内容･難易度をしっかり把握し，本番までのスケジュールを立て，余裕をもって本番に臨んでもらいたい。

データクリップ➡ 共通テストの出題教科や 2024 年度本試の得点状況を収録。

傾向と対策　　➡ 過去の出題や最新情報を徹底分析し，来年度に向けての対策を解説。

■ 共通テスト実戦模試の利用法

1．本番に備える

本番を想定して取り組むことが大切である。時間配分を意識して取り組み，自分の実力を確認しよう。巻末のマークシートを活用して，記入の仕方もしっかり練習しておきたい。

2．令和７年（2025 年）度の試作問題も踏まえた「最新傾向」に備える

今回，実戦力を養成するためのオリジナル模試の中に，大学入試センターから公開されている**令和７年度に向けた試作問題の内容を加味した類問を掲載している。**詳細の解説も用意しているので，合わせて参考にしてもらいたい。

3．「今」勉強している全国の受験生と高め合う

『学習診断サイト（左ページの二次元コードから利用可能）』では，得点を登録すれば学習アドバイスがもらえるほか，**現在勉強中の全国の受験生が登録した得点と「リアル」に自分の点数を比較し切磋琢磨ができる。**全国に仲間がいることを励みに，モチベーションを高めながら試験に向けて準備を進めてほしい。

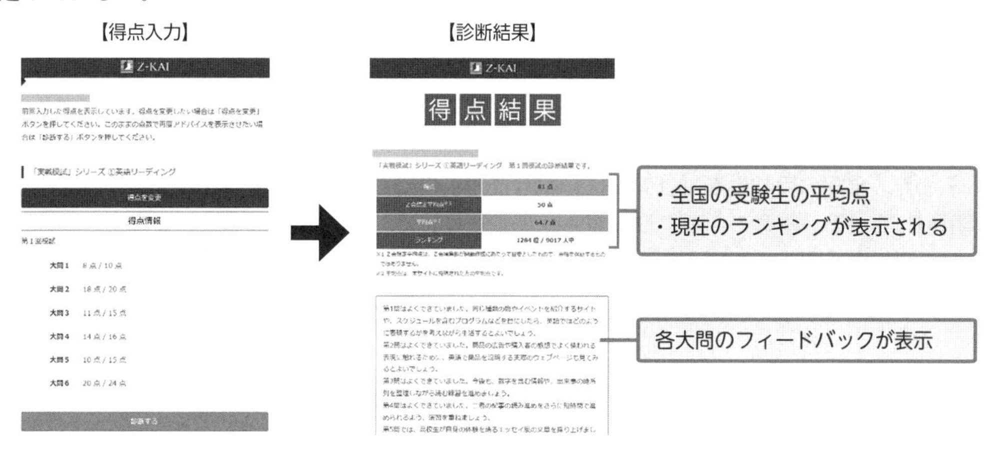

共通テストに向けて

■ 共通テストは決してやさしい試験ではない。

共通テストは，高校の教科書程度の内容を客観形式で問う試験である。科目によって，教科書等であまり見られないパターンの出題も見られるが，出題のほとんどは基本を問うものである。それでは，基本を問う試験だから共通テストはやさしい，といえるだろうか。

実際のところは，共通テストには，適切な対策をしておくべきいくつかの手ごわい点がある。まず，勉強するべき科目数が多い。国公立大学では共通テストで「6教科8科目」を必須とする大学・学部が主流なので，科目数の負担は決して軽くない。また，基本事項とはいっても，あらゆる分野から満遍なく出題される。これは，“山”を張るような短期間の学習では対処できないことを意味する。また，広範囲の出題分野全体を見通し，各分野の関連性を把握する必要もあるが，そうした視点が教科書の単元ごとの学習では容易に得られないのもやっかいである。さらに，制限時間内で多くの問題をこなさなければならない。しかもそれぞれが非常によく練られた良問だ。問題の設定や条件，出題意図を素早く読み解き，制限時間内に迅速に処理していく力が求められているのだ。こうした処理能力も，漫然とした学習では身につかない。

■ しかし，適切な対策をすれば，十分な結果を得られる試験でもある。

上記のように決してやさしいとはいえない共通テストではあるが，適切な対策をすれば結果を期待できる試験でもある。共通テスト対策は，できるだけ早い時期から始めるのが望ましい。長期間にわたって，**①教科書を中心に基本事項をもれなく押さえ，②共通テストの過去問で出題傾向を把握し，③出題形式・出題パターンを踏まえたオリジナル問題で実戦形式の演習を繰り返し行う，**という段階的な学習を少しずつ行っていけば，個別試験対策を本格化させる秋口からの学習にも無理がかからず，期待通りの成果をあげることができるだろう。

■ 本書を利用して，共通テストを突破しよう。

本書は主に上記③の段階での使用を想定して，Ｚ会のオリジナル問題を教科別に模試形式で収録している。巻末のマークシートを利用し，解答時間を意識して問題を解いてみよう。そしてポイントを押さえた解答･解説をじっくり読み，知識の定着･弱点分野の補強に役立ててほしい。早いスタートが肝心とはいえ，時間的な余裕がないのは明らかである。できるだけ無駄な学習を避けるためにも，学習効果の高い良質なオリジナル問題に取り組んで，徹底的に知識の定着と処理能力の増強に努めてもらいたい。

また，**全国の受験生を「リアルに」つなぎ，切磋琢磨を促す仕組みとして『学習診断サイト』も用意している。**本書の問題に取り組み，採点後にはその得点をシステムに登録し，全国の学生の中での順位を確認してみよう。そして同じ目標に向けて頑張る仲間たちを思い浮かべながら，受験をゴールまで走り抜ける原動力に変えてもらいたい。

本書を十二分に活用して，志望校合格を達成し，喜びの春を迎えることを願ってやまない。

Ｚ会編集部

共通テストの段階式対策

0. まずは教科書を中心に，基本事項をもれなく押さえる。

▼

1. さまざまな問題にあたり，上記の知識の定着をはかる。その中で，自分の弱点を把握する。

▼

2. 実戦形式の演習で，弱点を補強しながら，制限時間内に問題を処理する力を身につける。とくに，頻出事項や狙われやすいポイントについて重点的に学習する。

▼

3. 仕上げとして，予想問題に取り組む。

Z会の共通テスト関連教材

1.『ハイスコア！ 共通テスト攻略』シリーズ
オリジナル問題を解きながら，共通テストの狙われどころを集中して学習できる。

▼

2.『2025年用　共通テスト過去問英数国』
複数年の共通テストの過去問題に取り組み，出題の特徴をつかむ。

▼

3.『2025年用　共通テスト実戦模試』（本シリーズ）

▼

4.『2025年用　共通テスト予想問題パック』
本シリーズを終えて総仕上げを行うため，直前期に使用する本番形式の予想問題。

※『2025年用　共通テスト実戦模試』シリーズは，本番でどのような出題があっても対応できる力をつけられるように，最新年度および過去の共通テストも徹底分析し，さまざまなタイプの問題を掲載しています。そのため，『2024年用　共通テスト実戦模試』と掲載問題に一部重複があります。

共通テスト攻略法
データクリップ

1 出題教科・科目の出題方法

下の表の教科・科目で実施される。なお，受験教科・科目は各大学が個別に定めているため，各大学の要項にて確認が必要である。

※解答方法はすべてマーク式。以下の表は大学入試センター発表の『令和７年度大学入学者選抜に係る大学入学共通テスト出題教科・科目の出題方法等』を元に作成した。

※『　』は大学入学共通テストにおける出題科目を表し，「　」は高等学校学習指導要領上設定されている科目を表す。

教科	出題科目	出題方法（出題範囲，出題科目選択の方法等）	試験時間（配点）
国語	『国語』	・「現代の国語」及び「言語文化」を出題範囲とし，近代以降の文章及び古典（古文，漢文）を出題する。 分野別の大問数及び配点は，近代以降の文章が３問110点，古典が２問90点（古文・漢文各45点）とする。	90分（200点）
地理歴史 公民	『地理総合，地理探究』 『歴史総合，日本史探究』 『歴史総合，世界史探究』 『公共，倫理』 『公共，政治・経済』 →(b) 『地理総合／歴史総合／公共』 →(a) (a)：必履修科目を組み合わせた出題科目 (b)：必履修科目と選択科目を組み合わせた出題科目	・左記出題科目の６科目のうちから最大２科目を選択し，解答する。 ・(a)の『地理総合／歴史総合／公共』は，「地理総合」，「歴史総合」及び「公共」の３つを出題範囲とし，そのうち２つを選択解答する（配点は各50点）。 ・２科目を選択する場合、以下の組合せを選択することはできない。 (b)のうちから２科目を選択する場合 『公共，倫理』と『公共，政治・経済』の組合せを選択することはできない。 (b)のうちから１科目及び(a)を選択する場合 (b)については，(a)で選択解答するものと同一名称を含む科目を選択することはできない。	１科目選択 60分（100点） ２科目選択 130分 （うち解答時間120分） （200点）
数学①	『数学Ⅰ・数学Ａ』 『数学Ⅰ』	・左記出題科目の２科目のうちから１科目を選択し，解答する。 ・「数学Ａ」については，図形の性質，場合の数と確率の２項目に対応した出題とし，全てを解答する。	70分（100点）
数学②	『数学Ⅱ，数学Ｂ，数学Ｃ』	・「数学Ｂ」及び「数学Ｃ」については，数列（数学Ｂ），統計的な推測（数学Ｂ），ベクトル（数学Ｃ）及び平面上の曲線と複素数平面（数学Ｃ）の４項目に対応した出題とし，４項目のうち３項目の内容の問題を選択解答する。	70分（100点）
理科	『物理基礎／化学基礎／生物基礎／地学基礎』 『物理』『化学』『生物』『地学』	・左記出題科目の５科目のうちから最大２科目を選択し，解答する。 ・『物理基礎／化学基礎／生物基礎／地学基礎』は，「物理基礎」，「化学基礎」，「生物基礎」及び「地学基礎」の４つを出題範囲とし，そのうち２つを選択解答する（配点は各50点）。	１科目選択 60分（100点） ２科目選択 130分 （うち解答時間120分） （200点）
外国語	『英語』 『ドイツ語』『フランス語』 『中国語』『韓国語』	・左記出題科目の５科目のうちから１科目を選択し，解答する。 ・『英語』は「英語コミュニケーションⅠ」，「英語コミュニケーションⅡ」及び「論理・表現Ⅰ」を出題範囲とし，【リーディング】及び【リスニング】を出題する。受験者は，原則としてその両方を受験する。その他の科目については，『英語』に準じる出題範囲とし、【筆記】を出題する。 ・科目選択に当たり，『ドイツ語』，『フランス語』，『中国語』及び『韓国語』の問題冊子の配付を希望する場合は，出願時に申し出ること。	『英語』 【リーディング】 80分（100点） 【リスニング】 30分（100点） 『ドイツ語』『フランス語』『中国語』『韓国語』 【筆記】80分（200点）
情報	『情報Ⅰ』		60分（100点）

2 2024年度の得点状況

2024年度は，前年度に比べて，下記の平均点に★がついている科目が難化し，平均点が下がる結果となった。

特に英語リーディングは，前年より語数増や英文構成の複雑さも相まって，平均点が51.54点と，共通テスト開始以降では最低の結果となった。その他，数学と公民科目に平均点の低下傾向が見られた。また一部科目には，令和7年度共通テストに向けた試作問題で公開されている方向性に親和性のある出題も確認できた。なお，今年度については得点調整は行われなかった。

		本試験（1月13日・14日実施）		追試験（1月27日・28日実施）
教科名	科目名等	受験者数（人）	平均点（点）	受験者数（人）
国語（200点）	国語	433,173	116.50	1,106
地理歴史（100点）	世界史B	75,866	60.28	1,004（注1）
	日本史B	131,309	★56.27	
	地理B	136,948	65.74	
公民（100点）	現代社会	71,988	★55.94	
	倫理	18,199	★56.44	
	政治・経済	39,482	★44.35	
	倫理，政治・経済	43,839	61.26	
数学①（100点）	数学Ⅰ・数学A	339,152	★51.38	1,000（注1）
数学②（100点）	数学Ⅱ・数学B	312,255	★57.74	979（注1）
理科①（50点）	物理基礎	17,949	28.72	316
	化学基礎	92,894	★27.31	
	生物基礎	115,318	31.57	
	地学基礎	43,372	35.56	
理科②（100点）	物理	142,525	★62.97	672
	化学	180,779	54.77	
	生物	56,596	54.82	
	地学	1,792	56.62	
外国語（100点）	英語リーディング	449,328	★51.54	1,161
	英語リスニング	447,519	67.24	1,174

※2024年3月1日段階では，追試験の平均点が発表されていないため，上記の表では受験者数のみを示している。

（注1）国語，英語リーディング，英語リスニング以外では，科目ごとの追試験単独の受験者数は公表されていない。
このため，地理歴史，公民，数学①，数学②，理科①，理科②については，大学入試センターの発表どおり，教科ごとにまとめて提示しており，上記の表は載せていない科目も含まれた人数となっている。

共通テスト攻略法
傾向と対策

■試作問題の出題内容

第1問，第2問は「数学I」，第3問，第4問は「数学A」からの出題。
第1問～第4問のすべてが必答で，計4問を解答する。

（時間は解答目安時間です。）

第1問　（2021年本試第一日程と同内容）

〔1〕数と式　配点 10点　時間 6分

文字定数を含む2次方程式の解について考察する問題。因数分解や2次方程式の解を求めることや，整数部分の考察ができるかが問われた。

〔2〕図形と計量　配点 20点　時間 11分

三角形のそれぞれの辺を1辺とする正方形を加えた図形についての問題。

(1)は具体的な値で三角形の面積を求め，(2)と(3)は，△ABCの形状から，正方形や三角形の面積の関係を調べる。(1)が(3)の具体例となっており，**具体的な値での計算から，一般的に成り立つ関係を見出す**ことがポイント。(4)は，外接円の半径の大小関係を考察する。見出した関係を，様々な辺や角に応用できるかが問われている。

第2問　（〔1〕のみ2021年本試第一日程と同内容）

〔1〕二次関数　配点 15点　時間 10分

陸上競技の100m走を題材にした問題。

「ピッチ」と「ストライド」について，与えられたデータや仮定から，式や値を正しく求められるかが問われる。文章での説明や仮定が多く，**必要な情報を素早く見つける**ことがポイント。

〔2〕データの分析　配点 15点　時間 13分

国際空港の利便性について考察する問題。

(1)や(2)の散布図などから情報を読み取る内容は過去と似た流れだが，新課程の内容である外れ値を含んだデータになっている。(3)は，仮説検定の考え方が出題された。**与えられた外れ値の定義や仮説検定の方針を把握して考察を進める**ことがポイント。

第3問　（2021年本試第一日程と同内容）

図形の性質　配点 20点　時間 15分

三角形が与えられ，角の二等分線，外接円，円に内接する円などについて，線分の長さや点の位置関係を調べる問題。角の二等分線の定理，方べきの定理などの様々な性質を利用したり，相似な三角形を見つけて辺の比に着目するなどして線分の長さを求める。

点が同一円周上にあるかを問う最後の設問は，様々な性質や定理の中から**何を用いればこれまでに求めた値を利用できそうか判断する**ことがポイント。

第4問

場合の数と確率　配点 20点　時間 15分

当たりくじを引く回数に関する確率や，その期待値について考察する問題。

(1)は，事象の確率や期待値を求める。

(2)は，2人がくじを引くという場面設定に対して，より当たりくじを引きやすくなる戦略を考えるという流れ。後半では，2通りの場合について期待値を求め，よりよい戦略を判断する。会話文から方針を読み取り，(1)で求めた値を利用して考察を進めていく。2通りの場合における式は互いに異なるものの，**式を整理する考え方の共通点に着目する**ことがポイント。

■過去3年間の出題内容

第1問，第2問は「数学I」，第3問～第5問は「数学A」からの出題。

第1問，第2問は必答で，第3問～第5問は3問中2問を選択して，計4問を解答する。

2024年度本試験

（時間は解答目安時間です。）

第1問

〔1〕数と式　配点 10点　時間 7分

無理数の整数部分や小数部分を題材とした問題。分母の有理化，式の値，1次不等式などの幅広い知識が問われた。

〔2〕図形と計量　配点 20点　時間 9分

電柱の高さと影の長さの関係を考察する問題。前半は影の長さから電柱の高さを求め，後半は，逆に電柱の長さから影の長さを考察する。与えられる角度が前半と変わっており，**前半で求めた辺や角のどこが変わるかを考える**ことがポイント。

第2問

〔1〕二次関数　配点 15点　時間 12分

台形の周上の点でつくられる三角形の面積について考察する問題。点の動く向きによって場合を分け，最大値や最小値などを正しく求められるかが問われた。

〔2〕データの分析　配点 15点　時間 10分

長距離競技のベストタイムを題材にした問題。ヒストグラム，箱ひげ図，散布図から，代表値や相関の強さなどの情報を正しく読み取れるかが問われた。(1)(iii)は，異なるデータにおける選手の速さを，与えられた式を使って比較する。

第3問

場合の数と確率　配点 20点　時間 16分

箱の中にあるカードを1枚ずつ取り出し，すべての種類のカードがそろう確率を求める問題。

(1)では2種類のカードを取り出す場面を考え，(2)は3種類のカード，(3)は4種類のカードと種類が増えていく。**種類が増える前の考え方をうまく利用する**ことがポイント。

第4問

整数の性質　配点 20点　時間 16分

n 進数のタイマーについて，ある時間での表示や，複数のタイマーが同じ表示になる時間を考える問題。タイマーの表示方法を理解し，条件を最小公倍数や不定方程式などの問題に結び付けることがポイント。

第5問

図形の性質　配点 20点　時間 16分

星型の図形について，辺の比や点の位置関係を調べる問題。

(2)では，(ii)で位置関係を調べるための構想が示され，(iii)で点を変えて同様の考察を行う。**(ii)の考察をもとに，着目する線分を見極める**ことがポイント。

2023年度，2022年度の出題

	問題番号		配点	分野
2023年（本試）	第1問	〔1〕	10	数と式
		〔2〕	20	図形と計量
	第2問	〔1〕	15	データの分析
		〔2〕	15	二次関数
	第3問		20	場合の数と確率
	第4問		20	整数の性質
	第5問		20	図形の性質

	問題番号		配点	分野
2022年（本試）	第1問	〔1〕	10	数と式
		〔2〕	6	図形と計量
		〔3〕	14	図形と計量，二次関数
	第2問	〔1〕	15	数と式，二次関数
		〔2〕	15	データの分析
	第3問		20	場合の数と確率
	第4問		20	整数の性質
	第5問		20	図形の性質

■対策

共通テストでは，単に計算を正確に行ったり，定理や公式を正しく活用したりする力が求められるだけではなく，「日常の事象や複雑な問題をどのように解決するか」「発見した解き方や考え方をどのように活かすか」といった見方ができるかも問われている。これまでの共通テストを踏まえ，以下にいくつか対策の例をまとめたので，日々の学習や，本書を用いた演習を進めるときの参考にしてほしい。

●新課程で追加される分野に注意

試作問題では，**第2問〔2〕「データの分析」と第4問「場合の数と確率」**が新しい問題として公開されており，これらは過去問では対策しにくい分野である。

第2問〔2〕「データの分析」では，**外れ値や，仮説検定の考え方の理解が必要**である。試作問題では，最初に外れ値の定義が与えられた上で，外れ値を含むデータの箱ひげ図や散布図について考察する問題が出題された。これからの「データの分析」では，**外れ値の存在などを考慮しながら図やグラフを読み取る**力が問われると予想される。さらに試作問題の後半では，仮説検定の考え方の問題として，**与えられた方針や実験結果を踏まえて判断する**ものが出題された。本書でも，外れ値や，仮説検定の考え方に関する問題を扱っているため，実際に手を動かすことで理解を深めてほしい。

第4問「場合の数と確率」でも，**期待値の理解が必要**である。試作問題を見ると，前半は単に期待値を求める問題であったが，後半では，太郎さんと花子さんの会話などで期待値の計算についての方針が示され，求めた期待値をもとに当たりくじをより多く引くための戦略を考察する問題が出題された。本書でも，期待値を求めた後に，**求めた期待値を踏まえて判断をしたり，条件を変えて期待値の変化を調べたりする**問題を掲載している。しっかり演習して対応できるようにしてほしい。

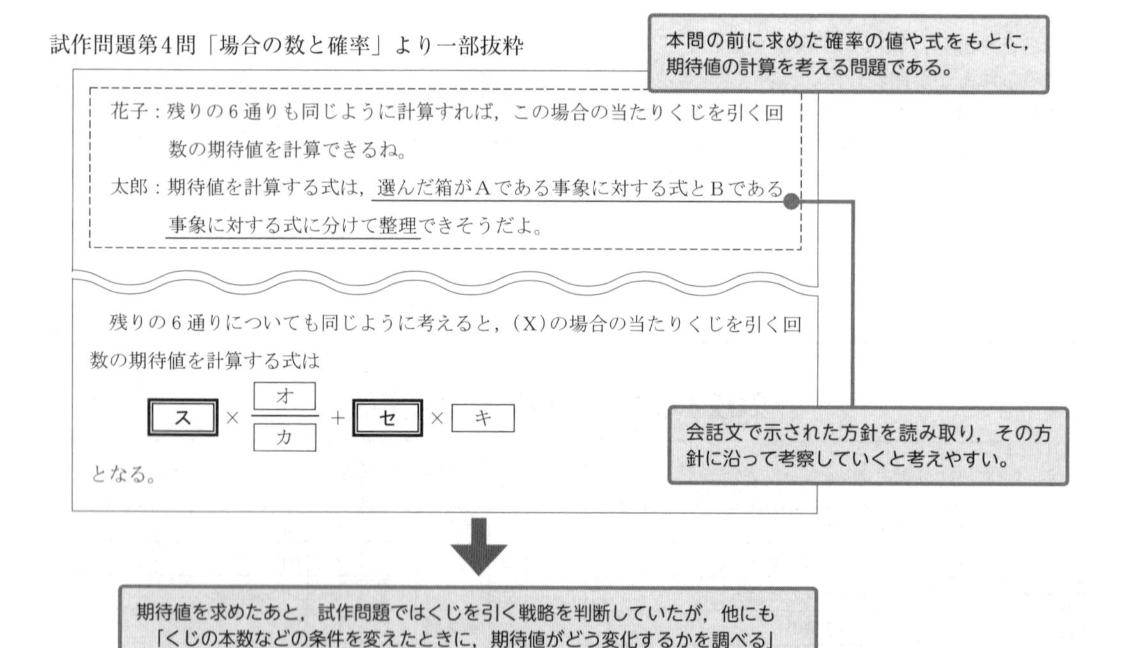

●「変わるもの」と「変わらないもの」に注目する

試作問題以外にも，過去の出題から共通テストらしさが見られる問題を紹介しておこう。

2023年度本試験の第5問では，(1)で円と直線が交わる場合について考察した後，(2)で円と直線が交わらない場合について考察するという出題がされた。(1)と(2)の手順が似ていることから，**(1)の考察を(2)に応用する**ことができる。

このようなときには，前後の問題文や考え方で**「変わるもの」**と**「変わらないもの」**の2つに分けて考えてみてもよいだろう。点の位置や名前が変わっている一方で，(1)と(2)の図をかいて見比べて

「角度の関係は変わっていないものが多いから，(1)と同じように5点を通る円がかけるのではないか？」

と考えられると，解決の見通しが立てやすい。

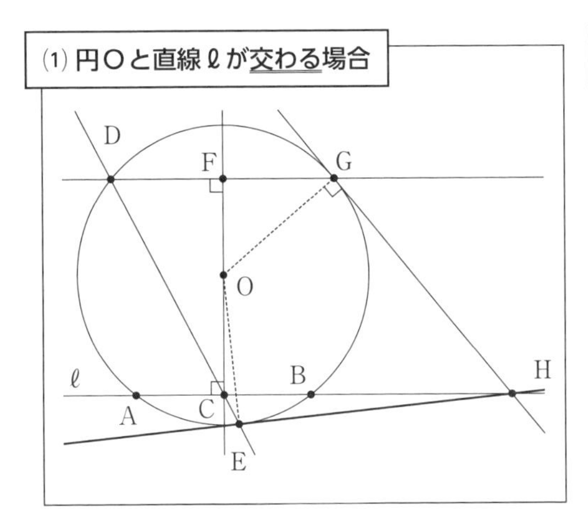

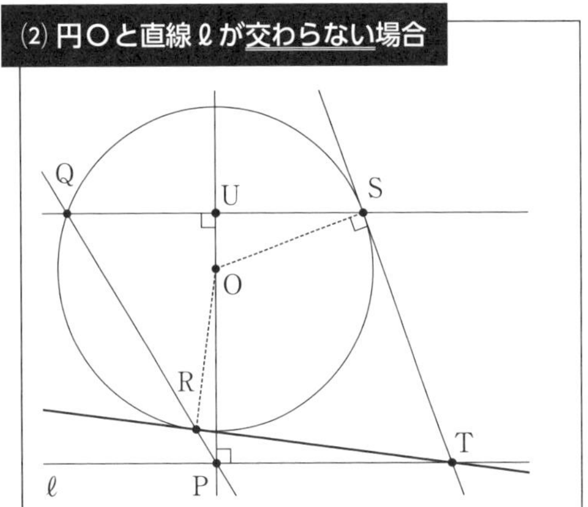

会話文で点の位置や名前は変わっているけれど，角度の関係はあまり変わってない。
→(1)と同じように結論が導けるのではないか？

問題の流れの中で「正の数から負の数へ」「整数から有理数へ」「鋭角から鈍角へ」のように，条件が変わってもそのまま成り立つ性質を利用することもある。特定の条件のもとで考えた後には，**「どのような条件までなら成り立つ性質か」**に注意しておこう。

■最後に

共通テストでは，「日常や社会の事象」と「数学の事象」の2種類の事象を題材に

☑ 問題を**数理的（数学的）に捉える**こと
☑ 問題解決に向けて，**構想・見通しを立てる**こと
☑ 焦点化した問題を**解決する**こと
☑ 解決過程をもとに，**結果を意味づけたり，概念を形成したり，体系化する**こと

の4つの資質能力が問われている。このような資質能力が問われていることを意識しながら，「この問題は前後の問題とどのようなつながりがあるのだろう？」と考え，問題の流れを掴んでいこう。

本書でも，この4つの資質能力を問うような問題を多く扱っている。最初は難しく感じるかもしれないが，問題のポイントがどこにあるかを探りながら解き，力をつけてほしい。

解答上の注意

1　解答は，解答用紙の問題番号に対応した解答欄にマークしなさい。

2　問題の文中の [ア]，[イウ] などには，符号(−)又は数字(0～9)が入ります。ア，イ，ウ，…の一つ一つは，これらのいずれか一つに対応します。それらを解答用紙のア，イ，ウ，…で示された解答欄にマークして答えなさい。

　例　[アイウ] に −83 と答えたいとき

ア	●	⓪	①	②	③	④	⑤	⑥	⑦	⑧	⑨
イ	⊖	⓪	①	②	③	④	⑤	⑥	⑦	●	⑨
ウ	⊖	⓪	①	②	●	④	⑤	⑥	⑦	⑧	⑨

3　分数形で解答する場合，分数の符号は分子につけ，分母につけてはいけません。

　例えば，$\dfrac{\boxed{エオ}}{\boxed{カ}}$ に $-\dfrac{4}{5}$ と答えたいときは，$\dfrac{-4}{5}$ として答えなさい。

　また，それ以上約分できない形で答えなさい。

　例えば，$\dfrac{3}{4}$ と答えるところを，$\dfrac{6}{8}$ のように答えてはいけません。

4　小数の形で解答する場合，指定された桁数の一つ下の桁を四捨五入して答えなさい。また，必要に応じて，指定された桁まで ⓪ にマークしなさい。

　例えば，[キ].[クケ] に 2.5 と答えたいときは，2.50 として答えなさい。

5　根号を含む形で解答する場合，根号の中に現れる自然数が最小となる形で答えなさい。

　例えば，$\boxed{コ}\sqrt{\boxed{サ}}$ に $4\sqrt{2}$ と答えるところを，$2\sqrt{8}$ のように答えてはいけません。

6　根号を含む分数形で解答する場合，例えば $\dfrac{\boxed{シ}+\boxed{ス}\sqrt{\boxed{セ}}}{\boxed{ソ}}$ に $\dfrac{3+2\sqrt{2}}{2}$ と答えるところを，$\dfrac{6+4\sqrt{2}}{4}$ や $\dfrac{6+2\sqrt{8}}{4}$ のように答えてはいけません。

7　問題の文中の二重四角で表記された [[タ]] などには，選択肢から一つを選んで，答えなさい。

8　なお，同一の問題文中に [チツ]，[[テ]] などが 2 度以上現れる場合，原則として，2 度目以降は，[チツ]，[[テ]] のように細字で表記します。

模試　第1回

(100点 70分)

〔数学Ⅰ・A〕

注　意　事　項

1　数学解答用紙（模試 第1回）をキリトリ線より切り離し，試験開始の準備をしなさい。

2　時間を計り，上記の解答時間内で解答しなさい。
ただし，納得のいくまで時間をかけて解答するという利用法でもかまいません。

3　第1問～第4問はすべて必答。計4問を解答しなさい。

4　解答用紙には解答欄以外に受験番号欄，氏名欄，試験場コード欄，解答科目欄があります。解答科目欄は解答する科目を一つ選び，マークしなさい。その他の欄は自分自身で本番を想定し，正しく記入し，マークしなさい。

5　解答は解答用紙の解答欄にマークしなさい。

6　問題の余白は適宜利用してよいが，どのページも切り離してはいけません。

第1問（配点　30）

〔1〕

(1)　$y = |x-1|$ のグラフの概形は　ア　である。

　ア　については，最も適当なものを，次の ⓪～⑤ のうちから一つ選べ。

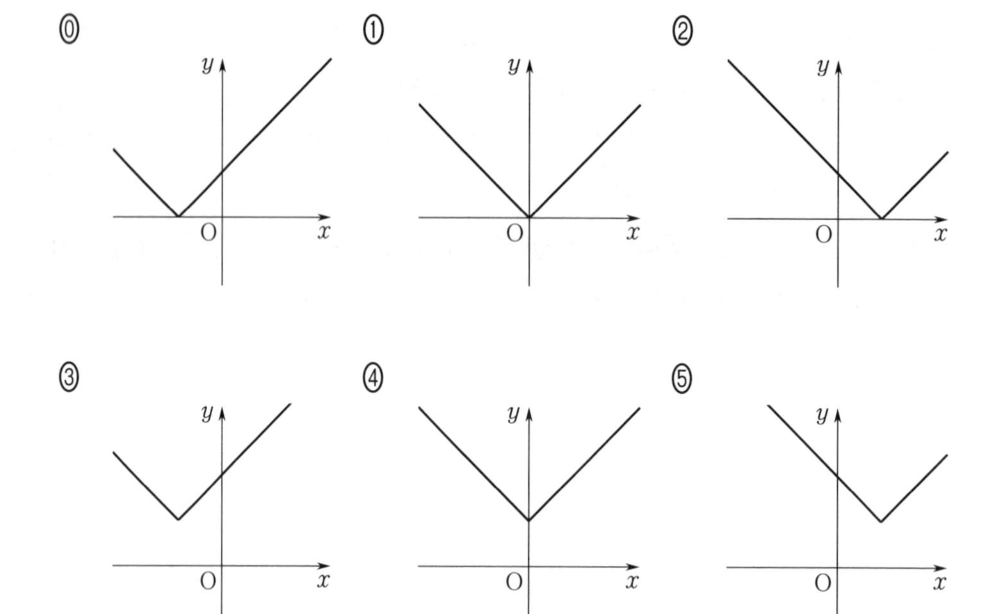

（数学 I，数学 A 第 1 問は次ページに続く。）

(2)　$y = |x-1| + |x-2|$ のグラフの概形は [イ] である。

[イ] については，最も適当なものを，次の ⓪～④ のうちから一つ選べ。

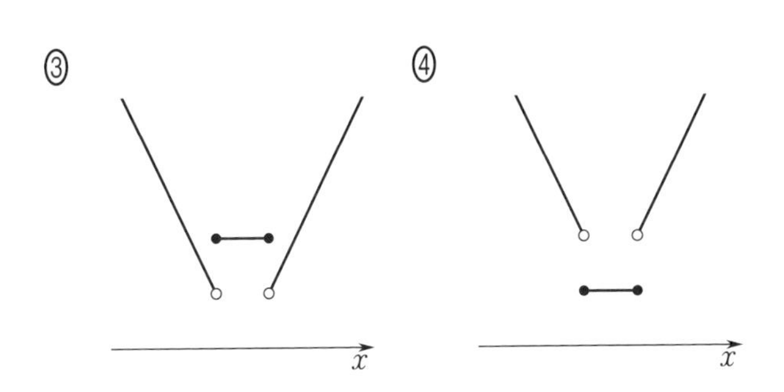

また，関数 $y = |x| + |x-3|$ の最小値は [ウ] である。

(3)　関数 $y = |x| + |x-1| + |x-2| + |x-3|$ の最小値は [エ] である。

（数学 I，数学 A 第 1 問は次ページに続く。）

〔2〕 AB ＝ 5，BC ＝ 4，CA ＝ 6 である △ABC や，△ABC と合同な三角形を四つの面とする四面体について考えよう。

(1) $\cos\angle \mathrm{CAB} = \dfrac{\boxed{\text{オ}}}{\boxed{\text{カ}}}$ であり，△ABC の面積は $\dfrac{\boxed{\text{キク}}\sqrt{\boxed{\text{ケ}}}}{\boxed{\text{コ}}}$ である。

また，△ABC の内接円の半径は $\dfrac{\sqrt{\boxed{\text{サ}}}}{\boxed{\text{シ}}}$ である。

(2) 四つの面がすべて △ABC と合同な三角形からなる四面体 PQRS の体積は，次の**構想**に基づいて考えることができる。

構想

四面体 PQRS は，下の図のように，ある直方体の各面の対角線を結んでできる図形である。

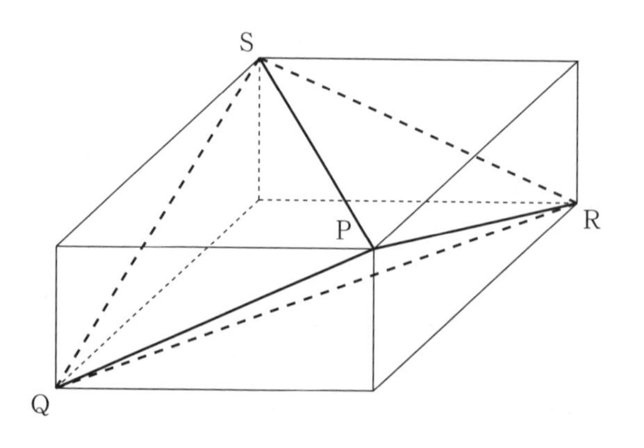

この直方体の体積は四面体 PQRS の体積の $\boxed{\text{ス}}$ 倍である。よって，この直方体の体積を求めれば，四面体 PQRS の体積を求めることができる。

（数学 I，数学 A 第 1 問は次ページに続く。）

四面体 PQRS の体積を用いることで，点 P から面 QRS に下ろした垂線の長さは $\dfrac{\boxed{セ}\sqrt{\boxed{ソタ}}}{\boxed{チ}}$ であり，四面体 PQRS に内接する球の半径は $\dfrac{\boxed{ツ}\sqrt{\boxed{テト}}}{\boxed{ナニ}}$ であることがわかる。

(3) **構想**の図のような，ある直方体の各面の対角線を結んでできる四面体 XYZW について，点 X から面 YZW に下ろした垂線の長さが $2\sqrt{5}$ であったとする。このとき，四面体 XYZW に内接する球の半径は $\dfrac{\sqrt{\boxed{ヌ}}}{\boxed{ネ}}$ である。

第２問（配点　30）

〔1〕　長さが８の針金１本を用いて，次の(A)または(B)のいずれかの方法で図形をつくる。

図形のつくり方

(A)　１本の針金を折り曲げて端点をつなげ，次のような長方形をつくる。

(B)　１本の針金を二つに切り，それぞれを折り曲げて端点をつなげ，次のような二つの正方形をつくる。

(A)の方法でつくられる長方形の面積を S とし，(B)の方法でつくられる二つの正方形の面積の和を T とする。

S と T のとり得る値について考えよう。

（数学Ⅰ，数学Ａ第２問は次ページに続く。）

(1)　(A)の方法でつくられる長方形の縦の長さを x，横の長さを y とすると

$x+y=$ [ア]

である。

よって，S は x を用いて

$S=$ [イ] x^2+ [ウ] x

と表されるから，S のとり得る値の範囲は [エ] である。

[エ] の解答群

⓪ $0<S<4$	① $0<S\leqq 4$
② $0<S<8$	③ $0<S\leqq 8$
④ $0<S<16$	⑤ $0<S\leqq 16$
⑥ $0<S<32$	⑦ $0<S\leqq 32$

（数学Ⅰ，数学A 第2問は次ページに続く。）

(2) (B)の方法でつくられる二つの正方形の1辺の長さをそれぞれ z, w とすると

$z + w =$ [オ]

である。

よって，T は z を用いて

$T =$ [カ] $z^2 -$ [キ] $z +$ [ク]

と表されるから，T のとり得る値の範囲は [ケ] である。

[ケ] の解答群

⓪ $0 < T < 2$	① $0 < T \leqq 2$
② $2 < T < 4$	③ $2 < T \leqq 4$
④ $2 \leqq T < 4$	⑤ $2 \leqq T \leqq 4$
⑥ $0 < T < 4$	⑦ $0 < T \leqq 4$

（数学Ⅰ，数学A 第2問は次ページに続く。）

(3) 次の(I)，(II)，(III)は，S と T の大小関係に関する記述である。

(I) 図形のつくり方によらず，S の方が T よりも大きい。

(II) (B)の方法でどのように二つの正方形をつくっても，(A)の方法でうまく長方形をつくれば，S の方が T よりも大きくできる。

(III) (B)の方法でどのように二つの正方形をつくっても，(A)の方法でうまく長方形をつくれば，S の方が T よりも小さくできる。

(I)，(II)，(III)の正誤の組合せとして正しいものは [コ] である。

[コ] の解答群

	⓪	①	②	③	④	⑤	⑥	⑦
(I)	正	正	正	正	誤	誤	誤	誤
(II)	正	正	誤	誤	正	正	誤	誤
(III)	正	誤	正	誤	正	誤	正	誤

（数学 I，数学 A 第 2 問は次ページに続く。）

〔2〕 花子さんのクラスでは，18 人の生徒がそれぞれ，バランスがよいと感じる長方形に紙を切ってオリジナルの X'mas カードを作った。以下は，X'mas カードの大きさについて分析している太郎さんと花子さんの会話である。

太郎：X'mas カードの大きさ，本当にバラバラだね。
花子：大きさはバラバラだけれど，何か特徴はないかな。横の長さ，縦の長さを測って小数第 1 位を四捨五入すると，表 1 のようになったよ。
太郎：横の長さと縦の長さの共分散を計算すると，12.52 になるね。

表 1

生徒	1	2	3	4	5	6	7	8	9	10	11	12	13	14	15	16	17	18	平均値	分散	標準偏差
横の長さ (cm)	16	7	7	14	11	4	25	23	5	12	13	20	7	13	16	13	9	11	12.56	32.58	5.71
縦の長さ (cm)	25	4	10	21	5	8	15	13	7	9	6	11	13	17	11	19	16	7	12.06	32.27	5.68

(1) 横の長さと縦の長さの間の相関係数は [サ] である。

[サ] については，最も適当なものを，次の ⓪～⑥ のうちから一つ選べ。

⓪ −0.27　① 0.13　② 0.28　③ 0.39
④ 0.51　⑤ 0.61　⑥ 0.72

（数学 I，数学 A 第 2 問は次ページに続く。）

花子：横の長さと縦の長さの間の相関はそれほど高くないね。それぞれが「バランスがよいと感じる長方形」に切って，X'mas カードを作ったんだけれど，バランスがよいと感じるのは人それぞれということかな。

太郎：そうだね。念のため，横の長さと縦の長さの散布図をつくってみようよ。図1のようになるよ。

花子：あれ，各点は2本の直線に沿って分布しているように見えるよ。

太郎：本当だ。図2のように，座標 (7, 4)，(25, 15) の2点を結んだ直線 ℓ，座標 (5, 7)，(16, 25) の2点を結んだ直線 m をそれぞれ引くと，ℓ の近くに分布している点と，m の近くに分布している点の二つに分けられるね。

花子：みんなが「バランスがよいと感じる長方形」には，特徴があるとわかったね。

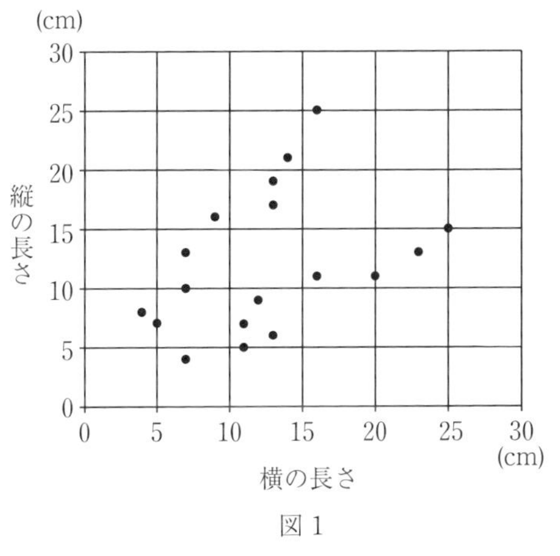

図 1

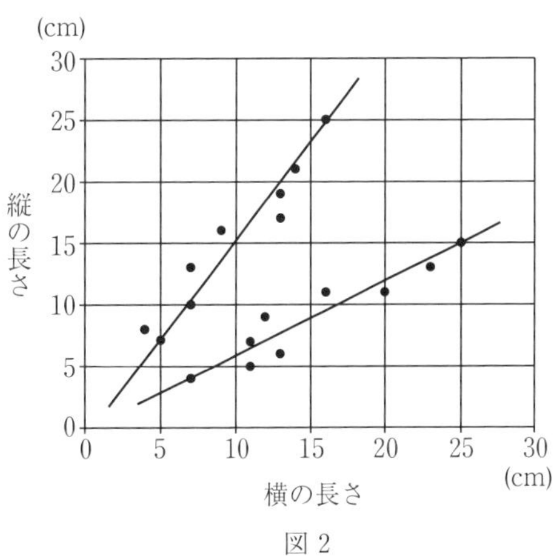

図 2

（数学 I，数学 A 第 2 問は次ページに続く。）

(2) 図2の直線 ℓ の近くに分布している9個の点は，生徒2，5，7，8，10，11，12，15，18の9人のデータである。この9人の，横の長さと縦の長さの間の相関係数は [シ] である。

[シ] については，最も適当なものを，次の⓪～⑥のうちから一つ選べ。

⓪ -0.92	① -0.32	② -0.07	③ 0.19
④ 0.31	⑤ 0.94	⑥ 1.64	

(3) $k =$ [シ] とする。生徒1，3，4，6，9，13，14，16，17の9人の，横の長さと縦の長さの間の相関係数は [ス] である。

[ス] については，最も適当なものを，次の⓪～⑥のうちから一つ選べ。

⓪ $-k$	① $\frac{k}{2}$	② $\frac{2}{5}k$	③ k
④ $2k$	⑤ $\frac{5}{2}k$	⑥ $3k$	

(4) 下線部について，図2から読み取れることとして正しいものは [セ] である。

[セ] については，最も適当なものを，次の⓪～③のうちから一つ選べ。

⓪ 「バランスがよいと感じる長方形」は，どれも面積がおよそ同じである。

① 「バランスがよいと感じる長方形」は，どれも長い辺と短い辺の長さの比がおよそ同じである。

② 「バランスがよいと感じる長方形」は，どれも縦型（縦の方が長い）である。

③ 「バランスがよいと感じる長方形」は，どれも横型（横の方が長い）である。

（数学Ⅰ，数学A第2問は次ページに続く。）

(5) 次の ⓪～④ のうち，その形を長方形とみるとき，図 2 から読み取れる「バランスがよいと感じる長方形」に最も近いものは [ソ] である。

[ソ] の解答群

⓪ 32 型テレビ

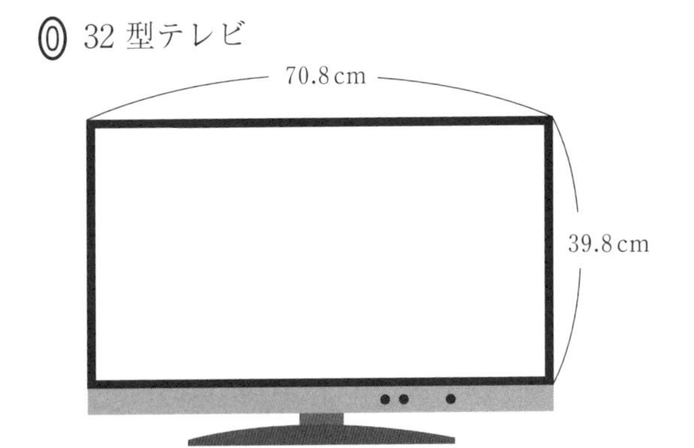

① スイス国旗

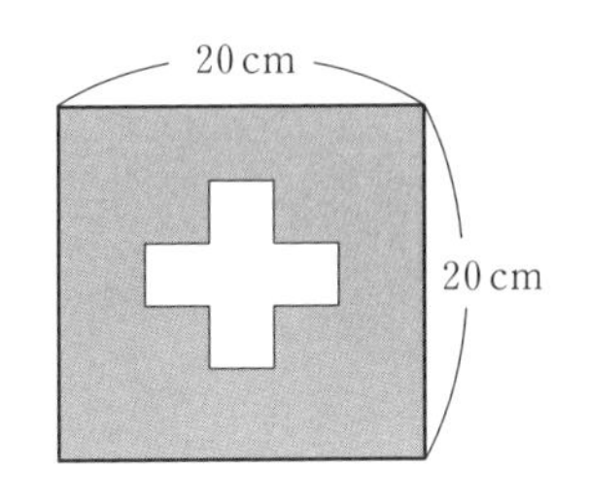

② 問題集

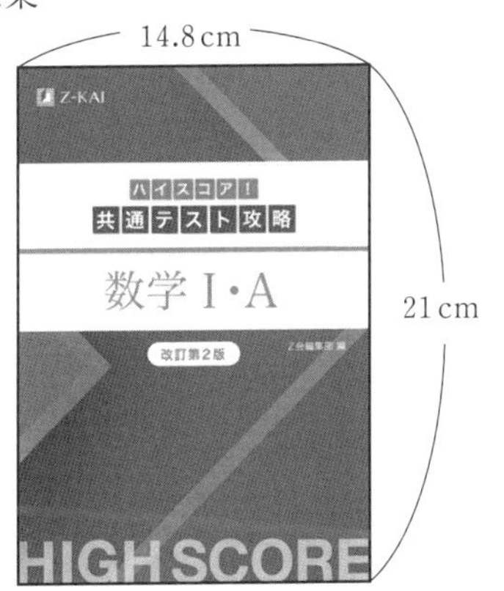

③ 一万円札

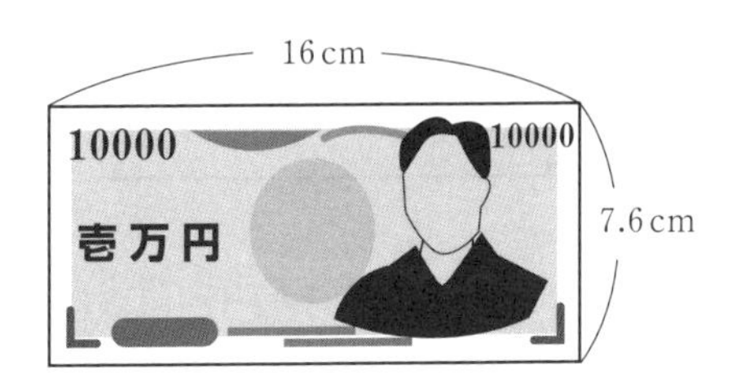

④ 名刺

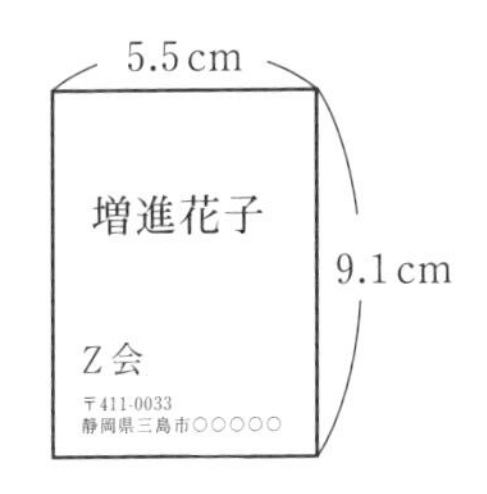

第3問（配点　20）

次の**定理 A** と**定理 B** について考えよう。

定理 A　鋭角三角形 ABC の頂点 A, B, C から向かい合う辺へ下ろした垂線を AP, BQ, CR とすると，三つの直線 AP, BQ, CR は 1 点 H で交わる。この点 H を鋭角三角形 ABC の垂心という。

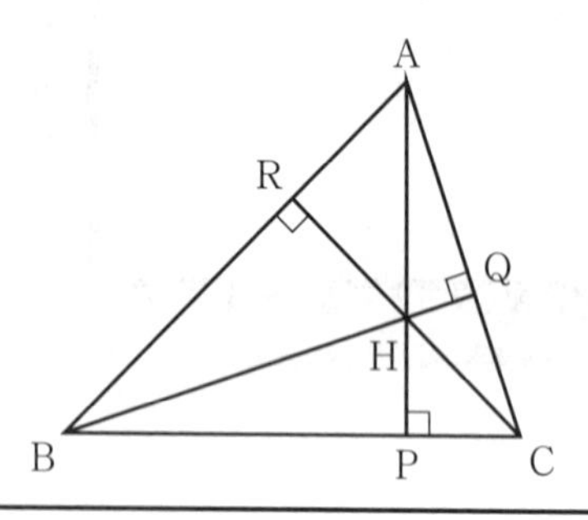

定理 B　**定理 A** において，点 H は △PQR の内心である。

(1)　内心は三角形の ア である。

ア については，最も適当なものを，次の ⓪～④ のうちから一つ選べ。

⓪　三つの中線の交点
①　三つの頂点から向かい合う辺またはその延長へ下ろした垂線の交点
②　三つの内角の二等分線の交点
③　二つの外角の二等分線と残り一つの内角の二等分線の交点
④　3 辺の垂直二等分線の交点

（数学 I，数学 A 第 3 問は次ページに続く。）

(2) 定理Bを証明するために，次の構想を立てた。

定理Bの証明の構想

内心が三角形の［ア］であることから，点Hが△PQRの［ア］であることを示す。

この構想をもとに証明する。

四角形HPCQにおいて，点Hは線分AP，BQの交点であるから，［イ］。

また，［ウ］より，∠HPQ＝［エ］，∠HQP＝［オ］が成り立つ。

四角形HQAR，四角形HRBPにおいても同様のことがいえ，さらに△ABQ ∽ △ACR，△BCR ∽ △BAP，△CAP ∽ △CBQであるから，点Hは△PQRの［ア］であることがわかる。

よって，点Hは△PQRの内心である。

［イ］の解答群

⓪ 2点P，Qは直線CHに関して対称である
① 2点H，Cは直線PQに関して対称である
② 2点P，Qは線分CHを直径とする円周上にある
③ 2点H，Cは線分PQを直径とする円周上にある

［ウ］については，最も適当なものを，次の⓪～⑤のうちから一つ選べ。

⓪ 円周角の定理	① 三平方の定理	② チェバの定理
③ 中点連結定理	④ 方べきの定理	⑤ メネラウスの定理

［エ］，［オ］の解答群（同じものを繰り返し選んでもよい。）

⓪ ∠HCP	① ∠HCQ	② ∠PCQ	③ ∠CHP
④ ∠CHQ	⑤ ∠PHQ	⑥ ∠CPQ	⑦ ∠CQP

（数学Ⅰ，数学A第3問は次ページに続く。）

(3) さらに，次の**問題**について考えよう。

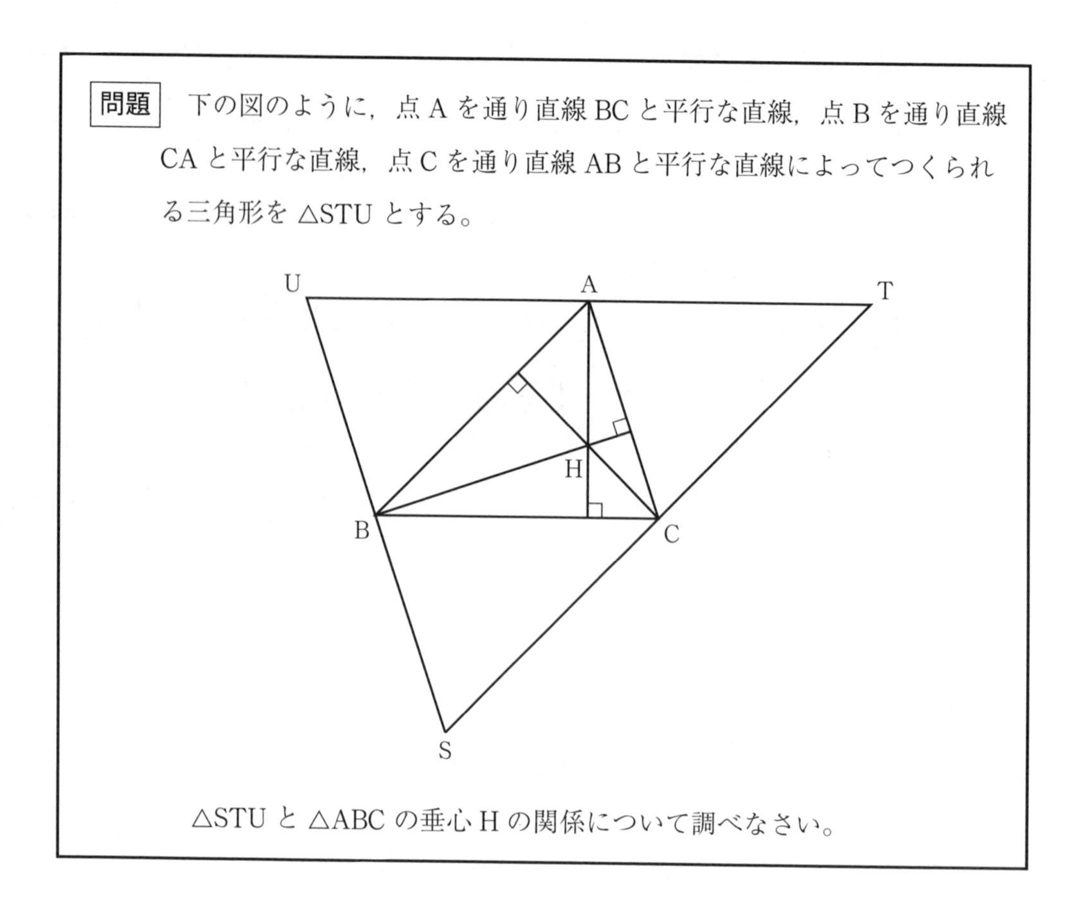

問題 下の図のように，点 A を通り直線 BC と平行な直線，点 B を通り直線 CA と平行な直線，点 C を通り直線 AB と平行な直線によってつくられる三角形を △STU とする。

△STU と △ABC の垂心 H の関係について調べなさい。

四角形 ABSC，四角形 BCTA，四角形 CAUB が平行四辺形であることに着目すると，点 H は △STU の［カ］である。

また，△STU と △ABC の［キ］は一致する。

［カ］，［キ］の解答群（同じものを繰り返し選んでもよい。）

⓪ 重心	① 外心	② 内心	③ 垂心

（数学 I，数学 A 第 3 問は次ページに続く。）

△STU の キ を X とすると，△STU を点 X のまわりに 180° 回転移動し，さらに点 X を中心に ク 倍に縮小すると，△ABC と重なるので，△STU の カ と キ の位置関係がわかる。

ク の解答群

⓪ $\frac{1}{4}$	① $\frac{1}{3}$	② $\frac{1}{2}$	③ $\frac{2}{3}$	④ $\frac{3}{4}$

△ABC の外心を O とする。3 点 H，X，O の位置関係についての記述として，次の⓪～⑤のうち，正しいものは ケ である。

ケ の解答群

⓪　3 点 H，X，O は一直線上にはない。
①　3 点 H，X，O は一直線上にあり，点 X は線分 OH の中点である。
②　3 点 H，X，O は一直線上にあり，点 X は線分 OH を 1：2 に内分する点である。
③　3 点 H，X，O は一直線上にあり，点 X は線分 OH を 2：1 に内分する点である。
④　3 点 H，X，O は一直線上にあり，点 X は線分 OH を 1：3 に内分する点である。
⑤　3 点 H，X，O は一直線上にあり，点 X は線分 OH を 3：1 に内分する点である。

第4問 (配点 20)

当たりくじとはずれくじが入っている箱の中から，くじを1本ずつ2回引く場合を考える。

(1) 最初，当たりくじが5本，はずれくじが20本入っている箱Aがある。

(i) くじを引いたあと，引いたくじは箱Aに戻すとき

2回とも当たりくじを引く確率は $\dfrac{\boxed{\text{ア}}}{\boxed{\text{イウ}}}$

少なくとも1回当たりくじを引く確率は $\dfrac{\boxed{\text{エ}}}{\boxed{\text{オカ}}}$

である。

(ii) くじを引いたあと，引いたくじは箱Aに戻さないとき

2回とも当たりくじを引く確率 p_1 は $\dfrac{\boxed{\text{キ}}}{\boxed{\text{クケ}}}$

少なくとも1回当たりくじを引く確率 q_1 は $\dfrac{\boxed{\text{コサ}}}{\boxed{\text{シス}}}$

である。さらに，当たりくじを引く本数の期待値 m_1 は $\dfrac{\boxed{\text{セ}}}{\boxed{\text{ソ}}}$ 本である。

(数学Ⅰ，数学A第4問は次ページに続く。)

(iii) 最初，当たりくじが 10 本，はずれくじが 40 本入っている箱Bがある。

くじを引いたあと，引いたくじは箱Bに戻さないとき，2回とも当たりくじを引く確率を p_2，少なくとも1回当たりくじを引く確率を q_2，当たりくじを引く本数の期待値を m_2 とする。

このとき，p_1 [タ] p_2 であり，q_1 [チ] q_2 であり，m_1 [ツ] m_2 である。

[タ] ～ [ツ] の解答群（同じものを繰り返し選んでもよい。）

⓪ $<$　　① $=$　　② $>$

(2) 最初，当たりくじが 15 本，はずれくじが 60 本入っている箱Cと，当たりくじが 30 本，はずれくじが 120 本入っている箱Dがある。箱Cと箱Dのそれぞれから，くじを2回引く。

くじを引いたあと，引いたくじは箱に戻さないとき

2回とも当たりくじを引く確率は [テ]。

少なくとも1回当たりくじを引く確率は [ト]。

当たりくじを引く本数の期待値は [ナ]。

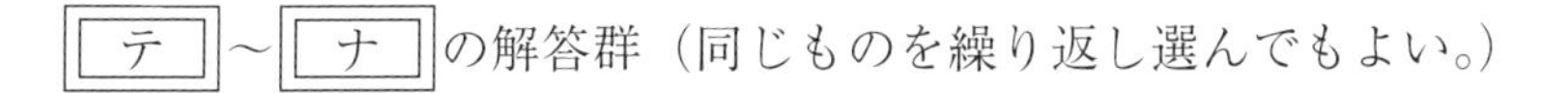

[テ] ～ [ナ] の解答群（同じものを繰り返し選んでもよい。）

⓪ 箱Dよりも箱Cの方が大きい

① 箱Cよりも箱Dの方が大きい

② 箱Cと箱Dで等しい

（下　書　き　用　紙）

模試　第2回

（100点 70分）

〔数学Ⅰ・A〕

注　意　事　項

1　**数学解答用紙（模試 第2回）をキリトリ線より切り離し，試験開始の準備をしなさい。**

2　**時間を計り，上記の解答時間内で解答しなさい。**
ただし，納得のいくまで時間をかけて解答するという利用法でもかまいません。

3　第1問〜第4問はすべて必答。計4問を解答しなさい。

4　**解答用紙には解答欄以外に受験番号欄，氏名欄，試験場コード欄，解答科目欄があります。解答科目欄は解答する科目**を一つ選び，**マーク**しなさい。**その他の欄**は自分自身で本番を想定し，**正しく記入し，マークしなさい。**

5　**解答は解答用紙の解答欄にマークしなさい。**

6　問題の余白は適宜利用してよいが，どのページも切り離してはいけません。

第1問 (配点　30)

〔1〕　a を実数とする。実数 x についての集合 A, B, C を次のように定める。

$$A = \{x \mid (2a-1)x - 4a + 2 \geqq 0\}$$

$$B = \{x \mid -3x + 1 < 2\}$$

$$C = \{x \mid ax + 2a \geqq 0\}$$

(1)　$(2a-1)x - 4a + 2$ を因数分解すると，$\left(\boxed{\text{ア}}\,a - \boxed{\text{イ}}\right)\left(x - \boxed{\text{ウ}}\right)$ である。よって，集合 A の要素 x について

$x = \boxed{\text{エ}}$

は，a の値に関係なく，集合 A の要素である。

(2)　$0 < a < \dfrac{1}{2}$ のとき，集合 $A \cap C$ の要素 x は

$\boxed{\text{オカ}} \leqq x \leqq \boxed{\text{キ}}$

を満たすすべての実数である。

(数学 I，数学 A 第1問は次ページに続く。)

(3) 条件 p, q を

p：x は集合 $\overline{A} \cup \overline{B}$ の要素である

q：x は集合 C の要素である

と定める。$a < 0$ のとき，p は q であるための［ク］。

［ク］の解答群

⓪	必要条件であるが，十分条件ではない
①	十分条件であるが，必要条件ではない
②	必要十分条件である
③	必要条件でも十分条件でもない

（数学 I，数学 A 第 1 問は次ページに続く。）

〔2〕 AB = 3, BC = 1, CD = 2, DA = 2 である四角形 ABCD には，下のようにさまざまな形がある。

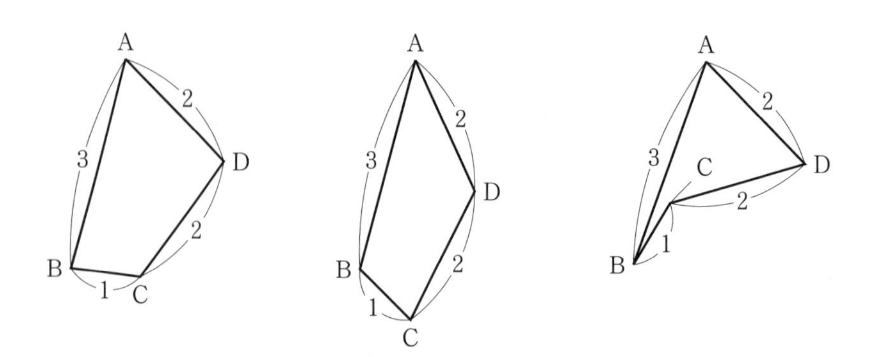

(1) $\cos\angle BAD = \frac{2}{3}$ のとき，$BD = \sqrt{\boxed{ケ}}$ である。

また，$\cos\angle ABD = \frac{\sqrt{\boxed{コ}}}{\boxed{サ}}$，$\cos\angle CBD = \frac{\sqrt{\boxed{シ}}}{\boxed{ス}}$ より，

$\angle ABD$ [セ] $\angle CBD$ であるから，四角形 ABCD には，点 C が直線 BD に関して点 A と [ソ] が存在する。

[セ] の解答群

⓪ <	① =	② >

[ソ] については，最も適当なものを，次の ⓪～② のうちから一つ選べ。

⓪ 同じ側にあるもののみ
① 反対側にあるもののみ
② 同じ側にあるものと反対側にあるものの 2 通り

（数学 I，数学 A 第 1 問は次ページに続く。）

(2)　直線 BD が $\angle ABC$ の二等分線であるとき，直線 BD に関して点 C と対称な点を C′ とする。点 C′ は直線 AB 上にあることに着目すると

$AC' = \boxed{タ}$，　$BD = \sqrt{\boxed{チ}}$

である。

また，$\cos\angle BAD = \dfrac{\boxed{ツ}}{\boxed{テ}}$ である。

(3)　四角形 ABCD について，点 C が直線 BD に関して点 A と同じ側にあるものと反対側にあるものの 2 通りが存在するとする。

このとき，BD の長さのとり得る値の範囲は

$\sqrt{\boxed{ト}} < BD < \boxed{ナ}$

であり

$\dfrac{\boxed{ニ}}{\boxed{ヌ}} < \cos\angle BAD < \dfrac{\boxed{ネ}}{\boxed{ノ}}$

である。

第2問（配点　30）

〔1〕　体育祭実行委員の太郎さんは，競技を行うための 200 m トラックをどのような形にするかを検討している。

毎年，体育祭では，内側が長方形と半円二つを合わせた形の，下の図のようなトラックを作っている。

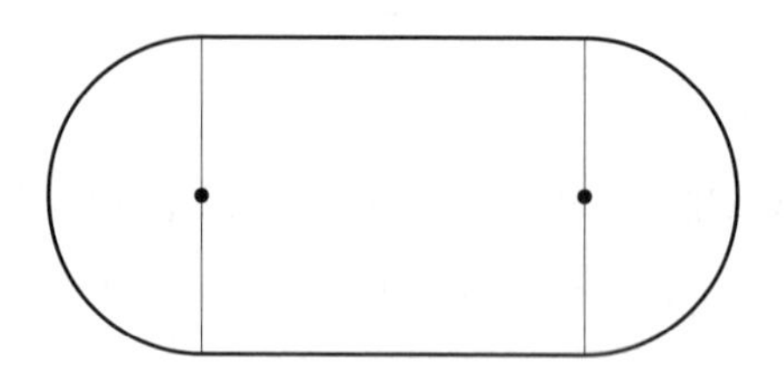

(1)　トラック内側の半円部分の半径を x m とし，長方形部分の横の長さを y m とする。

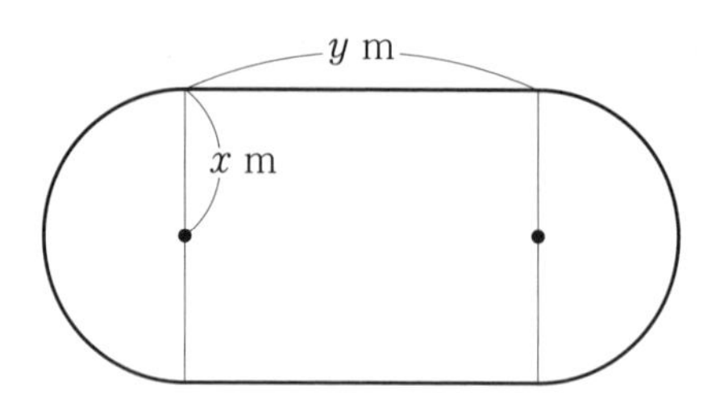

（数学 I，数学 A 第 2 問は次ページに続く。）

このとき，長方形部分の面積 S m^2 は，x，y を用いて表すと

$S =$ [ア] ……………………………………………… ①

となる。また，トラックが 1 周 200 m であることから

$y =$ [イ] ……………………………………………… ②

が成り立つ。

[ア] の解答群

⓪ xy	① $2xy$	② $\dfrac{xy}{2}$	③ x^2y

[イ] の解答群

⓪ $200-2x$	① $100-x$	② $200-2\pi x$	③ $100-\pi x$
④ $200-\pi x^2$	⑤ $100-\pi x^2$	⑥ $\dfrac{200-2x}{\pi}$	⑦ $\dfrac{100-x}{\pi}$

（数学 I，数学 A 第 2 問は次ページに続く。）

(2) 体育祭では，リレー以外の競技を，トラック内側の長方形部分で行う。そこで，太郎さんは，この長方形部分の面積をできるだけ大きくしたいと考えた。ただし，校庭の大きさも考慮し，長方形部分の縦の長さは 40 m 以下，長方形部分と二つの半円部分を合わせた横の長さは 90 m 以下とする。

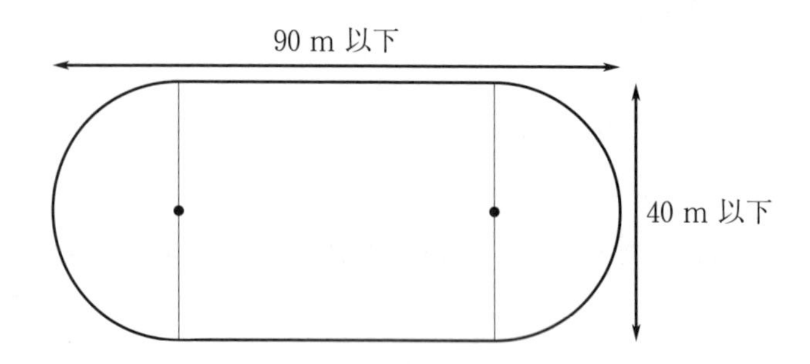

このとき，x のとり得る値の範囲は

$$\frac{\boxed{\text{ウエ}}}{\pi - \boxed{\text{オ}}} \leqq x \leqq \boxed{\text{カキ}} \quad \cdots\cdots\cdots ③$$

である。

①と②より，S を x の関数として表すことができる。これを③の範囲で考えると，トラック内側の長方形部分の面積が最大となるのは，半円部分の半径が $\dfrac{\boxed{\text{クケ}}}{\pi}$ m のときである。

（数学Ⅰ，数学A 第2問は次ページに続く。）

(3)　次に,「曲線部分が短いと，カーブが急で走りにくい」という昨年度の引き継ぎ事項に注目することにした。曲線部分を長くするには，半円部分の半径を大きくすればよいが，そうすると，長方形部分の面積は小さくなってしまう。そこで，次のような条件でトラックの形を決めることにした。

トラックの形についての条件

- 校庭の大きさを考慮し，長方形部分の縦の長さは 40 m 以下，長方形部分と二つの半円部分を合わせた横の長さは 90 m 以下とする。
- トラックのうち曲線部分の長さの合計は，1 周の半分 100 m よりも長くなるようにする。
- トラック内側の長方形部分の面積は，その最大値の 96 % よりも大きくなるようにする。

この条件を満たすようなトラック内側の半円部分の半径 x m の範囲は

$$\frac{\boxed{\text{コサ}}}{\pi} < x < \frac{\boxed{\text{シス}}}{\pi}$$

である。

(数学 I，数学 A 第 2 問は次ページに続く。)

〔2〕 Z大学野球部が所属しているリーグでは，全12チームによる総当たり戦を2回行い，その勝利数によって優勝校を決めている。太郎さんと花子さんは，データを集めて，今年のリーグ戦の打順をどのようにするかを話している。

太郎：点数を取るにはどんな打順にすればよいのかな。
花子：本塁打をたくさん打つ打者をそろえたらよいのでは。
太郎：Z大学には本塁打をたくさん打てる打者は少ないし，本塁打でなくても1塁打をコツコツ打てば点は取れるよ。
花子：得点の多い大学にはどんな特徴があるのかな。
太郎：得点といろいろな打撃データの相関を調べてみよう。

過去2年間のリーグ戦全試合について，打撃データを調べたところ，得点は12ページの表1のようになり，得点と盗塁数，得点と送りバント数，得点と打率，得点と長打率，得点と出塁率，得点と三振率の散布図は，それぞれ12ページの図1〜図6のようになった。

ただし，打率，長打率，出塁率，三振率は以下のように算出する。

打率：(安打数) ÷ (打数)

長打率：(塁打数) ÷ (打数)

例えば，5打数中1塁打2本，2塁打1本，本塁打1本の場合

$$(1 \times 2 + 2 \times 1 + 4 \times 1) \div 5 = 1.60$$

出塁率：(安打数＋四死球数) ÷ (打数＋四死球数＋犠飛数)

三振率：(三振数) ÷ (打席数)

(数学Ⅰ，数学A 第2問は12ページに続く。)

（下書き用紙）

数学 I，数学 A の試験問題は次に続く。

表 1

大学	A	B	C	D	E	F	G	H	I	Z	J	K
得点	231	211	195	154	141	99	90	86	69	53	45	41

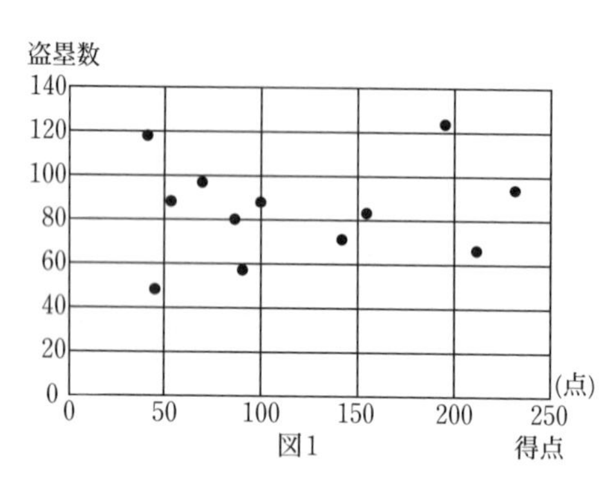

図1

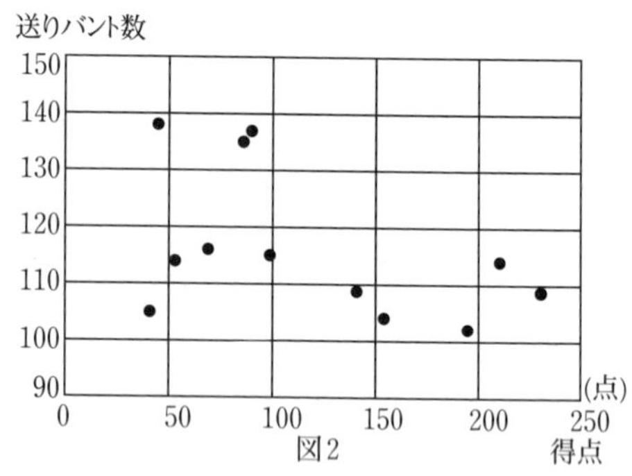

図2

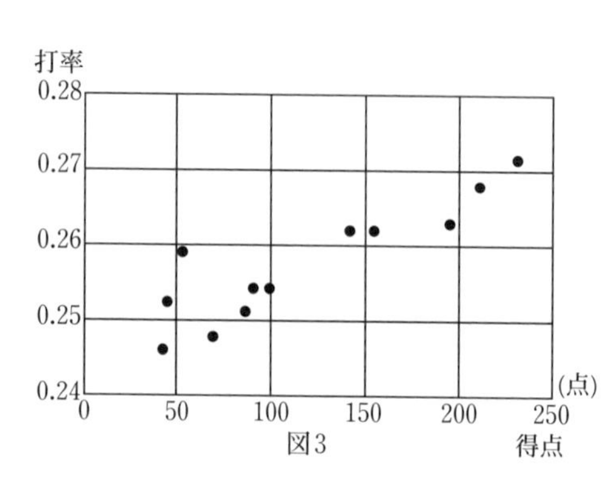

図3

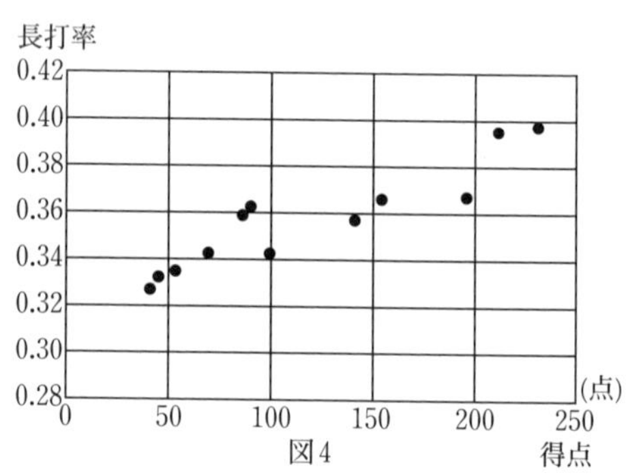

図4

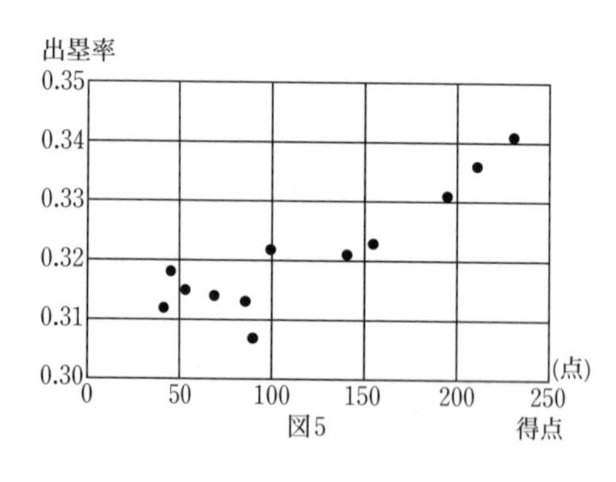

図5

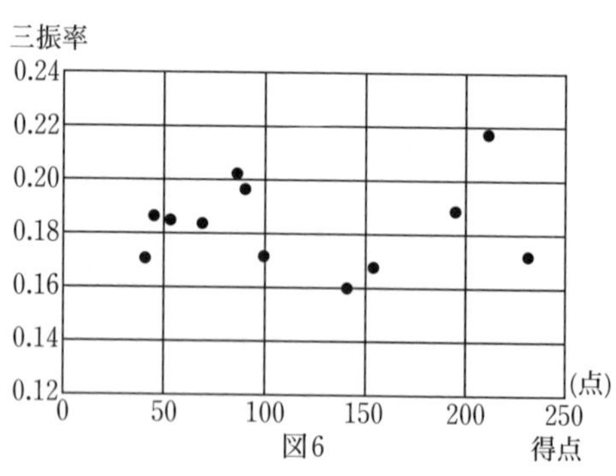

図6

(数学 I, 数学 A 第 2 問は次ページに続く。)

(1) 次の ⓪～⑥ のうち，図1～図6から読み取れることとして **正しくないもの** は [セ] と [ソ] である。

[セ] と [ソ] の解答群（解答の順序は問わない。）

⓪ 盗塁数が最多の大学は，送りバント数が最少である。
① 得点が最少の大学は，出塁率が最小である。
② 得点が最多の大学は，打率が最大である。
③ 得点が 150 点以上の大学はすべて，長打率が 0.36 以上である。
④ 打率が 0.26 以下の大学はすべて，得点が 150 点以下である。
⑤ 盗塁数が 100 以上の大学はすべて，三振率が 0.20 以下である。
⑥ 送りバント数が 130 以上の大学はすべて，三振率は 0.20 以下である。

花子：得点と正の相関が強いのは打率，長打率，出塁率だね。得点と打率，得点と長打率，得点と出塁率の相関係数を求めると，それぞれ 0.90，0.93，0.89 になるよ。

太郎：でも，Z 大学は I 大学よりも打率は高いのに，得点は少ないね。

花子：セイバーメトリクスという，データを統計的に分析して野球の戦略を考える手法では，長打率と出塁率を足したものを OPS といって，これを指標として使うらしいよ。

太郎：12 チームについて，得点と OPS の散布図を作ったら図7になったよ。この相関係数は，打率や長打率，出塁率より高そうだね。

（数学 I，数学 A 第2問は次ページに続く。）

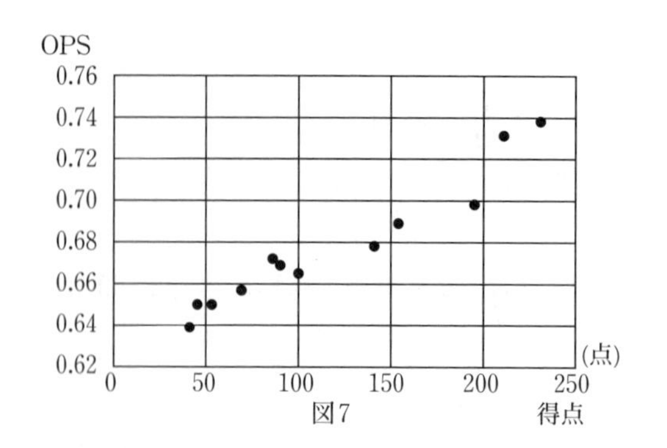

図7

(2)　図7から読み取れることとして，次の ⓪～④ のうち，正しいものは［タ］である。

［タ］の解答群

⓪　どの 2 大学を比べても，OPS が高い大学の方が得点が多い。
①　OPS が最も高い選手は A 大学にいる。
②　K 大学には OPS が 1.00 を超える選手はいない。
③　得点が 100 点以下の大学はすべて，OPS が 0.68 以下である。
④　OPS が 0.68 以下の大学はすべて，得点が 100 点以下である。

(3)　太郎さんは OPS が小数であるのが気になり，OPS のすべての値を 100 倍して考えることにした。OPS と得点の相関係数を r とし，OPS を 100 倍した値と得点の相関係数を r' とするとき，$\dfrac{r'}{r}$ = ［チ］である。

［チ］の解答群

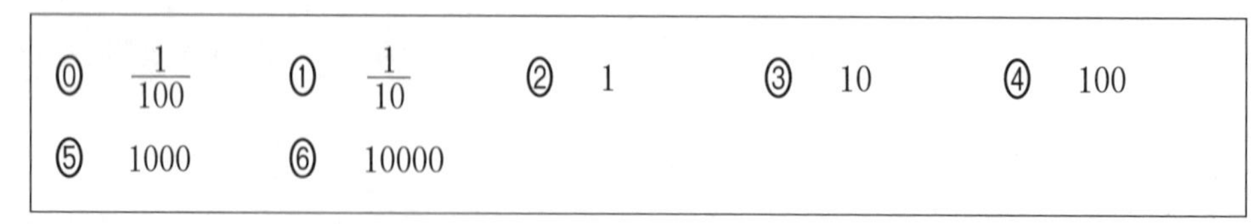

⓪　$\dfrac{1}{100}$　①　$\dfrac{1}{10}$　②　1　③　10　④　100
⑤　1000　⑥　10000

（数学Ⅰ，数学 A 第 2 問は次ページに続く。）

(4)

花子：OPS は得点と正の相関が非常に強いから，打者を評価する指標として使えそうだね。

太郎：Z 大学の主力 9 選手の去年の OPS を小数第 2 位まで求めて，箱ひげ図にすると，図 8 のようになるよ。そして，9 人の OPS の平均値はちょうど 0.67 になったよ。

花子：これをもとに今年のリーグ戦の打順を決めることにしよう。

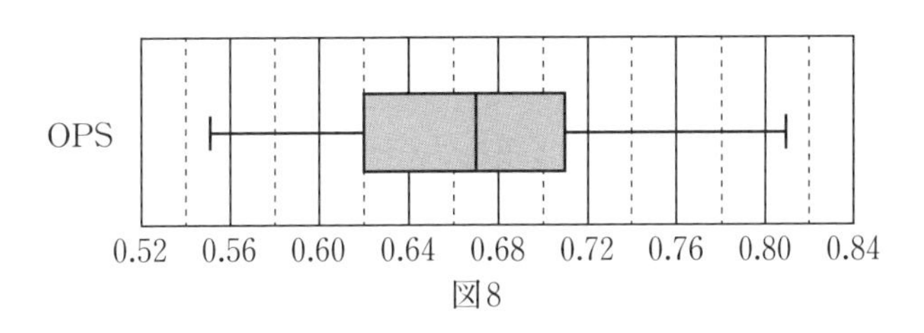

図 8

図 8 の Z 大学の主力 9 選手を OPS が高い方から並べると，a さん，b さん，c さん，d さん，e さん，f さん，g さん，h さん，i さんの順になる。二人は，打順を表 2 のように決めた。

表 2

打順	1 番	2 番	3 番	4 番	5 番
選手	d	e	c	a	b
OPS	ツ	テ	0.70	ト	ナ

打順	6 番	7 番	8 番	9 番
選手	f	g	h	i
OPS	0.65	ニ	0.61	0.55

ツ ～ ニ の解答群

⓪ 0.63	① 0.64	② 0.67	③ 0.68	④ 0.69
⑤ 0.72	⑥ 0.75	⑦ 0.78	⑧ 0.81	⑨ 0.82

第3問 (配点　20)

次の**定理 A** について考えよう。

> **定理 A**　鋭角三角形 ABC の外接円の弧 BC 上（点 A を含まない方で，2 点 B，C を除く）に点 P がある。点 P から直線 BC，CA，AB にそれぞれ垂線 PA′，PB′，PC′ を下ろすと，3 点 A′，B′，C′ は一直線上にある。

(1)　鋭角三角形 ABC の外心を O とする。

(i)　直線 PA に関して点 C と点 O が同じ側にあるとき，**定理 A** は次のように証明できる。

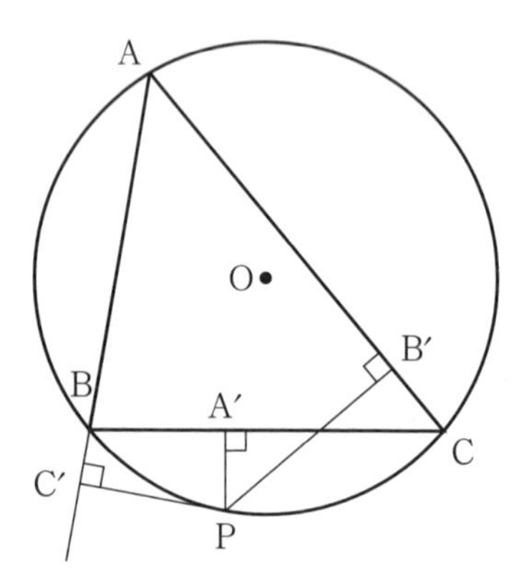

図において，[ア] より，4 点 P，A′，B′，C は同じ円周上にあるから

$\angle B'A'P = 180° - \angle ACP$

また，4 点 P，A′，B，C′ は同じ円周上にあるから

$\angle C'A'P = \angle C'BP = 180° - \angle ABP$

4 点 P，A，B，C は同じ円周上にあるから

$\angle B'A'P + \angle C'A'P =$ [イ]°

よって，3 点 A′，B′，C′ は一直線上にある。

（数学 I，数学 A 第 3 問は次ページに続く。）

ア については，最も適当なものを，次の ⓪～④ のうちから一つ選べ。

⓪ $\triangle PA'C \backsim \triangle CB'P$
① $\angle PA'C = \angle PB'C$
② $\angle A'B'P + \angle A'CP = 90^\circ$
③ $\angle A'PB' + \angle A'CB' = 180^\circ$
④ $\angle PA'B' + \angle PCB' = 180^\circ$

イ の解答群

⓪ 60	① 90	② 120	③ 180	④ 360

(ii) 直線 PA に関して点 C と点 O が反対側にあるとき

$\angle B'A'P =$ ウ，　$\angle C'A'P =$ エ

である。そして，4 点 P，A，B，C は同じ円周上にあるから

$\angle B'A'P + \angle C'A'P =$ イ °

より，3 点 A′，B′，C′ は一直線上にあることが証明できる。

ウ，エ の解答群（同じものを繰り返し選んでもよい。）

⓪ $90^\circ - \angle ABP$	① $90^\circ + \angle ABP$	② $180^\circ - \angle ABP$
③ $90^\circ - \angle ACP$	④ $90^\circ + \angle ACP$	⑤ $180^\circ - \angle ACP$

（数学 I，数学 A 第 3 問は次ページに続く。）

(2) 次の**問題**を考えよう。

問題 鋭角三角形 ABC の外接円の弧 BC 上（点 A を含まない方で，2 点 B，C を除く）に点 P があり，直線 BC，CA，AB に関して点 P と対称な点をそれぞれ D，E，F とする。また，△ABC の外接円の周上に，3 点 A，B，C とは異なる点 Q があり，直線 QD と直線 BC の交点を X，直線 QE と直線 CA の交点を Y，直線 QF と直線 AB の交点を Z とする。

このとき，3 点 X，Y，Z は一直線上にあることを示せ。

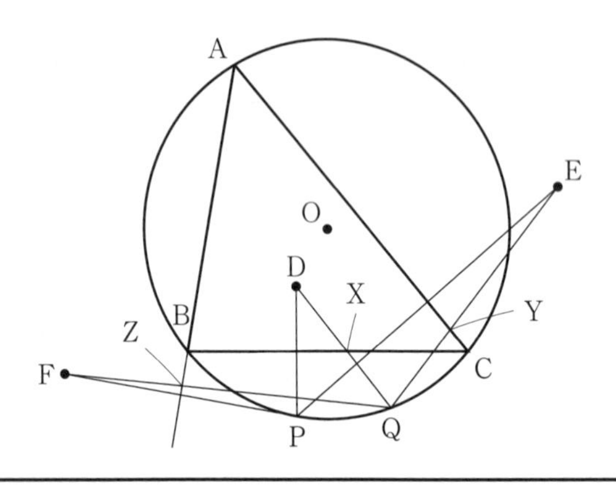

(i) **問題**の点 Q，X，Y，Z をそれぞれ**定理 A** の点 P，A′，B′，C′ に対応させることで，［オ］ときには，3 点 X，Y，Z は一直線上にあるといえる。

［オ］については，最も適当なものを，次の ⓪～④ のうちから一つ選べ。

⓪ AP ＝ AQ である
① BP ＝ BQ または CP ＝ CQ である
② 点 Q が点 P と一致する
③ 線分 PQ が △ABC の外接円の直径である
④ 点 Q が直線 BC に関して点 P と同じ側にあり，CQ ＝ BP である

（数学 I，数学 A 第 3 問は次ページに続く。）

(ii) 次の ⓪〜③ のうち，**問題**と**定理 A** の関係についての記述として正しいものは [カ] である。

[カ] の解答群

⓪ **定理 A** が証明できれば**問題**は解決できたことになり，**問題**が解決できれば**定理 A** は証明できたことになる。

① **定理 A** が証明できれば**問題**は解決できたことになるが，**問題**が解決できたからといって**定理 A** が証明できたことにはならない。

② **定理 A** が証明できたからといって**問題**が解決できたことにはならないが，**問題**が解決できれば**定理 A** は証明できたことになる。

③ **定理 A** が証明できたからといって**問題**が解決できたことにはならず，**問題**が解決できたからといって**定理 A** が証明できたことにはならない。

(数学 I，数学 A 第 3 問は次ページに続く。)

(iii) オ とき以外について，点Yが辺CA上にあり，点Zが線分ABの点Bの方の延長上（点Bを除く）にあるときを考える。

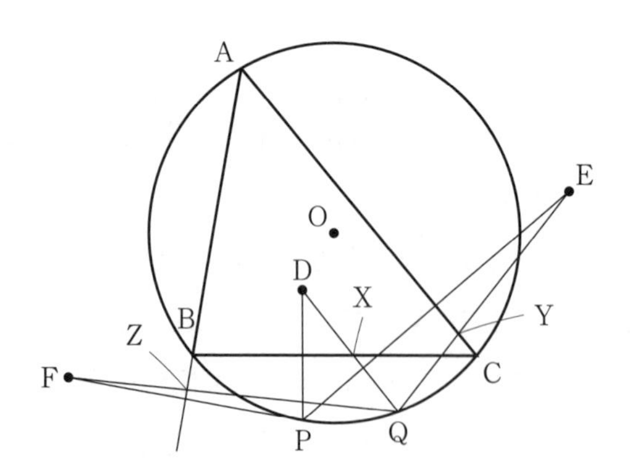

次の⓪〜⑦のうち，∠ECAと大きさの等しい角は キ と ク と ケ である。

キ 〜 ケ の解答群（解答の順序は問わない。）

⓪ ∠ABD	① ∠FBZ	② ∠PBZ	③ ∠ACP
④ ∠BDP	⑤ ∠CDP	⑥ ∠PDQ	⑦ ∠PDZ

よって，∠QCAと大きさの等しい角も考えると，∠QCE＝∠QCA＋∠ECAより

∠QCE＝ コ

である。同様に，∠QAF，∠QBDと大きさの等しい角も考えることができる。

コ の解答群

⓪ ∠CBF	① ∠FBQ	② ∠BDE	③ ∠CDF	④ ∠EQF

（数学Ⅰ，数学A第3問は次ページに続く。）

さて，次の**定理 B** が成り立つことが知られている。

> **定理 B**　△ABC の 辺 BC 上に点 X があり，辺 CA，AB またはその延長上にそれぞれ点 Y，Z があるとし
> $$\frac{\mathrm{AZ}}{\mathrm{ZB}}\cdot\frac{\mathrm{BX}}{\mathrm{XC}}\cdot\frac{\mathrm{CY}}{\mathrm{YA}}=1$$
> が成り立つならば，3 点 X，Y，Z は一直線上にある。

$\frac{\mathrm{AZ}}{\mathrm{ZB}}=$ [サ] であり，$\frac{\mathrm{BX}}{\mathrm{XC}}$，$\frac{\mathrm{CY}}{\mathrm{YA}}$ も同様に三角形の面積を用いて表すことができる。

等しい角に着目して三角形の面積についての式を変形すると

$$\frac{\mathrm{AZ}}{\mathrm{ZB}}\cdot\frac{\mathrm{BX}}{\mathrm{XC}}\cdot\frac{\mathrm{CY}}{\mathrm{YA}}=1$$

となるから，**定理 B** より，3 点 X，Y，Z は一直線上にある。

[サ] の解答群

⓪ $\frac{\triangle\mathrm{AFP}}{\triangle\mathrm{BFP}}$	① $\frac{\triangle\mathrm{AFQ}}{\triangle\mathrm{BFQ}}$	② $\frac{\triangle\mathrm{AZC}}{\triangle\mathrm{ABC}}$
③ $\frac{\triangle\mathrm{AZF}}{\triangle\mathrm{BZQ}}$	④ $\frac{\triangle\mathrm{AZQ}}{\triangle\mathrm{BZP}}$	

第4問 (配点　20)

図1のような円形のルーレットを用いて，二人で対戦ゲームを行う。先攻が1本矢を投げ，次に後攻が1本矢を投げて，刺さった場所に書かれている点数を得点とする。

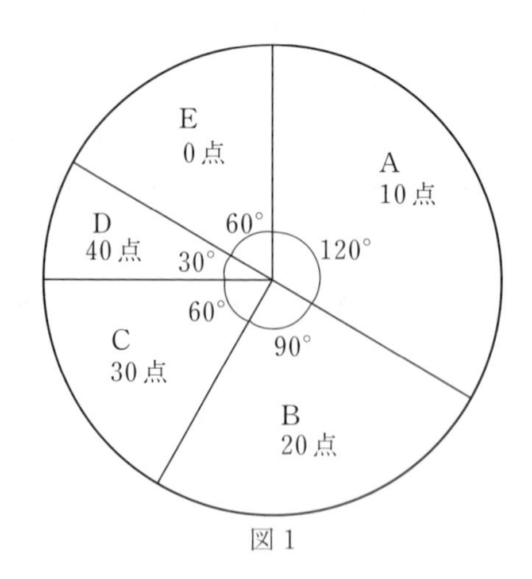

図1

矢を投げるとき，ルーレットは回転しており，先攻も後攻も狙いを定めることはできない。また，A，B，C，D，Eのいずれかの場所に矢が刺さらなかった場合と境界線上に矢が刺さった場合は，投げなおすこととする。先攻の矢がA，B，C，Dのいずれかに刺さった場合，後攻は先攻の矢が刺さった場所を除外したルーレットに矢を投げる。先攻の矢がEの場所に刺さった場合，先攻の得点は0点であり，後攻が矢を投げる際のルーレットは図1のままである。

例えば，先攻の矢がAの場所に刺さった場合，先攻の得点は10点であり，後攻が矢を投げる際のルーレットは図2の状態になる。

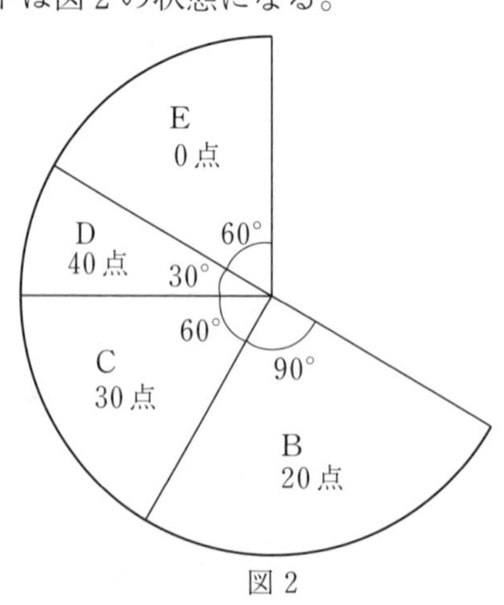

図2

(数学Ⅰ，数学A第4問は次ページに続く。)

太郎さんと花子さんは，このゲームで先攻と後攻のどちらが有利かを考えている。

太郎：各場所に矢が刺さる確率は，どのように考えればよいのかな。

花子：狙いを定めることができないのだから，全体に対する面積の割合を確率として考えてみよう。

(1) 花子さんの確率の設定を用いると，先攻の得点が 0 点になる確率は $\frac{1}{6}$，先攻の得点が 10 点になる確率は $\frac{\boxed{ア}}{\boxed{イ}}$，先攻の得点が 20 点になる確率は $\frac{\boxed{ウ}}{\boxed{エ}}$ である。

先攻の得点が 30 点，40 点になる確率も同様に定めることができ，先攻の得点の期待値は $\frac{\boxed{オカ}}{\boxed{キ}}$ 点であることがわかる。

（数学 I，数学 A 第 4 問は次ページに続く。）

(2)　二人は，次に後攻の得点の期待値について考えている。

太郎：先攻の得点によって，後攻の得点の確率は変化するね。

花子：まずは，後攻の得点が 40 点になる確率を求めてみよう。

先攻の得点が 20 点で，後攻の得点が 40 点となる確率は $\frac{\boxed{\text{ク}}}{\boxed{\text{ケコ}}}$ である。このように考えていくと後攻の得点が 40 点になる確率は $\frac{\boxed{\text{サ}}}{\boxed{\text{シス}}}$ である。

太郎：期待値の定義から後攻の得点の期待値を計算するのは大変そうだね。

花子：先攻が矢を投げるときのルーレットと，後攻が矢を投げるときのルーレットの関係に着目できないかな。

太郎：先攻の得点が 20 点の場合の後攻の得点の期待値を計算してみよう。

花子：後攻の各得点の確率は，先攻の得点が 20 点のときの条件付き確率を考えるのがよさそうだね。

先攻の得点が 20 点のとき，後攻の得点が 40 点になる条件付き確率は 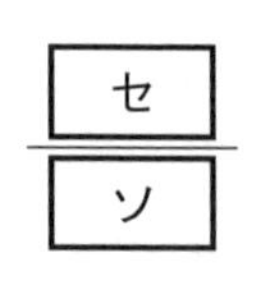

である。

（数学 I，数学 A 第 4 問は次ページに続く。）

先攻の得点が 20 点のとき，後攻の得点が 20 点となる条件付き確率は 0 である。

先攻の得点が 20 点のとき，後攻の得点が 0 点となる条件付き確率は，先攻が 0 点となる確率の $\dfrac{\boxed{タ}}{\boxed{チ}}$ 倍である。

後攻の得点が 10 点，30 点，40 点となる条件付き確率も同様に，それぞれ先攻の得点が 10 点，30 点，40 点となる確率の $\dfrac{\boxed{タ}}{\boxed{チ}}$ 倍である。

このことから，先攻の得点が 20 点のときの後攻の得点の期待値は，先攻の得点の期待値が $\dfrac{\boxed{オカ}}{\boxed{キ}}$ 点であるから

$$\frac{\boxed{ウ}}{\boxed{エ}} \times \frac{\boxed{タ}}{\boxed{チ}}\left(\frac{\boxed{オカ}}{\boxed{キ}} - \boxed{ツ}\right) 点$$

である。

よって，後攻の得点の期待値を計算すると $\dfrac{\boxed{テトナ}}{\boxed{ニヌ}}$ 点であるから，このゲームにおいて，得点の期待値の高いほうが有利であるとすると $\boxed{ネ}$。

$\boxed{ネ}$ の解答群

⓪	先攻の方が有利である
①	後攻の方が有利である
②	先攻と後攻で有利，不利はない

（下　書　き　用　紙）

模試　第3回

（100点／70分）

〔数学Ⅰ・A〕

注　意　事　項

1　数学解答用紙（模試 第3回）をキリトリ線より切り離し，試験開始の準備をしなさい。

2　時間を計り，上記の解答時間内で解答しなさい。
ただし，納得のいくまで時間をかけて解答するという利用法でもかまいません。

3　第1問～第4問はすべて必答。計4問を解答しなさい。

4　解答用紙には解答欄以外に受験番号欄，氏名欄，試験場コード欄，解答科目欄があります。解答科目欄は解答する科目を一つ選び，マークしなさい。その他の欄は自分自身で本番を想定し，正しく記入し，マークしなさい。

5　解答は解答用紙の解答欄にマークしなさい。

6　問題の余白は適宜利用してよいが，どのページも切り離してはいけません。

第1問（配点　30）

〔1〕 $a=\dfrac{1}{2\sqrt{2}-\sqrt{6}}$，$b=\dfrac{1}{2\sqrt{2}+\sqrt{6}}$ とする。

(1) $a+b=$ [ア]$\sqrt{[イ]}$，$ab=\dfrac{[ウ]}{[エ]}$ であり

$$a^2+b^2=[オ]$$

である。

(2) 集合 M を $M=\{x \mid 0<x<1\}$ とするとき，[[カ]] である。

[[カ]] については，最も適当なものを，次の ⓪～③ のうちから一つ選べ。

⓪ $a \in M$ かつ $b \in M$	① $a \in M$ かつ $b \notin M$
② $a \notin M$ かつ $b \in M$	③ $a \notin M$ かつ $b \notin M$

（数学 I，数学 A 第1問は次ページに続く。）

〔2〕 △ABC の外側に，それぞれ AB＝AE，AC＝AD である直角二等辺三角形 AEB，ADC をかき，2 点 D と E を結んでできる四角形 EBCD を考える。以下において

$$\mathrm{AC}=b,\ \mathrm{AB}=c,\ \angle\mathrm{BAC}=\theta$$

とする。

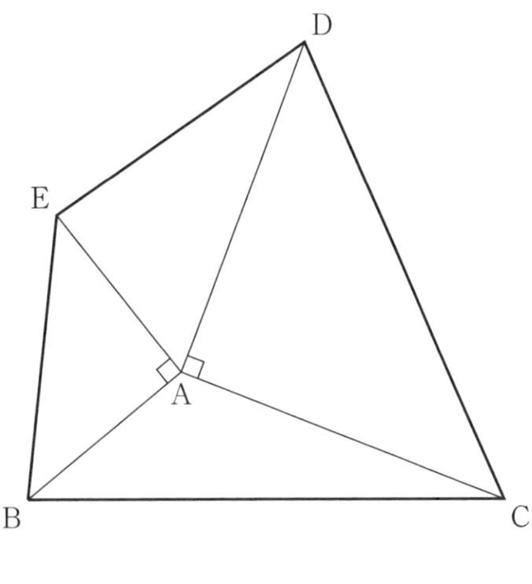

参考図

(1) $b=7$，$c=4$，$\theta=120^\circ$ のとき

$$\mathrm{EB}=\boxed{\text{キ}}\sqrt{\boxed{\text{ク}}},\ \mathrm{BC}=\sqrt{\boxed{\text{ケコ}}}$$

であり，△ABC の面積は $\boxed{\text{サ}}\sqrt{\boxed{\text{シ}}}$ である。

（数学 I，数学 A 第 1 問は次ページに続く。）

(2) $b=7$，$c=4$ とし，$0° < \theta < 180°$ とする。

(i) 辺 BC と辺 ED の長さについて，[ス] である。

[ス] の解答群

⓪ $0° < \theta < 90°$ のとき $BC > ED$，$\theta = 90°$ のとき $BC = ED$， $90° < \theta < 180°$ のとき $BC < ED$
① $0° < \theta < 90°$ のとき $BC < ED$，$\theta = 90°$ のとき $BC = ED$， $90° < \theta < 180°$ のとき $BC > ED$
② θ の値によらずつねに $BC > ED$
③ θ の値によらずつねに $BC < ED$
④ θ の値によらずつねに $BC = ED$

また，$BC^2 + ED^2$ の値については，θ の値によらず

$BC^2 + ED^2 =$ [セソタ]

が成り立つ。

ここで

$$BC^2 + ED^2 = \frac{1}{2}\{(BC + ED)^2 + (BC - ED)^2\}$$

であることを用いると，$BC + ED$ が最大となるのは $\theta =$ [チ] のときである。

[チ] の解答群

⓪ 30°	① 45°	② 60°	③ 90°
④ 120°	⑤ 135°	⑥ 150°	

(数学 I，数学 A 第 1 問は次ページに続く。)

(ii)　$\triangle$ABC の面積が最大となるのは $\theta =$ [ツ] のときである。

[ツ] の解答群

⓪　30°	①　45°	②　60°	③　90°
④　120°	⑤　135°	⑥　150°	

(3)　b, c を正の定数とする。四角形 EBCD と $\triangle$ABC に関する条件 p, q, r を

p：「$\theta = 90°$ である。」

q：「四角形 EBCD は等脚台形である。」

r：「$\triangle$ABC の面積は最大となる。」

とする。このとき，次のことが成り立つ。

- p は q であるための [テ]。
- p は r であるための [ト]。

[テ]，[ト] の解答群（同じものを繰り返し選んでもよい。）

⓪　必要条件であるが，十分条件ではない
①　十分条件であるが，必要条件ではない
②　必要十分条件である
③　必要条件でも十分条件でもない

第2問 (配点　30)

〔1〕 関数 $y = ax^2 + bx + c$ のグラフについて，コンピュータのグラフ表示ソフトを用いて考察している。

このソフトの説明は以下の通りである。

(ア) 図1の画面左の [　　　] に表示させたい関数 $y = ax^2 + bx + c$ を入力する。

(イ) 図1の画面左の **A**，**B**，**C** には，それぞれ a，b，c の値が表示される。

(ウ) **A**，**B**，**C** それぞれの下にある ● (スライダー) を左に動かすと値が減少し，右に動かすと値が増加するようになっており，スライダーの動きに応じてその値が **A**，**B**，**C** に表示される。

(エ) 図1の画面右側には，**A**，**B**，**C** に表示された a，b，c の値のときの，関数 $y = ax^2 + bx + c$ のグラフが表示される。

(オ) 図1の画面右側のグラフは，**A**，**B**，**C** の値の変化に応じて，座標平面上を動く仕組みになっている。

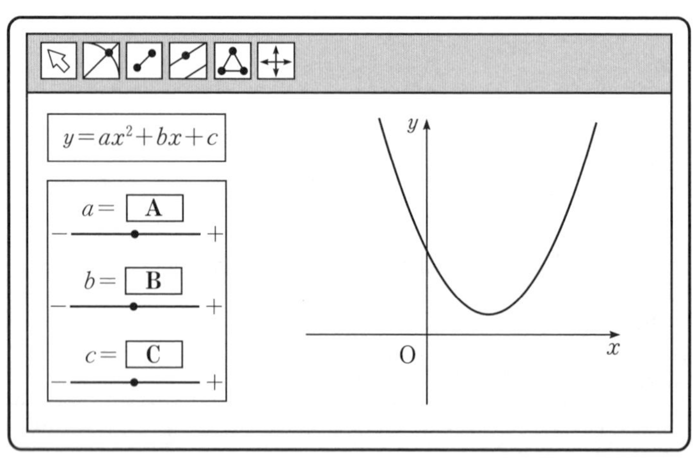

図1

最初に，● を無作為に動かしたところ，図1のようなグラフが表示された。このとき，次の問いに答えよ。

(数学 I，数学 A 第2問は次ページに続く。)

(1) 図1において

a [ア] 0，　b [イ] 0，　c [ウ] 0

である。

[ア]～[ウ]の解答群（同じものを繰り返し選んでもよい。）

⓪ <	① ＝	② >

(2) 図1の状態から b の ● を左に動かして，b の値のみを減少させるとき，表示される $y = ax^2 + bx + c$ のグラフの頂点の y 座標は [エ]。

[エ]の解答群

⓪ 図1の放物線の頂点の y 座標よりも大きくなり続ける

① 図1の放物線の頂点の y 座標と変わらない

② 図1の放物線の頂点の y 座標よりも小さくなり続ける

③ 図1の放物線の頂点の y 座標よりも大きくなることもあれば，小さくなることもある

（数学Ⅰ，数学A第2問は次ページに続く。）

(3)　グラフ表示ソフトを図1の状態に戻した後，a の ● を左に動かして，a の値のみを減少させるとき，表示される $y=ax^2+bx+c$ のグラフと x 軸の交点の個数は［オ］。ここで，図1を再掲しておく。

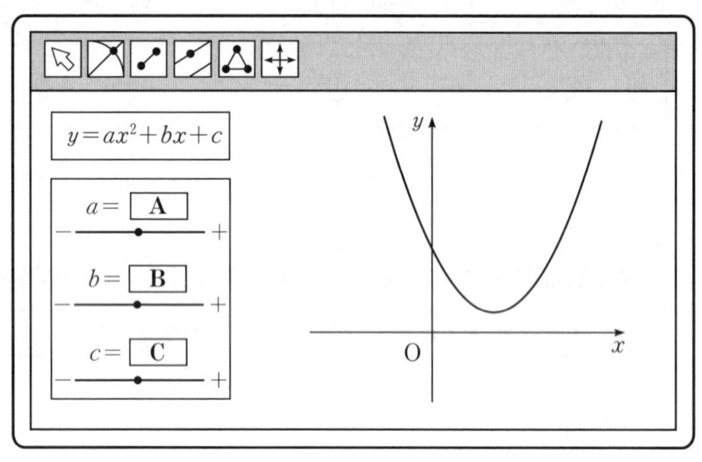

図1

［オ］の解答群

⓪　つねに0個である
①　0個のときと1個のときがあり，2個以上になることはない
②　0個のときと2個のときがあり，1個となることや3個以上になることはない
③　0個のときと1個のときと2個のときがあり，3個以上になることはない
④　3個以上になることがある

(数学Ⅰ，数学A第2問は次ページに続く。)

(4)　グラフ表示ソフトを再び図 1 の状態に戻した後，b の ● を右に動かして，b の値のみを 4 だけ増加させた。このとき，表示された $y = ax^2 + bx + c$ のグラフの頂点の y 座標が，図 1 の $y = ax^2 + bx + c$ のグラフの頂点の y 座標と等しくなった。図 1 の状態における b の値は

$b =$ カキ

である。

(数学 I，数学 A 第 2 問は次ページに続く。)

〔2〕 次の表1，表2は，ある高校の二つのクラスA，Bの生徒それぞれ32名全員が1年間に複数回受けた試験の合計点を算出したものであり，いずれも合計点数の低い方から順に8個ずつ並べたものである。ただし，行われたすべての試験において，点数は負でない整数値である。

以下では，データが与えられた際，次の値を外れ値とする。

「(第1四分位数) − 1.5 ×(四分位範囲)」以下のすべての値
「(第3四分位数) + 1.5 ×(四分位範囲)」以上のすべての値

表1 Aクラスの生徒の合計点

????	1955	2173	2180	2200	2201	2204	2213
2232	2253	2260	2276	2279	2280	2293	2297
2304	2305	2325	2337	2354	2362	2376	2385
2388	2389	2403	2422	2430	????	????	????

表2 Bクラスの生徒の合計点

2057	2103	2186	2195	2224	2228	2232	2249
2256	2262	2267	2271	2291	2297	2298	2302
2308	2327	2333	2339	2346	2349	2351	2353
2359	2363	2370	2373	2400	2429	2530	2588

Aクラスの生徒の合計点（以下，Aクラスの点）において外れ値は4個あったが，Aクラスの点からこれらの外れ値を除外した28個のデータに対し，改めて外れ値を調べると外れ値は1個あった。

その後，機器の誤操作で，Aクラスの点の1番目および30番目から32番目までの値がわからなくなってしまった。

（数学 I，数学 A 第2問は次ページに続く。）

(1) 外れ値を含めた32個のデータからなるAクラスの点全体において

第1四分位数 Q_1 ＝ [ク]

中央値 Q_2 ＝ [ケ]

第3四分位数 Q_3 ＝ [コ]

である。

[ク]〜[コ]の解答群

⓪ 2213	① 2222.5	② 2232
③ 2297	④ 2300.5	⑤ 2304
⑥ 2385	⑦ 2386.5	⑧ 2388

さらに4個の外れ値をAクラスの点から除外した28個のデータの四分位範囲は [サシス] である。また，Aクラスの点全体において，30番目の点数は [セ] 点以上 [ソ] 点以下であり，31番目の点数は [タ] 点以上である。

[セ]〜[タ]の解答群

⓪ 2588	① 2591	② 2592
③ 2621	④ 2622	⑤ 2632
⑥ 2633	⑦ 2642	⑧ 2643

（数学Ⅰ，数学A第2問は次ページに続く。）

(2) Aクラスと Bクラスの成績分布が異なるならば，翌年クラス替えを行うことになっている。そのため，Aクラスの点とBクラスの合計点（以下，Bクラスの点）のデータから，二つのクラスの成績分布が異なるかどうかを調べることにした。

(i) まず，Aクラスの点全体の四分位数 $Q_1 =$ [ク]，$Q_2 =$ [ケ]，$Q_3 =$ [コ] を用いて，正の整数全体を次の四つの部分に分ける。

$I_1 = \left\{ x \,\middle|\, x \text{ は整数で，} 1 \leqq x < \boxed{ク} \right\}$

$I_2 = \left\{ x \,\middle|\, x \text{ は整数で，} \boxed{ク} \leqq x < \boxed{ケ} \right\}$

$I_3 = \left\{ x \,\middle|\, x \text{ は整数で，} \boxed{ケ} \leqq x < \boxed{コ} \right\}$

$I_4 = \left\{ x \,\middle|\, x \text{ は整数で，} \boxed{コ} \leqq x \right\}$

Aクラスの点において，合計点が I_1，I_2，I_3，I_4 の範囲に入る人数はどれも8人である。一方，Bクラスの点において，合計点が I_1，I_2，I_3，I_4 の範囲に入る人数をそれぞれ x_1，x_2，x_3，x_4 とし，x_1，x_2，x_3，x_4 の分散を X とすると，$X =$ [チツ].[テ] である。

Aクラスの点とBクラスの点でデータの分布が異なると，x_1，x_2，x_3，x_4 は x_1，x_2，x_3，x_4 の平均値から離れるので，分散 X は大きくなる。すなわち，X の値によって，Bクラスの点のデータの分布がAクラスの点のデータの分布とどれほど異なるかを知ることができる。

（数学Ⅰ，数学A 第2問は14ページに続く。）

（下書き用紙）

数学 I，数学 A の試験問題は次に続く。

(ii) Aクラスの点，Bクラスの点のデータから，AクラスとBクラスの成績分布が異なるといえるかどうかを X の値を用いて，次の**方針**に従って考えることにした。

方針

- Bクラスにおいて“どの人も，合計点が I_1，I_2，I_3，I_4 の範囲に入る割合はすべて等しく $\frac{1}{4}$ である”という仮説をたてる。
- この仮説のもとで，Bクラスにおいて，合計点が I_1，I_2，I_3，I_4 の範囲に入る人数をそれぞれ y_1，y_2，y_3，y_4 として，y_1，y_2，y_3，y_4 の分散を Y とする。そして，$Y \geqq$ [チツ].[テ] となる確率が 5% 未満であれば，範囲 I_1，I_2，I_3，I_4 への人数配分が，x_1，x_2，x_3，x_4 となることはほとんど起こり得ないことであるとみなして，この仮説は誤っていると判断する。
  一方，5% 以上であれば，範囲 I_1，I_2，I_3，I_4 への人数配分が，x_1，x_2，x_3，x_4 となることは起こり得ることとみなして，この仮説は誤っているとは判断しない。

$Y \geqq$ [チツ].[テ] となる確率を調べるために，正四面体の四つの面に 1，2，3，4 の数字を一つずつ書いた四面体さいころを用いる。すなわち，合計点が I_1，I_2，I_3，I_4 の範囲に入ることを，それぞれ四面体さいころの 1，2，3，4 の面が出ることに置き換えて考える。ただし，四面体さいころにおいて「1 の面が出る」とは，さいころを投げるテーブルの表面に接したさいころの面の数字が 1 であることを意味するものとし，2，3，4 の面が出ることも同様に定める。さらにどの面も等しく確率 $\frac{1}{4}$ で出るように作られているものとする。

四面体さいころを 32 個用意し，これらを同時に投げたとき，1，2，3，4 の面が出た四面体さいころの数をそれぞれ z_1，z_2，z_3，z_4 とし，z_1，z_2，z_3，z_4 の分散を Z とする。

（数学 I，数学 A 第 2 問は次ページに続く。）

32 個の四面体さいころを投げる実験を 1000 回行ったところ，Z の値が与えられた範囲に入った回数の割合は次の**実験結果**のようになった。

実験結果

Z の範囲	$0 \leqq Z$	$1.25 \leqq Z$	$2.50 \leqq Z$	$3.75 \leqq Z$	$5.00 \leqq Z$
割合	100.0%	89.1%	74.1%	59.9%	47.5%
Z の範囲	$6.25 \leqq Z$	$7.50 \leqq Z$	$8.75 \leqq Z$	$10.00 \leqq Z$	$11.25 \leqq Z$
割合	37.3%	29.0%	22.4%	17.2%	13.1%
Z の範囲	$12.50 \leqq Z$	$13.75 \leqq Z$	$15.00 \leqq Z$	$16.25 \leqq Z$	$17.50 \leqq Z$
割合	10.0%	7.6%	5.8%	4.3%	3.3%
Z の範囲	$18.75 \leqq Z$	$20.00 \leqq Z$	$21.25 \leqq Z$	$22.50 \leqq Z$	$23.75 \leqq Z$
割合	2.5%	1.9%	1.4%	1.0%	0.8%

たとえば，Z が $2.50 \leqq Z$ の範囲に入る割合は 74.1% であり，$22.50 \leqq Z$ の範囲に入る割合は 1.0% である。**実験結果**を用いると，$Z \geqq$ [チツ].[テ] となる割合は 5% より [ト]。この割合を，$Y \geqq$ [チツ].[テ] となる確率とみなし，**方針**に従うと，B クラスにおいて，どの人も，合計点が I_1，I_2，I_3，I_4 の範囲に入る割合はすべて等しく $\frac{1}{4}$ であるという仮説は [ナ]，翌年クラス替えを行うかどうかを判断できる。

[ト] の解答群

⓪ 大きい	① 小さい

[ナ] の解答群

⓪ 誤っていると判断され	① 誤っているとは判断されず

第3問（配点　20）

△ABC において，BC ＝ a，CA ＝ b，AB ＝ c とする。

このとき，△ABC の辺またはその延長上の点において接する円について考えよう。

△ABC の内接円を O とし，O の中心を X，半径を r とする。また，図のように，△ABC の辺 BC と点 P において接し，辺 AB，AC の延長とそれぞれ点 Q，R において接する円を O′ とする。円 O′ の中心を Y，円 O′ の半径を r' とする。

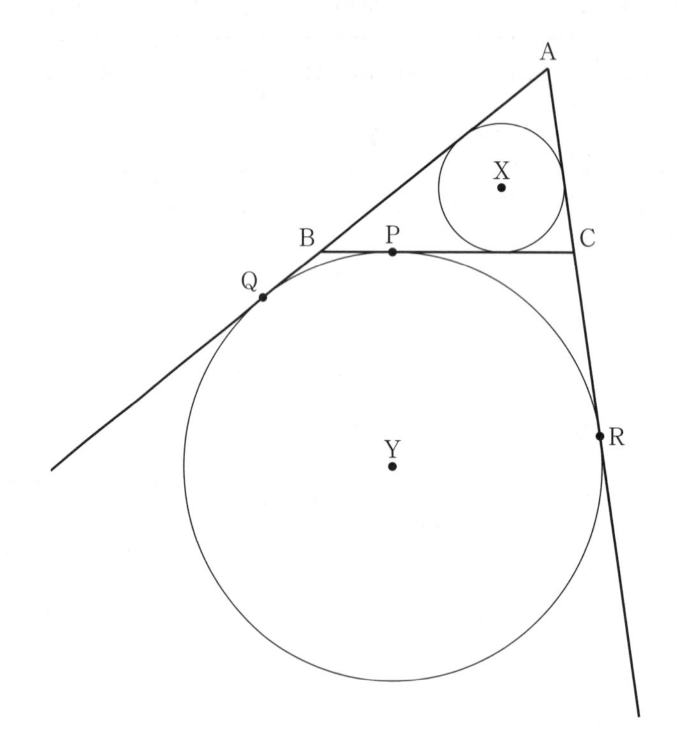

（数学 I，数学 A 第 3 問は次ページに続く。）

(1) △ABC の面積は [ア] であり，△BYC の面積は [イ] である。

[ア] の解答群

⓪ $\frac{1}{2}r$	① $\frac{1}{2}ar$	② $\frac{1}{2}(b+c)r$
③ $\frac{1}{2}(a+b+c)r$	④ r	⑤ ar
⑥ $(b+c)r$	⑦ $(a+b+c)r$	

[イ] の解答群

⓪ $\frac{1}{2}r'$	① $\frac{1}{2}ar'$	② $\frac{1}{2}(b+c)r'$
③ $\frac{1}{2}(a+b+c)r'$	④ r'	⑤ ar'
⑥ $(b+c)r'$	⑦ $(a+b+c)r'$	

四角形 ABYC の面積を

・△ABC と △BYC の面積の和

・△ABY と △ACY の面積の和

の 2 通りに表すことにより

$r : r' =$ [ウ]

であることがわかる。

[ウ] の解答群

⓪ $1:(b+c)$	① $1:(a+b+c)$
② $a:(b+c)$	③ $2a:(b+c)$
④ $(b+c):(-a+b+c)$	⑤ $(b+c):(a+b+c)$
⑥ $(-a+b+c):(a+b+c)$	⑦ $(a+b+c):(2a+b+c)$

（数学 I，数学 A 第 3 問は次ページに続く。）

以下，$\angle BAC = 60°$ とする。

(2) $\angle BXC =$ **エオカ** °，$\angle BYC =$ **キク** ° である。

(3) **ケ** から，3 点 A，X，Y はこの順に一直線上にある。

ケ については，最も適当なものを，次の ⓪～④ のうちから一つ選べ。

⓪ 直線 BC は $\angle XCY$ の二等分線である

① 2 点 X，Y はともに $\angle BAC$ の二等分線上にある

② 2 点 X，Y はともに線分 PR の垂直二等分線上にある

③ 2 点 X，Y はともに辺 BC の中点と点 A を通る直線上にある

④ 直線 AX，AY と辺 BC の交点をそれぞれ S，T とすると，
$\angle XSC = \angle YTB = 60°$ である

$\triangle ABC$ の外接円と線分 XY の交点を D とおくと，円周角の定理および (1)，(2) の考察より

$$AX : XD : DY = \boxed{\text{コ}}$$

である。

（数学 I，数学 A 第 3 問は次ページに続く。）

コ の解答群

⓪ $1:1:1$
① $1:a:(b+c)$
② $1:(-a+b+c):(a+b+c)$
③ $2:a:(b+c)$
④ $2:(-a+b+c):(a+b+c)$
⑤ $(-a+b+c):1:1$
⑥ $(-a+b+c):2:2$
⑦ $(-a+b+c):a:a$
⑧ $(-a+b+c):(a+b):(a+b)$
⑨ $(-a+b+c):(a+b+c):(a+b+c)$

(4) a を定数とする。$\mathrm{BC}=a$，$\angle\mathrm{BAC}=60°$，$30° \leqq \angle\mathrm{ACB} \leqq 90°$ を満たすように点 A が動くとき，点 D は サ 。

よって，点 X が描く曲線の長さを ℓ，点 Y が描く曲線の長さを ℓ' とすると

$$\ell:\ell' = \boxed{シ}$$

である。

サ の解答群

⓪ 動かない
① ある円の周上を動く
② ある線分上を動く

シ の解答群

⓪ $1:1$	① $1:\sqrt{2}$	② $1:\sqrt{3}$	③ $1:2$
④ $1:2\sqrt{2}$	⑤ $\sqrt{2}:\sqrt{3}$	⑥ $\sqrt{3}:2$	⑦ $\sqrt{3}:2\sqrt{2}$

第4問（配点　20）

1から N までの数が一つずつ書かれた N 枚のカードがある。このカードを横一列に並べた状態から無作為に並べ替えるときに，並べ替える前と後で同じ場所にあるカードの枚数について考える。

左から1，2，…，N の順に並んだ状態を＜最初の状態＞と呼ぶことにし，並べ替えは＜最初の状態＞から始めるものとする。

(1)　$N=3$ のとき，並べ替えた後に＜最初の状態＞と同じ位置にあるカードの枚数を X 枚とする。

3枚のカードの並べ方は全部で [ア] 通りであり，このうち，$X=1$ となる並べ方は全部で [イ] 通りである。また，X の期待値 $E(X)$ は [ウ] である。

[ウ] の解答群

⓪ $\frac{1}{3}$	① $\frac{1}{2}$	② $\frac{2}{3}$	③ $\frac{5}{6}$	④ 1
⑤ $\frac{7}{6}$	⑥ $\frac{4}{3}$	⑦ $\frac{3}{2}$	⑧ $\frac{5}{3}$	⑨ $\frac{11}{6}$

（数学Ⅰ，数学A 第4問は次ページに続く。）

(2) $N=4$ のとき，並べ替えた後に<最初の状態>と同じ位置にあるカードの枚数を Y 枚とする。太郎さんと花子さんが話している。

太郎：$N=4$ の場合を考えるときは，$N=3$ の場合の結果が使えないかな。

花子：先に 1 から 3 までの 3 枚のカードを並べ替えた後に，4 のカードを追加すると考えれば，4 のカードをどの場所に追加するかで場合分けできそうだね。

4 のカードが一番右側になるような並べ方は全部で [ア] 通りあり，その中で $Y=1$ となるような並べ方は [エ] 通りである。また，4 のカードが一番右側以外にあって，かつ $Y=1$ となるような並べ方は [オ] 通りある。

同様に考えると，$N=4$ のとき，$Y=1$ となる確率は $\dfrac{\text{カ}}{\text{キ}}$ と求めることができる。

（数学 I，数学 A 第 4 問は次ページに続く。）

太郎：4 のカードをどの場所に置くか，くじを使って決めるのはどうかな。

カードを追加する手順

(i) 1 から 3 までの 3 枚のカードを無作為に並べ替える。

(ii) いったん 4 のカードを一番右端に置く。

(iii) 1 から 4 までの番号が書かれたくじを無作為に引いて，くじの番号 n が 3 以下の場合は，左から n 番目のカードと 4 のカードの場所を入れ替える。$n=4$ の場合は何もしない。

花子：その手順通りにやれば，4 枚すべてのカードを一斉に並べ替えるのと同じ結果が得られそうだね。手順を終えた時点で 4 枚のカードのうち，<最初の状態>と同じ場所にあるカードの枚数を Y 枚とみなして考えよう。

X は(1)の X とし，$X=k$ のときの確率を $P(X=k)$ と表す。

$n=4$ かつ $Y=2$ となる確率は，$\frac{1}{4}\times$ [ク] と表すことができる。また，$Y=0$ となる確率は，[ケ] と表すことができる。同様に考えることで，Y の期待値 $E(Y)$ を X を使って表すことができる。

[ク] の解答群

⓪ $P(X=0)$　① $P(X=1)$　② $P(X=2)$　③ $P(X=3)$

[ケ] の解答群

⓪ $\frac{1}{4}P(X=0)+\frac{1}{4}P(X=1)$　① $\frac{1}{4}P(X=0)+\frac{1}{2}P(X=1)$

② $\frac{1}{4}P(X=0)+\frac{3}{4}P(X=1)$　③ $\frac{1}{2}P(X=0)+\frac{1}{4}P(X=1)$

④ $\frac{1}{2}P(X=0)+\frac{1}{2}P(X=1)$　⑤ $\frac{1}{32}P(X=0)+\frac{3}{4}P(X=1)$

⑥ $\frac{3}{4}P(X=0)+\frac{1}{4}P(X=1)$　⑦ $\frac{3}{4}P(X=0)+\frac{1}{2}P(X=1)$

⑧ $\frac{3}{4}P(X=0)+\frac{3}{4}P(X=1)$

（数学Ⅰ，数学A 第 4 問は次ページに続く。）

(3)　$N=5$ のとき，並べ替えた後に<最初の状態>と同じ位置にあるカードの枚数を Z 枚とし，Z の期待値を $E(Z)$ とする。

X，Y をそれぞれ(1)，(2)の X，Y とすると，［コ］が成り立つ。

［コ］の解答群

⓪　$E(Y)<E(X)$，$E(Z)<E(X)$	①　$E(X)<E(Y)$，$E(Z)<E(Y)$
②　$E(X)<E(Z)$，$E(Y)<E(Z)$	③　$E(Z)<E(X)=E(Y)$
④　$E(Y)<E(X)=E(Z)$	⑤　$E(X)<E(Y)=E(Z)$
⑥　$E(X)=E(Y)=E(Z)$	

（下　書　き　用　紙）

模試　第4回

（100点／70分）

〔数学Ⅰ・A〕

注　意　事　項

1　**数学解答用紙（模試 第4回）をキリトリ線より切り離し，試験開始の準備をしなさい。**

2　**時間を計り，上記の解答時間内で解答しなさい。**
ただし，納得のいくまで時間をかけて解答するという利用法でもかまいません。

3　第1問～第4問はすべて必答。計4問を解答しなさい。

4　**解答用紙には解答欄以外に受験番号欄，氏名欄，試験場コード欄，解答科目欄があります。解答科目欄は解答する科目**を一つ選び，**マーク**しなさい。**その他の欄**は自分自身で本番を想定し，**正しく記入し，マークしなさい。**

5　**解答は解答用紙の解答欄にマークしなさい。**

6　問題の余白は適宜利用してよいが，どのページも切り離してはいけません。

第１問（配点　30）

〔1〕 a を定数とする。x の関数

$$f(x)=(a^2-3a+2)x-4a+8$$

について考える。

$f(x)$ の右辺を変形すると

$$\left(a-\boxed{\text{ア}}\right)\left(a-\boxed{\text{イ}}\right)x-\boxed{\text{ウ}}\left(a-\boxed{\text{エ}}\right)$$

となる。ただし，$\boxed{\text{ア}}<\boxed{\text{イ}}$ とする。

(1) x の方程式 $f(x)=0$ の実数解について

- $a=\boxed{\text{ア}}$ のとき，$\boxed{\text{オ}}$。
- $a=\boxed{\text{イ}}$ のとき，$\boxed{\text{カ}}$。

$\boxed{\text{オ}}$，$\boxed{\text{カ}}$ の解答群（同じものを繰り返し選んでもよい。）

⓪ ただ一つの実数解をもつ
① 実数解をもたない
② すべての実数 x が解である

(2) $a<\boxed{\text{ア}}$ のとき，$2\leqq x\leqq 9$ における $f(x)$ の最大値を a を用いて表すと

$$\boxed{\text{キ}}a^2-\boxed{\text{クケ}}a+\boxed{\text{コサ}}$$

である。

（数学Ⅰ，数学Ａ第１問は次ページに続く。）

〔2〕 以下の問題を解答するにあたっては，必要に応じて5ページの三角比の表を用いてもよい。

地震保険は，地震等によって対象となる建物が損害を受けた場合に保険金を支払う保険制度である。

ある会社の地震保険では，損害の度合いを「損害なし」,「一部損」,「小半損」,「大半損」,「全損」と5段階に分け，そのそれぞれにおいて定められた割合の保険金が支払われる。「損害なし」と判断された場合は，保険は適用されない。

建物の傾きは損害の度合いを判断するための指標の一つであるが，ここでは，それによってのみ損害の度合いが決定することとする。

損害の度合いの5段階は，地面の垂直方向から外壁が何度傾いているかによって，以下のように判断される。ただし，地面は常に水平であるものとして考える。

傾き	損害の度合い
0.2° 以下の場合	損害なし
0.2° より大きく 0.5° 以下の場合	一部損
0.5° より大きく 0.8° 以下の場合	小半損
0.8° より大きく 1.0° 以下の場合	大半損
1.0° より大きい場合	全損

(数学Ⅰ，数学A 第1問は次ページに続く。)

太郎さんと花子さんは，ひもの先に鋭利な重りをつけたものを作り，三角比の表を用いてA宅，B宅のそれぞれの建物の傾きを調べることにした。以下，図1のように，壁と地面の交線から重りの先端Pまでの距離をℓ mm，垂直方向に対する壁の傾きをθとする。

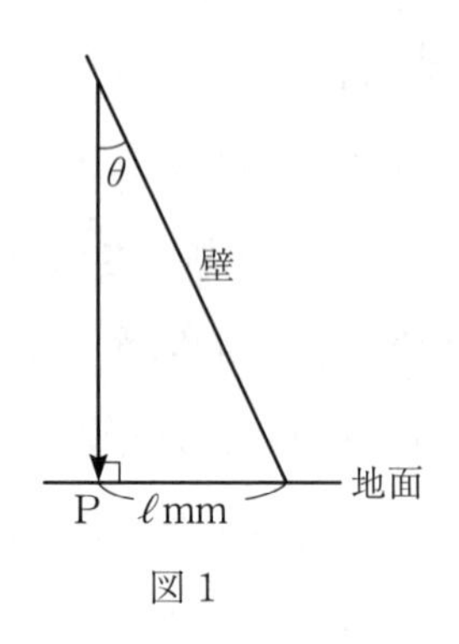

図1

(1)　太郎さんはA宅について，重りの先端Pまでの長さが2 mのひもを用いてℓの値を測定したところ，$\ell = 14$ mmであった。このとき，θの値はおよそ［シ］であり，損害の度合いは［ス］と判断できる。

［シ］については，最も適当なものを，次の⓪～④のうちから一つ選べ。

⓪　0.2°	①　0.3°	②　0.4°	③　0.5°	④　0.6°

［ス］の解答群

⓪　損害なし	①　一部損	②　小半損	③　大半損	④　全損

（数学Ⅰ，数学A第1問は次ページに続く。）

(2) 花子さんはB宅について，重りの先端Pまでの長さが1 m のひもを用いてℓの値を測定したところ，15 mm 以上，16 mm 以下であることはわかったが，正確な数値は手持ちの定規では計測できなかった。B宅の損害の度合いは［セ］と判断できる。

［セ］の解答群

⓪ 損害なし　① 一部損　② 小半損　③ 大半損　④ 全損

三角比の表

角	正弦（sin）	余弦（cos）	正接（tan）
0.0°	0.0000	1.0000	0.0000
0.1°	0.0017	1.0000	0.0017
0.2°	0.0035	1.0000	0.0035
0.3°	0.0052	1.0000	0.0052
0.4°	0.0070	1.0000	0.0070
0.5°	0.0087	1.0000	0.0087
0.6°	0.0105	0.9999	0.0105
0.7°	0.0122	0.9999	0.0122
0.8°	0.0140	0.9999	0.0140
0.9°	0.0157	0.9999	0.0157
1.0°	0.0175	0.9998	0.0175

（数学Ⅰ，数学A 第1問は次ページに続く。）

〔3〕 次の**問題**を考える。

> **問題** 正三角形 ABC の外接円において，点 C を含まない方の弧 AB 上に点 P がある。このとき，AP + BP = CP であることを示せ。

(1) 次の**構想 1** で考えよう。

証明の構想 1

右の図のように，線分 CP 上に AP = PD となる点 D をとって，BP = CD となることを証明する。

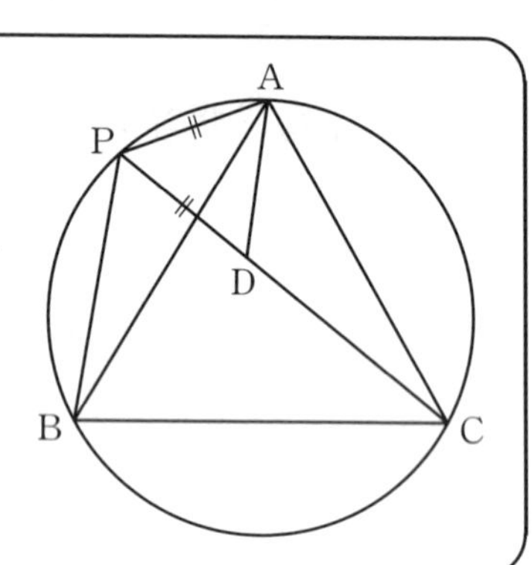

円周角の定理より

$\angle CPA = \angle CBA =$ **ソタ** °

である。

線分 CP 上に AP = PD となる点 D をとると，△APD は正三角形なので

AD = AP

さらに，$\angle PAD = \angle BAC = 60°$ より

$\angle DAC = \angle PAC - 60° = \angle PAB$

また，△ABC は正三角形なので

AC = AB

以上より，2 組の辺とその間の角がそれぞれ等しいので

△ADC ≡ △APB

したがって

BP = CD

よって

AP + BP = PD + CD = CP

（数学 I，数学 A 第 1 問は次ページに続く。）

(2) 次の**構想 2** で考えよう。

証明の構想 2

$\angle$CPA = [ソタ]°，$\angle$CPB = [チツ]° である。

これと CA = BC を合わせると，△PCA と △PBC において，余弦定理より，AP，BP，CP が満たす関係式が得られる。

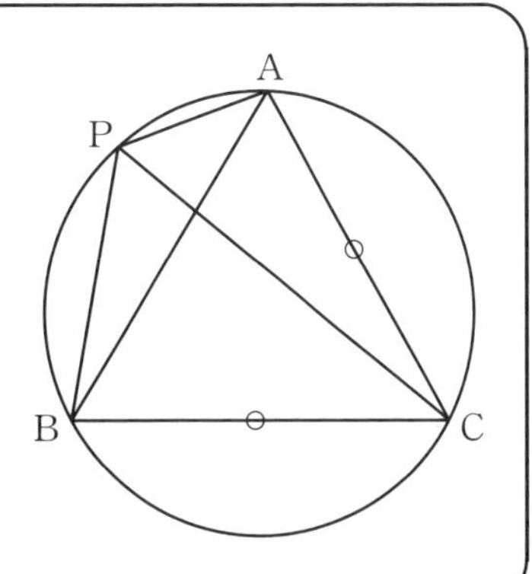

△PBC に余弦定理を用いると，BC^2 = [テ] である。

CA = BC より

[ト] または AP + BP − CP = 0

[ト] のとき，$\angle$PAC = [ナニ]° であるから

AP : CP = 1 : [ヌ]

したがって，[ト] と CP = [ヌ]AP より

AP + BP = CP

よって，点 P の位置によらず，AP + BP = CP である。

[テ] の解答群

⓪	$BP^2 + CP^2 - \sqrt{3}BP \cdot CP$	①	$BP^2 + CP^2 + \sqrt{3}BP \cdot CP$
②	$BP^2 + CP^2 - \sqrt{2}BP \cdot CP$	③	$BP^2 + CP^2 + \sqrt{2}BP \cdot CP$
④	$BP^2 + CP^2 - BP \cdot CP$	⑤	$BP^2 + CP^2 + BP \cdot CP$
⑥	$BP^2 + CP^2 - 2BP \cdot CP$	⑦	$BP^2 + CP^2 + 2BP \cdot CP$

[ト] の解答群

⓪	AP − BP = 0	①	BP − CP = 0	②	CP − AP = 0

第2問 (配点　30)

〔1〕　太郎さんと花子さんのクラブは，毎年，文化祭でフランクフルトを販売している。次の表は，過去5年間の販売価格 P(円) と売上本数 Q(本) の実績をまとめたものである。

過去5年間のフランクフルト1本の販売価格と売上本数

年度	2015	2016	2017	2018	2019
販売価格 P (円)	150	190	160	170	180
売上本数 Q (本)	400	315	382	360	338

太郎さんは，過去5年分の販売価格と売上本数の関係を調べるために，図1のように，販売価格を横軸，売上本数を縦軸として分布状況を調べた。

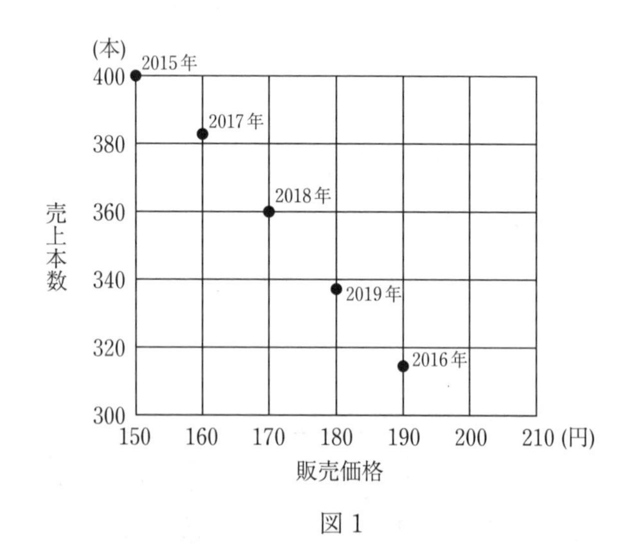

図1

(1)　太郎さんは図1において，2015年と2018年の状況を表す2点を結ぶ直線を，販売価格と売上本数の関係を表しているものと仮定した。

このとき，販売価格を1円上げるごとに，販売本数は［ア］本減ると予測される。

(数学Ⅰ，数学A 第2問は次ページに続く。)

販売価格を165円にしたとき

売上本数は イウエ 本，売上総額は オカキクケ 円

になると予測できる。

(2) 花子さんは，太郎さんの仮定をもとにして，販売価格を過去5年間の最低販売価格150円から x 円値上げした $(150+x)$ 円で売るとき，売上総額 y 円との関係について考えることにした。このとき，x と y の関係として正しいものは コ である。

コ の解答群

⓪ y は x の1次関数として表され，そのグラフは右上がりの直線になる。
① y は x の1次関数として表され，そのグラフは右下がりの直線になる。
② y は x の2次関数として表され，そのグラフは下に凸の放物線になる。
③ y は x の2次関数として表され，そのグラフは上に凸の放物線になる。

(3) 売上総額を最大にするには，販売価格を サシス 円に設定すればよいと予測できる。

(4) 今年度は次のような目標が設定された。

- 2019年度の売上本数未満にならないようにする。
- 売上総額を60800円以上にする。

この目標が達成できると予測される販売価格 P 円のとり得る値の範囲は

セソタ $\leqq P \leqq$ チツテ

である。

（数学Ⅰ，数学A 第2問は次ページに続く。）

〔2〕 ある50点満点のテストを，80人の生徒が期間を空けて2回受験した。1回目のテストの直後に復習をした生徒40人をまとめてグループA，復習をしなかった生徒40人をまとめてグループBと呼ぶ。

(1) 表1はグループAとグループBの1回目，2回目のテストの点数の平均と分散をまとめたものである。

表1

グループ	1回目の平均	1回目の分散	2回目の平均	2回目の分散
A	17	97.85	34	100.6
B	19	100.45	24	141.15

表1をもとにすると，1回目のテストにおいて，80人の生徒全員の点数の平均は［トナ］点である。

また，1回目のテストにおいて，グループAの各生徒の点数の2乗の平均と，グループBの各生徒の点数の2乗の平均の和は［ニ］であるから，80人の生徒全員の点数の分散は［ヌ］である。

［ニ］，［ヌ］の解答群（同じものを繰り返し選んでもよい。）

⓪ 10.01	① 99.15	② 100.15	③ 324
④ 326	⑤ 451.7	⑥ 650	⑦ 848.3

（数学Ⅰ，数学A第2問は次ページに続く。）

2回目のテストにおいて，グループAの各生徒の点数の2乗の平均と，グループBの各生徒の2乗の平均の和を計算すると，1973.75となるので，次の⓪〜⑤のうち，最も分散が大きいのは［ネ］である。

［ネ］の解答群

⓪	グループAの1回目のテストの点数
①	グループAの2回目のテストの点数
②	グループBの1回目のテストの点数
③	グループBの2回目のテストの点数
④	80人の生徒全員の1回目のテストの点数
⑤	80人の生徒全員の2回目のテストの点数

（数学Ⅰ，数学A第2問は次ページに続く。）

(2) 図 1 は，各生徒の 1 回目のテストの点数と 2 回目のテストの点数の散布図である。なお，グループ A の生徒は ○ で，グループ B の生徒は ● で表されており，この散布図には，完全に重なっている点はない。

1 回目のテストの点数と 2 回目のテストの点数について，グループ A の相関係数を r_A，グループ B の相関係数を r_B，生徒全体の相関係数を r とする。このとき，［ノ］が成り立つ。

［ノ］の解答群

⓪ $r < r_A < r_B$	① $r_A < r < r_B$	② $r_B < r < r_A$
③ $r < r_B < r_A$	④ $r_A < r_B < r$	⑤ $r_B < r_A < r$

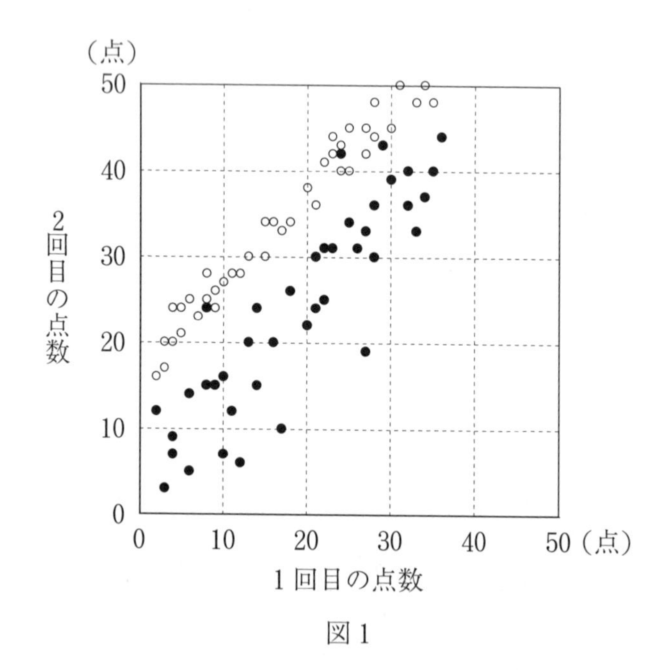

図 1

（数学 I，数学 A 第 2 問は次ページに続く。）

次の(I)，(II)，(III)は，図1の散布図に関する記述である。

(I)　グループAでも，グループBでも，1回目のテストの点数より，2回目のテストの点数が低かった生徒はいない。

(II)　グループBにおいて，1回目のテストで最高点を取った生徒は，2回目のテストにおいても最高点を取っている。

(III)　グループAの生徒は全員，2回目のテストの点数のほうが1回目のテストの点数より10点以上高い。

(I)，(II)，(III)の正誤の組合せとして正しいものは ハ である。

ハ の解答群

	⓪	①	②	③	④	⑤	⑥	⑦
(I)	正	正	正	正	誤	誤	誤	誤
(II)	正	正	誤	誤	正	正	誤	誤
(III)	正	誤	正	誤	正	誤	正	誤

(数学 I，数学 A 第2問は次ページに続く。)

(3) このテストのある問題Xに着目する。問題Xは正誤問題であり，正解がわからない場合でも $\frac{1}{2}$ の確率で正解できる。また，1回目のテストを実施した時点では，問題Xの正解がわかった生徒はおらず，正解した生徒はすべて偶然による正解であったという。

表2は，2回目のテストにおける問題Xの正解者数をグループA，グループBでそれぞれ集計したものである。

表2　問題Xの正解者数

	2回目
グループA	29
グループB	25

問題Xがわかるようになった生徒がいるかどうかを，次の**方針**で考えることにしよう。

方針

- “2回目のテストにおいて，問題Xの正解がわかった生徒はおらず，各生徒は $\frac{1}{2}$ の確率で正解する” という仮説をたてる。
- この仮説のもとで，各グループの表で示された人数以上が正解する確率が5%未満であれば，その仮説は誤っていると判断し，5%以上であれば，その仮説は誤っているとは判断しない。
- グループAについて仮説は誤っていると判断され，かつグループBについて仮説が誤っていると判断されなかった場合は，復習によって問題Xの正解がわかるようになった生徒がいたと判断し，そうでないときは，復習によって問題Xの正解がわかるようになった生徒がいたとは判断しない。

（数学Ⅰ，数学A第2問は次ページに続く。）

次の**実験結果**は，40 枚の硬貨を投げる実験を 1000 回行ったとき，表が出た枚数ごとの回数の割合を示したものである。ただし，9 枚以下と 31 枚以上はすべて 0.0% である。

実験結果

表の枚数	10	11	12	13	14	15	16
割合	0.1%	0.2%	0.5%	1.1%	2.1%	3.7%	5.6%
表の枚数	17	18	19	20	21	22	23
割合	8.1%	10.3%	12.0%	12.6%	12.0%	10.3%	8.1%
表の枚数	24	25	26	27	28	29	30
割合	5.6%	3.7%	2.1%	1.1%	0.5%	0.2%	0.1%

実験結果を用いると，40 枚の硬貨のうち 29 枚以上が表となった割合は［ヒ］.［フ］% である。これを，40 人のうち 29 人以上が問題 X を正解する確率とみなし，**方針**に従うと，グループ A については，各生徒は問題 X を $\frac{1}{2}$ の確率で正解するという仮説は［ヘ］，グループ B についても仮説が誤りかどうかを調べると，復習によって，問題 X がわかるようになった生徒は［ホ］。

［ヘ］の選択肢

⓪ 誤っていると判断され　　① 誤っているとは判断されず

［ホ］の選択肢

⓪ いるといえる　　① いるとはいえない

第3問 (配点　20)

△ABC の辺またはその延長上の点において接する円の半径について考える。以下において

$$BC = a,\ CA = b,\ AB = c,\ a + b + c = \ell$$

とする。

(1) まず，$a = 5$，$b = 7$，$c = 8$ とする。

(i) 余弦定理より，$\cos\angle ABC = \dfrac{\boxed{\text{ア}}}{\boxed{\text{イ}}}$ であるから，△ABC の面積は $\boxed{\text{ウエ}}\sqrt{\boxed{\text{オ}}}$ である。

一方，△ABC の内接円 O の半径を r とすると，△ABC の面積は，ℓ と r を用いて $\boxed{\text{カ}}$ と表せるから，$\ell = 8 + 5 + 7 = 20$ より，$r = \sqrt{\boxed{\text{キ}}}$ である。

$\boxed{\text{カ}}$ の解答群

⓪ $r\ell$	① $\frac{1}{2}r\ell$	② $\frac{1}{3}r\ell$	③ $\frac{1}{4}r\ell$
④ $r(\ell - r)$	⑤ $\frac{1}{2}r(\ell - r)$	⑥ $\frac{1}{3}r(\ell - r)$	⑦ $\frac{1}{4}r(\ell - r)$

(数学 I，数学 A 第 3 問は次ページに続く。)

(ii) △ABC の辺 BC と点 P において接し，辺 AC，AB の延長とそれぞれ点 Q，R において接する円を O′ とする。円 O′ と(i)の円 O には，ともに [ク] という性質がある。

円 O′ の中心を O′ とし，円 O′ の半径を r'，△ABC の面積を S とする。BP = BR，CP = CQ であることを利用すると，四角形 ARO′Q の面積は S + [ケ] r' と表せる。

また，四角形 ARO′Q の面積は [コサ] r' とも表せる。

以上のことから，r' = [シ] $\sqrt{\text{[ス]}}$ である。

[ク] の解答群

⓪ 中心が辺 BC の垂直二等分線上にある
① 中心が点 A と △ABC の重心を通る直線上にある
② 中心が点 A を通り直線 BC と垂直な直線上にある
③ それぞれの中心から △ABC の三つの辺またはその延長に下ろした三本の垂線の長さが等しい

[ケ] の解答群

⓪ $\frac{5}{2}$	① 3	② $\frac{7}{2}$	③ 4	④ $\frac{9}{2}$
⑤ 5	⑥ $\frac{11}{2}$	⑦ 6	⑧ $\frac{13}{2}$	⑨ 7

(数学 I，数学 A 第 3 問は次ページに続く。)

(2) 次に，$a=19$，$b=20$，$c=21$ とし

- 辺 BC 上の点，辺 CA の延長上の点，辺 AB の延長上の点においてそれぞれ直線 BC，CA，AB と接する円の半径を r_A
- 辺 CA 上の点，辺 AB の延長上の点，辺 BC の延長上の点においてそれぞれ直線 CA，AB，BC と接する円の半径を r_B
- 辺 AB 上の点，辺 BC の延長上の点，辺 CA の延長上の点においてそれぞれ直線 AB，BC，CA と接する円の半径を r_C

とする。

r_A，r_B，r_C の大小関係として正しいものは セ である。

セ の解答群

⓪ $r_A < r_B < r_C$	① $r_A < r_C < r_B$	② $r_B < r_A < r_C$
③ $r_B < r_C < r_A$	④ $r_C < r_A < r_B$	⑤ $r_C < r_B < r_A$

（下書き用紙）

数学Ⅰ，数学Ａの試験問題は次に続く。

第4問 (配点 20)

以下の問題では，1枚の硬貨を投げるとき，表となる事象と裏となる事象は同様に確からしいとする。このとき，次の各問いに答えよ。

(1) まず，2枚の硬貨X，Yを同時に投げる試行について考える。

(i) 次の⓪～④のうち，この試行における事象に関する記述として正しいものは ア である。

ア の解答群

⓪ この試行における根元事象は「Xのみが表となる事象」,「Yのみが表となる事象」の2個あり，これらは同様に確からしい。

① この試行における根元事象は「表となる硬貨が0枚である事象」,「表となる硬貨が1枚である事象」,「表となる硬貨が2枚である事象」の3個あり，これらは同様に確からしい。

② この試行における根元事象は「Xのみが表となる事象」,「Yのみが表となる事象」,「Xのみが裏となる事象」,「Yのみが裏となる事象」の4個あり，これらは同様に確からしい。

③ この試行における根元事象は「2枚とも表となる事象」,「2枚とも裏となる事象」,「Xのみが表となる事象」,「Yのみが表となる事象」の4個あり，これらは同様に確からしい。

④ この試行における根元事象は「2枚とも表となる事象」,「2枚とも裏となる事象」,「Xのみが表となる事象」,「Yのみが表となる事象」,「Xのみが裏となる事象」,「Yのみが裏となる事象」の6個あり，これらは同様に確からしい。

(数学I，数学A第4問は次ページに続く。)

(ii) X，Y のうち少なくとも一方が表となる確率は $\frac{\boxed{\text{イ}}}{\boxed{\text{ウ}}}$ である。また，表となった硬貨があったときに，表となった硬貨がちょうど 1 枚である条件付き確率は $\frac{\boxed{\text{エ}}}{\boxed{\text{オ}}}$ である。

（数学 I，数学 A 第 4 問は次ページに続く。）

(2) 次に，4 枚の硬貨を同時に投げ，正方形 ABCD の四つの頂点に 1 枚ずつ，硬貨の裏表を変えずに無作為に置く試行について考える。

(i) この試行において，4 枚の硬貨を区別しないとき，同様に確からしい根元事象は $\boxed{\text{カキ}}$ 個ある。

(ii) 4 枚の硬貨のうち，ちょうど 2 枚が表となっているという事象を E_1，正方形の隣り合う頂点に置かれた硬貨の裏表がすべて異なるという事象を E_2 とする。

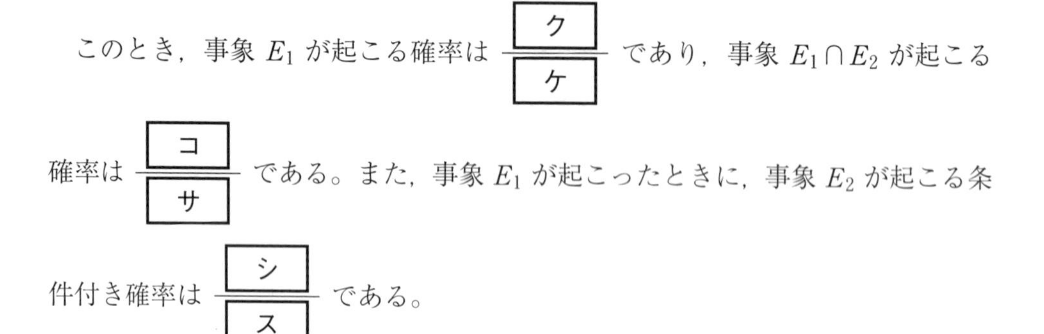

このとき，事象 E_1 が起こる確率は $\dfrac{\boxed{\text{ク}}}{\boxed{\text{ケ}}}$ であり，事象 $E_1 \cap E_2$ が起こる確率は $\dfrac{\boxed{\text{コ}}}{\boxed{\text{サ}}}$ である。また，事象 E_1 が起こったときに，事象 E_2 が起こる条件付き確率は $\dfrac{\boxed{\text{シ}}}{\boxed{\text{ス}}}$ である。

（数学 I，数学 A 第 4 問は次ページに続く。）

(3) 2枚の10円硬貨と2枚の5円硬貨を同時に投げ，正方形ABCDの四つの頂点に1枚ずつ，硬貨の裏表を変えずに無作為に置く。このとき，次の⓪～③のうち，確率が $\frac{\boxed{シ}}{\boxed{ス}}$ となるものは $\boxed{セ}$ である。

$\boxed{セ}$ の解答群

⓪ 10円硬貨と5円硬貨がそれぞれ1枚ずつ表となっている確率
① 2枚の10円硬貨がともに表となっている確率
② 2枚の10円硬貨が隣り合う頂点には置かれていない確率
③ 2枚の10円硬貨がともに表となっており，隣り合う頂点には置かれていない確率

（下　書　き　用　紙）

模試　第5回

(100点 70分)

〔数学Ⅰ・A〕

注　意　事　項

1　数学解答用紙（模試 第5回）をキリトリ線より切り離し，試験開始の準備をしなさい。

2　時間を計り，上記の解答時間内で解答しなさい。
ただし，納得のいくまで時間をかけて解答するという利用法でもかまいません。

3　第1問～第4問はすべて必答。計4問を解答しなさい。

4　解答用紙には解答欄以外に受験番号欄，氏名欄，試験場コード欄，解答科目欄があります。解答科目欄は解答する科目を一つ選び，マークしなさい。その他の欄は自分自身で本番を想定し，正しく記入し，マークしなさい。

5　解答は解答用紙の解答欄にマークしなさい。

6　問題の余白は適宜利用してよいが，どのページも切り離してはいけません。

第1問（配点　30）

〔1〕　実数 s に対して，$t \leqq s < t+1$ を満たす整数 t を s の整数部分といい，$s-t$ を s の小数部分という。

(1)　3.2 は $3 \leqq 3.2 < 4$ であるから，整数部分は 3 であり，$3.2-3=0.2$ より，小数部分は 0.2 である。

　-5.5 の整数部分は［アイ］であり，小数部分は［ウ］である。

［ウ］の解答群

⓪ -5.5	① -5	② -0.5	③ 0.5	④ 5	⑤ 5.5

（数学Ⅰ，数学Ａ第1問は次ページに続く。）

(2)　2 次方程式 $x^2-x-1=0$ の異なる二つの実数解を α，β とする。

$\alpha<\beta$ のとき，α の小数部分は $\dfrac{\boxed{\text{エ}}-\sqrt{\boxed{\text{オ}}}}{\boxed{\text{カ}}}$ であり，β の小数部分は $\dfrac{\boxed{\text{キク}}+\sqrt{\boxed{\text{オ}}}}{\boxed{\text{カ}}}$ である。

(3)　$a=\dfrac{\boxed{\text{エ}}-\sqrt{\boxed{\text{オ}}}}{\boxed{\text{カ}}}$ のとき

$$(a^2-3a)^2-2(a^2-3a)-3=\boxed{\text{ケ}}$$

である。

(数学 I，数学 A 第 1 問は次ページに続く。)

〔2〕 以下の問題を解答するにあたっては，必要に応じて7ページの三角比の表を用いてもよい。

花子さんは，東京スカイツリーを自宅から計測することで，自宅のあるマンションが立地する地面と，東京スカイツリーが立地する地面の標高差を調べようとしている。

(1) 花子さんは，図1のように，自宅のあるマンションのベランダに観測点Pを設置して，まずは，地面から観測点Pまでの高さを調べることにした。

マンションから10 m 離れ，地面から1.4 m の高さから観測点Pの仰角を測ると84°であった。

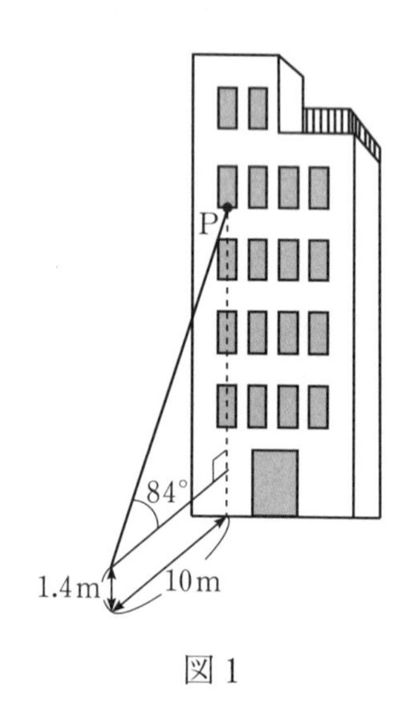

図1

地面から観測点Pまでの高さは コサ . シ m である。小数第2位を四捨五入して答えよ。

(数学I，数学A 第1問は次ページに続く。)

(2) 図 2 のように，東京スカイツリーは地面から先端 A までの高さが 634 m の電波塔で，地面から高さが 340 m の場所にフロア 340 と呼ばれる展望デッキがある。

この展望デッキの下端を点 B として，観測点 P から先端 A と点 B の仰角を測定したところ，それぞれ 57°，35° であった。

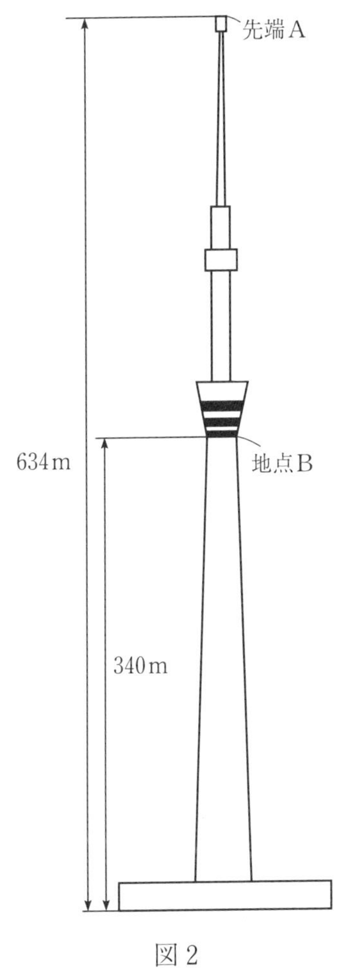

図 2

(i) 観測点 P と東京スカイツリーの水平距離は，およそ ［ス］ m である。

［ス］ の解答群

⓪ 191	① 221	② 350	③ 405	④ 412
⑤ 420	⑥ 486	⑦ 755	⑧ 905	

（数学 I，数学 A 第 1 問は次ページに続く。）

(ii) 花子さんが住むマンションが立地する地面と，東京スカイツリーが立地する地面の標高差について，次の⓪～②のうち，正しく述べているものは，[セ]である。

[セ]の解答群

⓪ 東京スカイツリーが立地する地面の標高の方が，花子さんが住むマンションが立地する地面の標高よりも 1 m 以上高い。

① 東京スカイツリーが立地する地面の標高と，花子さんが住むマンションが立地する地面の標高差は 1 m 未満である。

② 花子さんが住むマンションが立地する地面の標高の方が，東京スカイツリーが立地する地面の標高よりも 1 m 以上高い。

（数学 I，数学 A 第 1 問は次ページに続く。）

三角比の表

角	正弦 (sin)	余弦 (cos)	正接 (tan)
0°	0.0000	1.0000	0.0000
1°	0.0175	0.9998	0.0175
2°	0.0349	0.9994	0.0349
3°	0.0523	0.9986	0.0524
4°	0.0698	0.9976	0.0699
5°	0.0872	0.9962	0.0875
6°	0.1045	0.9945	0.1051
7°	0.1219	0.9925	0.1228
8°	0.1392	0.9903	0.1405
9°	0.1564	0.9877	0.1584
10°	0.1736	0.9848	0.1763
11°	0.1908	0.9816	0.1944
12°	0.2079	0.9781	0.2126
13°	0.2250	0.9744	0.2309
14°	0.2419	0.9703	0.2493
15°	0.2588	0.9659	0.2679
16°	0.2756	0.9613	0.2867
17°	0.2924	0.9563	0.3057
18°	0.3090	0.9511	0.3249
19°	0.3256	0.9455	0.3443
20°	0.3420	0.9397	0.3640
21°	0.3584	0.9336	0.3839
22°	0.3746	0.9272	0.4040
23°	0.3907	0.9205	0.4245
24°	0.4067	0.9135	0.4452
25°	0.4226	0.9063	0.4663
26°	0.4384	0.8988	0.4877
27°	0.4540	0.8910	0.5095
28°	0.4695	0.8829	0.5317
29°	0.4848	0.8746	0.5543
30°	0.5000	0.8660	0.5774
31°	0.5150	0.8572	0.6009
32°	0.5299	0.8480	0.6249
33°	0.5446	0.8387	0.6494
34°	0.5592	0.8290	0.6745
35°	0.5736	0.8192	0.7002
36°	0.5878	0.8090	0.7265
37°	0.6018	0.7986	0.7536
38°	0.6157	0.7880	0.7813
39°	0.6293	0.7771	0.8098
40°	0.6428	0.7660	0.8391
41°	0.6561	0.7547	0.8693
42°	0.6691	0.7431	0.9004
43°	0.6820	0.7314	0.9325
44°	0.6947	0.7193	0.9657
45°	0.7071	0.7071	1.0000

角	正弦 (sin)	余弦 (cos)	正接 (tan)
45°	0.7071	0.7071	1.0000
46°	0.7193	0.6947	1.0355
47°	0.7314	0.6820	1.0724
48°	0.7431	0.6691	1.1106
49°	0.7547	0.6561	1.1504
50°	0.7660	0.6428	1.1918
51°	0.7771	0.6293	1.2349
52°	0.7880	0.6157	1.2799
53°	0.7986	0.6018	1.3270
54°	0.8090	0.5878	1.3764
55°	0.8192	0.5736	1.4281
56°	0.8290	0.5592	1.4826
57°	0.8387	0.5446	1.5399
58°	0.8480	0.5299	1.6003
59°	0.8572	0.5150	1.6643
60°	0.8660	0.5000	1.7321
61°	0.8746	0.4848	1.8040
62°	0.8829	0.4695	1.8807
63°	0.8910	0.4540	1.9626
64°	0.8988	0.4384	2.0503
65°	0.9063	0.4226	2.1445
66°	0.9135	0.4067	2.2460
67°	0.9205	0.3907	2.3559
68°	0.9272	0.3746	2.4751
69°	0.9336	0.3584	2.6051
70°	0.9397	0.3420	2.7475
71°	0.9455	0.3256	2.9042
72°	0.9511	0.3090	3.0777
73°	0.9563	0.2924	3.2709
74°	0.9613	0.2756	3.4874
75°	0.9659	0.2588	3.7321
76°	0.9703	0.2419	4.0108
77°	0.9744	0.2250	4.3315
78°	0.9781	0.2079	4.7046
79°	0.9816	0.1908	5.1446
80°	0.9848	0.1736	5.6713
81°	0.9877	0.1564	6.3138
82°	0.9903	0.1392	7.1154
83°	0.9925	0.1219	8.1443
84°	0.9945	0.1045	9.5144
85°	0.9962	0.0872	11.4301
86°	0.9976	0.0698	14.3007
87°	0.9986	0.0523	19.0811
88°	0.9994	0.0349	28.6363
89°	0.9998	0.0175	57.2900
90°	1.0000	0.0000	—

（数学 I，数学 A 第 1 問は次ページに続く。）

〔3〕(1) 三角比の値に関する次の問題について考える。

問題 $\cos 36^\circ - \cos 72^\circ$ の値を求めよ。

この問題の解法の一つとして，以下のような方法が考えられる。

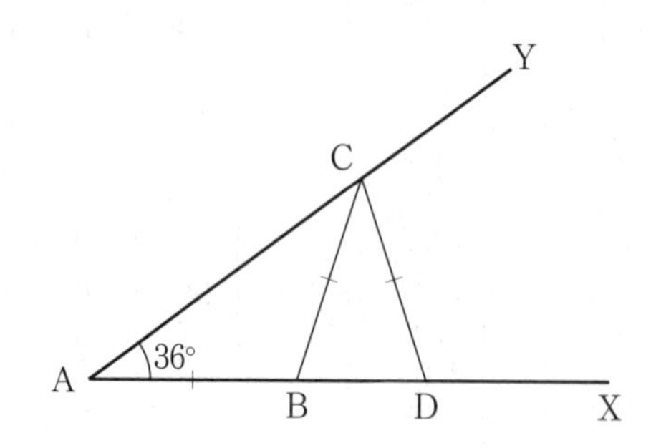

上の図のように，$\angle XAY = 36^\circ$ となる半直線 AX，AY を考え，次の(a)～(c)の手順で点 B，C，D をとる。

(a) 半直線 AX 上に AB = 1 となる点 B をとる。

(b) 半直線 AY 上に AB = BC となり，A と異なる点 C をとる。

(c) 半直線 AX 上に BC = CD となり，B と異なる点 D をとる。

(i) $\angle ACD =$ ソタ ° である。

(ii) 線分 AC，BD の長さをそれぞれ 36° または 72° の三角比を用いて表すと，AC = チ，BD = ツ である。ここで，AC − BD を考えることで

$$\cos 36^\circ - \cos 72^\circ = \frac{\boxed{テ}}{\boxed{ト}}$$

がわかる。

チ，ツ の解答群（同じものを繰り返し選んでもよい。）

⓪ $\sin 36^\circ$	① $\cos 36^\circ$	② $\sin 72^\circ$	③ $\cos 72^\circ$
④ $2\sin 36^\circ$	⑤ $2\cos 36^\circ$	⑥ $2\sin 72^\circ$	⑦ $2\cos 72^\circ$

（数学 I，数学 A 第 1 問は次ページに続く。）

(2)　下の図のように，$\angle \mathrm{XAY} = \theta$ となる半直線 AX，AY を考え，半直線 AX 上に点 A に近い方から点 B，D，F を，半直線 AY 上に点 A に近い方から点 C，E を $\mathrm{AB} = \mathrm{BC} = \mathrm{CD} = \mathrm{DE} = \mathrm{EF}$ となるようにとったところ，$\triangle \mathrm{AFE}$ は二等辺三角形となった。

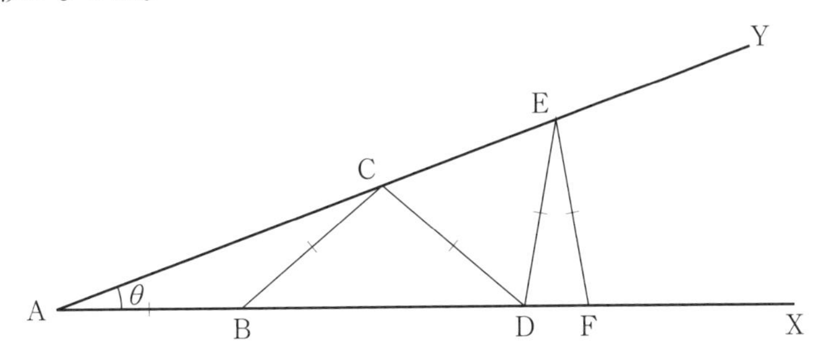

このとき，$\theta =$ ［ナニ］° であり，$\cos\theta - \cos 2\theta + \cos 3\theta - \cos 4\theta = \dfrac{［ヌ］}{［ネ］}$

である。

(3)　$\cos\dfrac{180^\circ}{7} - \cos\dfrac{360^\circ}{7} + \cos\dfrac{540^\circ}{7} = \dfrac{［ノ］}{［ハ］}$ である。

第2問 (配点　30)

〔1〕 下の図のように，底面が1辺の長さが $3\sqrt{2}$ の正方形で高さが $6\sqrt{2}$ の直方体ABCD–EFGHと，次の規則に従って移動する動点P，Q，Rがある。

- 最初，点P，Q，Rはそれぞれ点A，B，Dの位置にあり，点P，Q，Rは同時刻に移動を開始する。
- 点Pは線分AC上を，点Qは辺BF上を，点Rは辺DH上をそれぞれ向きを変えることなく，一定の速さで移動する。ただし，点Pは毎秒1の速さで移動する。
- 点P，Q，Rは，それぞれ点C，F，Hの位置に同時刻に到着し，移動を終了する。

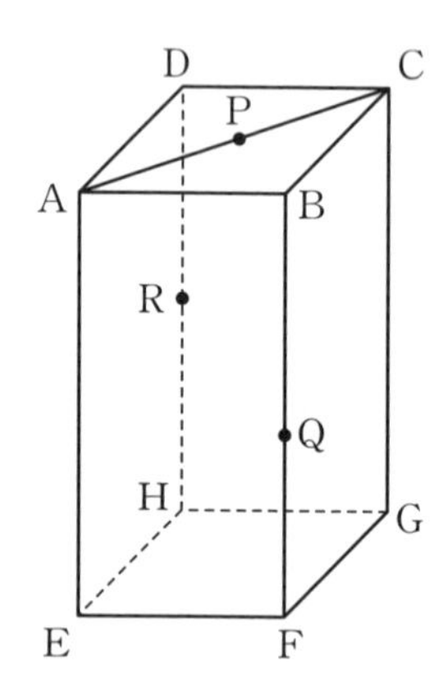

(1) 各点が移動を開始してから，

(i) 4秒後の線分PBの長さは，PB $= \sqrt{\boxed{\text{アイ}}}$ となる。

(ii) 3秒後の線分PQの長さは，PQ $= \boxed{\text{ウ}}\sqrt{\boxed{\text{エ}}}$ となる。

(iii) 3秒後の△PQRの面積は，△PQR $= \boxed{\text{オ}}\sqrt{\boxed{\text{カ}}}$ となる。

（数学Ⅰ，数学A第2問は次ページに続く。）

(2) 各点が移動を開始してから，t 秒後の線分 PQ の長さの平方 PQ^2 を t の式で表すと

$$PQ^2 = \boxed{キ}\, t^2 - \boxed{ク}\, t + \boxed{ケコ}$$

である。

(3) 各点が移動を開始してから終了するまでの間の，△PQR の周の長さの最小値は

$$\boxed{サ}\sqrt{\boxed{シス}} + \boxed{セ}$$

である。

(4) 各点が移動を開始してから終了するまでの間に，△PQR が次の(i)～(iii)のような三角形になることは何回あるか。ただし，出発時点や到着時点における△PQR も含むものとする。

(i) 正三角形 $\boxed{ソ}$ 回

(ii) 直角三角形 $\boxed{タ}$ 回

(iii) 面積が 6 の三角形 $\boxed{チ}$ 回

(数学 I，数学 A 第 2 問は次ページに続く。)

〔2〕 太郎さんと花子さんは，日本の二つの地域で，人の毛髪に含まれる有機水銀の濃度（以下，毛髪水銀濃度）を調べたデータを用いて，地域間の違いについて考えている。以下では，データが与えられた際，次の値を外れ値とする。

「（第1四分位数）$-1.5\times$（四分位範囲）」以下のすべての値
「（第3四分位数）$+1.5\times$（四分位範囲）」以上のすべての値

(1) 表1は，地域Aの住民39人に対して，毛髪水銀濃度 h(ppm) を調べた結果を，値が小さい方から順番に並べたものである。

表1 地域Aの住民の毛髪水銀濃度

0.6	0.6	0.8	0.9	1.0	1.1	1.1	1.2	1.2	1.3
1.4	1.6	1.7	1.8	1.8	1.9	1.9	1.9	2.0	2.0
2.1	2.3	2.4	2.5	2.7	2.8	2.9	3.0	3.1	3.3
3.7	3.8	4.0	4.3	4.4	5.1	6.4	7.3	8.7	

地域Aの住民39人の毛髪水銀濃度のデータ（以下，地域Aのデータ）において，四分位範囲は ツ . テ であり，外れ値の個数は ト である。

表2は，ある工場の廃液汚染が疑われる地域Bの住民34人に対して，毛髪水銀濃度 h(ppm) を調べた結果を，値が小さい方から順番に並べたものである。

表2 地域Bの住民の毛髪水銀濃度

2.8	2.8	2.8	3.1	3.3	3.5	3.9	4.1	4.9
5.2	5.5	6.4	6.4	7.3	7.8	8.5	8.7	
10.7	10.9	11.0	12.5	12.6	12.8	14.0	14.2	15.0
18.7	20.0	20.4	22.1	25.4	26.7	31.3	75.0	

（数学Ⅰ，数学A第2問は次ページに続く。）

地域Bの住民34人の毛髪水銀濃度のデータ（以下，地域Bのデータ）において，中央値は［ナ］.［ニ］であり，外れ値の個数は［ヌ］である。

(2) 二人は，地域Aと地域Bのデータを比較している。

> 太郎：地域Aは日本の一般的な地域の一つだけれど，地域Bは工場の廃液汚染が疑われている場所で，工場の廃液汚染が起きている地域では，住民の毛髪水銀濃度が高くなる傾向があるらしいよ。
>
> 花子：地域Aのデータと，地域Bのデータを比較すると，その兆候が見えるかもしれないね。

地域Aのデータと，地域Bのデータを比較すると，地域Bのデータの第1四分位数は地域Aのデータの［ネ］，地域Bのデータの中央値は地域Aの

［ノ］。

［ネ］の解答群

⓪	中央値以下であり
①	中央値より大きく，第3四分位数以下であり
②	第3四分位数より大きく

［ノ］の解答群

⓪	中央値より大きい方の外れ値の範囲にある
①	外れ値の範囲にない
②	中央値より小さい方の外れ値の範囲にある

（数学Ⅰ，数学A第2問は次ページに続く。）

(3)　図1，図2はそれぞれ地域A，地域Bのデータのヒストグラムである。ただし，いずれも階級の幅は5であり，各階級の区間は，左端の数値を含み，右端の数値を含まない。

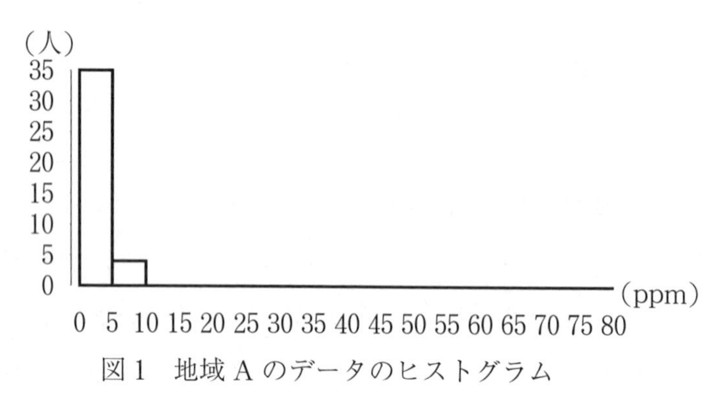

図1　地域Aのデータのヒストグラム

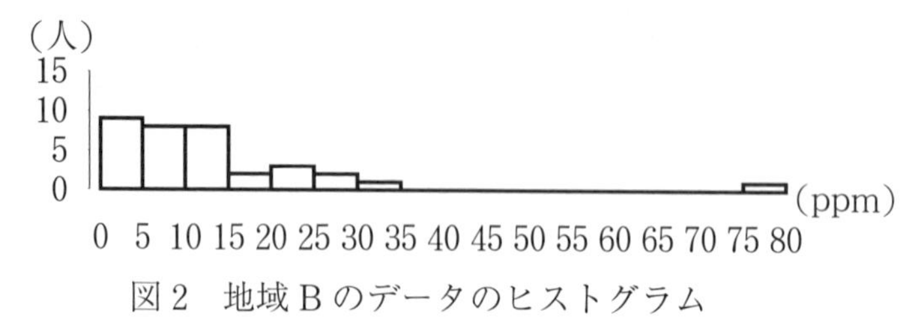

図2　地域Bのデータのヒストグラム

太郎：どちらのヒストグラムも，値が小さい領域には密集している一方で，値が大きい領域ではまばらになっているね。

花子：値が小さい領域では，階級をもっと細かく分けて，値が大きい領域では階級をもっと粗く分けた方がよいかもしれないね。

二人は，値が小さい領域に偏って分布するデータを見やすく整理する方法について，先生に相談したところ，先生は0.1(ppm)より小さなデータがないことも考慮して，場所によって階級の幅を変える次のような方法を提案された。

先生の提案

0.1×1.5^n $(n=1,\ 2,\ 3,\ \cdots)$ を境目として，毛髪水銀濃度 h の値の範囲を区切り，$0.1\times1.5^n \leqq h < 0.1\times1.5^{n+1}$ の範囲に入る h の値をレベル n と呼ぶことにする。ただし，$0.1 \leqq h < 0.15$ を満たす場合は，レベル0と定める。

（数学Ⅰ，数学A第2問は次ページに続く。）

例えば，地域 A，地域 B ともに $0.1\times1.5^1 \leqq h < 0.1\times1.5^4$ を満たす人はいないので，レベル 3 以下である人は 0 人である。表 3 は，地域 A の 39 人と地域 B の 34 人について，h のレベルに関する度数分布表である。

表 3　h のレベルに関する度数分布表

レベル	0	1	2	3	4	5	6	7	8
地域 A	0	0	0	0	2	5	6	11	8
地域 B	0	0	0	0	0	0	0	0	6

レベル	9	10	11	12	13	14	15	16	17
地域 A	4	2	1	0	0	0	0	0	0
地域 B	5	5	7	4	5	1	0	1	0

地域 A と地域 B のデータについて，毛髪水銀濃度の代わりに，レベルの値を使うこととすると，［ハ］である。

［ハ］の解答群

⓪　地域 A のデータに一つだけ外れ値が含まれ，その外れ値は地域 A における h の最大値

①　地域 A のデータに一つだけ外れ値が含まれ，その外れ値は地域 A における h の最小値

②　地域 B のデータに一つだけ外れ値が含まれ，その外れ値は地域 B における h の最大値

③　地域 B のデータに一つだけ外れ値が含まれ，その外れ値は地域 B における h の最小値

第3問（配点　20）

(1)　太郎さんと花子さんは，三角形 ABC の辺 AB，BC，CA またはその延長が，三角形の内部を通る一つの直線 ℓ とそれぞれ点 P，Q，R で交わるとき

$$\frac{\mathrm{AP}}{\mathrm{PB}}\cdot\frac{\mathrm{BQ}}{\mathrm{QC}}\cdot\frac{\mathrm{CR}}{\mathrm{RA}}=1 \quad \cdots\cdots\cdots\cdots\cdots\cdots\cdots\cdots\cdots\cdots (*)$$

が成り立つこと（定理 A）を知り，その理由について，次のように考えた。

定理 A が成り立つ理由

点 A，B，C から直線 ℓ に下ろした垂線と直線 ℓ の交点をそれぞれ A′，B′，C′ とする。

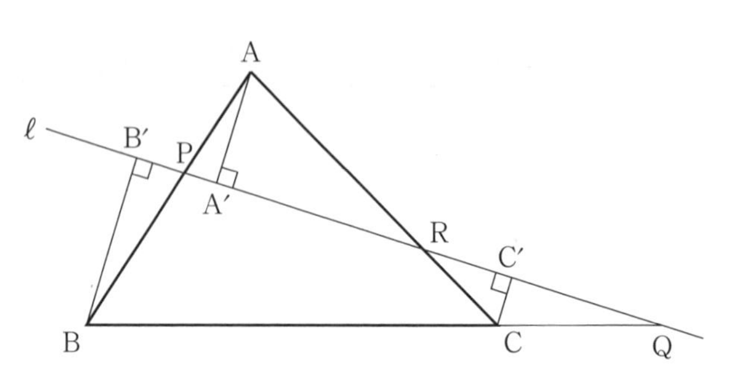

このとき

$$\frac{\mathrm{AP}}{\mathrm{PB}}=\boxed{\text{ア}},\quad \frac{\mathrm{BQ}}{\mathrm{QC}}=\boxed{\text{イ}},\quad \frac{\mathrm{CR}}{\mathrm{RA}}=\boxed{\text{ウ}}$$

であるから，(*) は成り立つ。

ア ～ ウ の解答群（同じものを繰り返し選んでもよい。）

⓪ $\frac{\mathrm{AA'}}{\mathrm{BB'}}$	① $\frac{\mathrm{AA'}}{\mathrm{CC'}}$	② $\frac{\mathrm{BB'}}{\mathrm{AA'}}$
③ $\frac{\mathrm{BB'}}{\mathrm{CC'}}$	④ $\frac{\mathrm{CC'}}{\mathrm{AA'}}$	⑤ $\frac{\mathrm{CC'}}{\mathrm{BB'}}$

（数学 I，数学 A 第 3 問は次ページに続く。）

太郎さんと花子さんは，先生から，三角形ABCの頂点C，A，Bと三角形の内部の点Oを通る直線CO，AO，BOが，辺AB，BC，CAとそれぞれ点P，Q，Rで交わるときも，(*)が成り立つこと（定理B）を教わり，その理由について，次のように考えた。

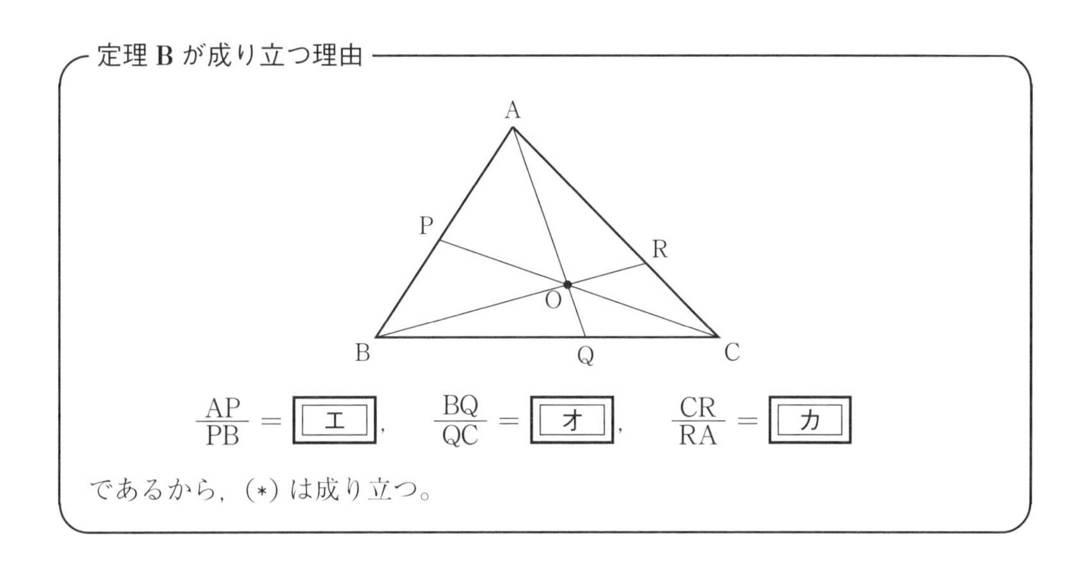

定理Bが成り立つ理由

$\dfrac{AP}{PB}=$ エ ，　$\dfrac{BQ}{QC}=$ オ ，　$\dfrac{CR}{RA}=$ カ

であるから，(*)は成り立つ。

エ ～ カ の解答群（同じものを繰り返し選んでもよい。）

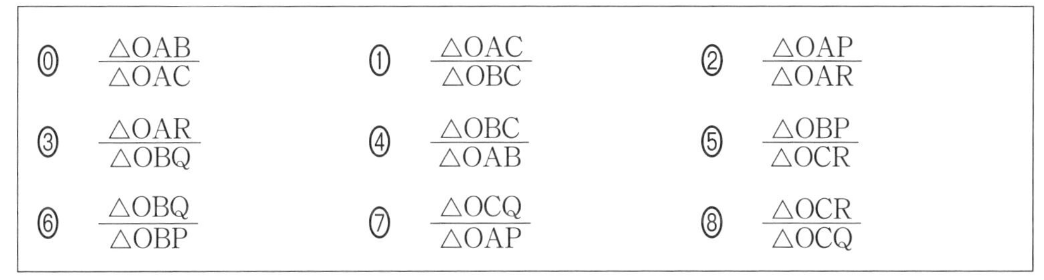

⓪ $\dfrac{\triangle OAB}{\triangle OAC}$　① $\dfrac{\triangle OAC}{\triangle OBC}$　② $\dfrac{\triangle OAP}{\triangle OAR}$

③ $\dfrac{\triangle OAR}{\triangle OBQ}$　④ $\dfrac{\triangle OBC}{\triangle OAB}$　⑤ $\dfrac{\triangle OBP}{\triangle OCR}$

⑥ $\dfrac{\triangle OBQ}{\triangle OBP}$　⑦ $\dfrac{\triangle OCQ}{\triangle OAP}$　⑧ $\dfrac{\triangle OCR}{\triangle OCQ}$

（数学Ⅰ，数学A第3問は次ページに続く。）

(2)　次に，太郎さんは，定理 A において，下の図 1 のように直線 ℓ が辺 AB，BC，CA のどれとも交わらないときや，定理 B において，下の図 2 のように点 O が三角形の外部（ただし，直線 AB，BC，CA 上の点を除く）にあるときも，(∗) が成り立つのではないかと考えた。

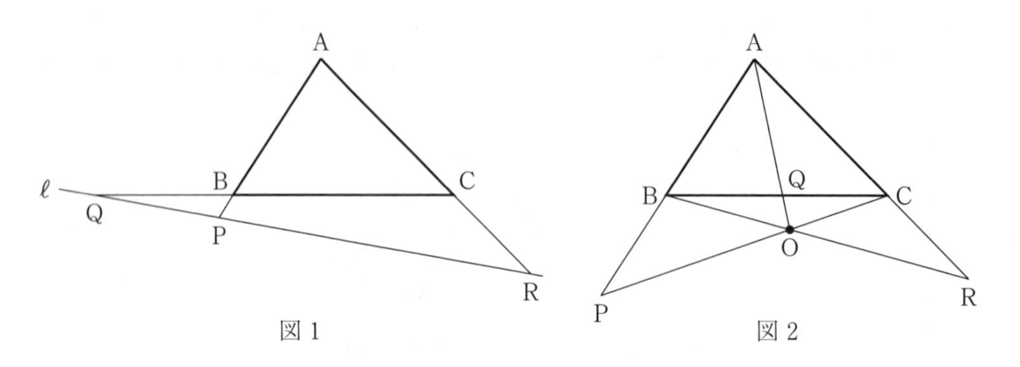

図 1　　図 2

(∗) に関する次の(a)，(b)の正誤の組合せとして正しいものは キ である。

(a)　図 1 において，(∗) は成り立つ。

(b)　図 2 において，(∗) は成り立つ。

キ の解答群

	⓪	①	②	③
(a)	正	正	誤	誤
(b)	正	誤	正	誤

（数学 I，数学 A 第 3 問は次ページに続く。）

(3) 花子さんは，三角形以外の図形について，(*) と同様の関係が成り立つのではないかと考え，次の**命題 X**，**命題 Y** について考えることにした。

命題 X 直線 ℓ が，すべての内角が 180° よりも小さい四角形 ABCD の辺 AB，CD とそれぞれ点 P，R で交わり，辺 BC，DA の延長とそれぞれ点 Q，S で交わるとき

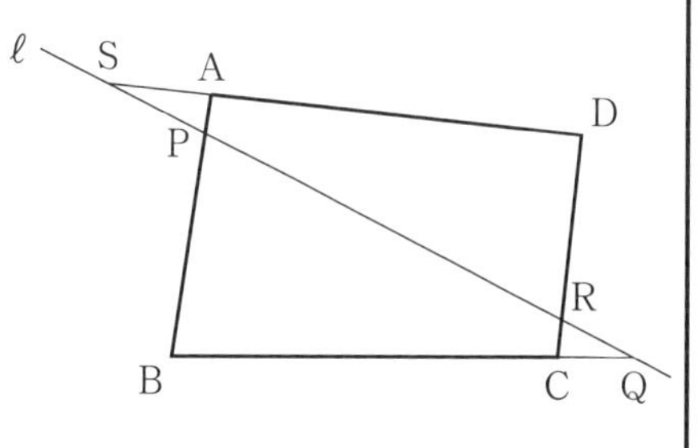

$$\frac{\mathrm{AP}}{\mathrm{PB}} \cdot \frac{\mathrm{BQ}}{\mathrm{QC}} \cdot \frac{\mathrm{CR}}{\mathrm{RD}} \cdot \frac{\mathrm{DS}}{\mathrm{SA}} = 1$$

が成り立つ。

命題 Y すべての内角が 180° よりも小さい四角形 ABCD の頂点 D，A，B，C と，四角形の内部の点 O を結ぶ直線 DO，AO，BO，CO が，辺 AB，BC，CD，DA またはその延長とそれぞれ点 P，Q，R，S で交わるとき

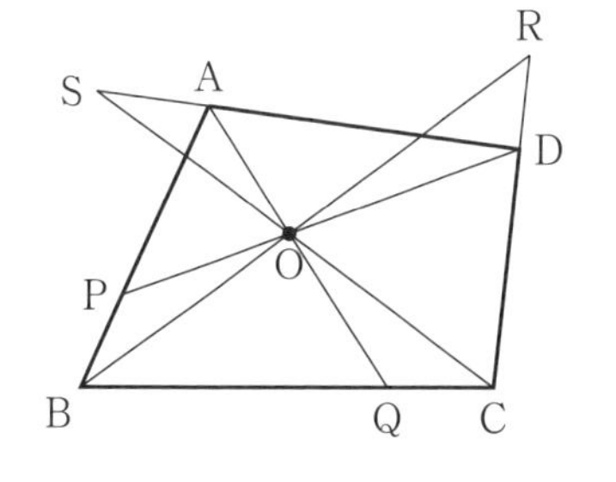

$$\frac{\mathrm{AP}}{\mathrm{PB}} \cdot \frac{\mathrm{BQ}}{\mathrm{QC}} \cdot \frac{\mathrm{CR}}{\mathrm{RD}} \cdot \frac{\mathrm{DS}}{\mathrm{SA}} = 1$$

が成り立つ。

(数学 I，数学 A 第 3 問は次ページに続く。)

命題 X と**命題 Y** の真偽の組合せとして正しいものは [ク] である。

[ク] の解答群

	⓪	①	②	③
命題 X	真	真	偽	偽
命題 Y	真	偽	真	偽

(4)　△ABC において，辺 AB を 2：3 に内分する点を D とし，辺 AC を 3：2 に内分する点を E とする。線分 BE と線分 CD の交点を F とし，直線 AF と線分 BC の交点を G，直線 AF と線分 DE の交点を H とすると

$$\frac{EH}{HD} = \frac{\boxed{ケ}}{\boxed{コ}}$$

である。

（下書き用紙）

数学 I，数学 A の試験問題は次に続く。

第4問（配点　20）

A店は，人通りの多い交差点に広告を出すことにした。このときの戦略について考えたい。

- A店のある街は，図のように，東西方向，南北方向にそれぞれ5本の道路が走っている。交差点または曲がり角を，図のように「地点1」，「地点2」，…，「地点25」とする。このとき，地点2～地点24のいずれかに広告を出すことにする。

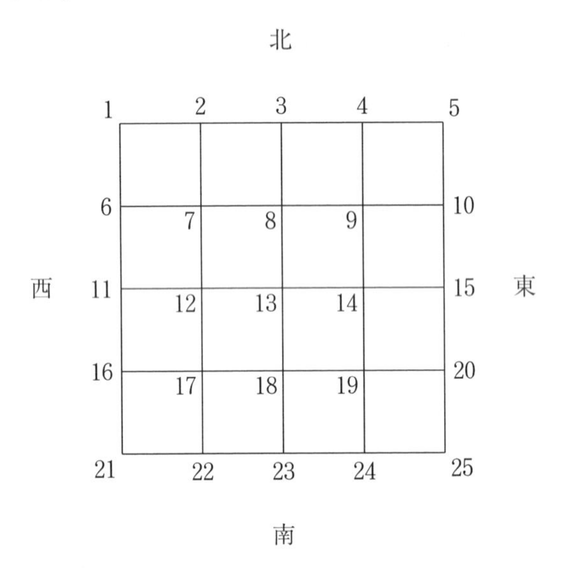

- 地点1から地点25まで，人は西から東，または北から南へ最短距離で移動すると仮定する。つまり，人は，それぞれの交差点において，必ず図の右方向か下方向に進むものとする。
- 地点1から地点25まで移動する最短経路は，どの経路も等しい確率で選ばれるものとする。
- 地点25には，A店の入った駅ビルがあり，この街を通る人はこの駅ビルへ向かって進む。したがって，広告の効果の大小は，広告を出した地点を通る人の割合の大小と一致するものとする。

（数学Ⅰ，数学A第4問は次ページに続く。）

(1) 地点 1 から地点 25 まで移動する最短経路の数は，[アイ] 通りである。

(2) (1)の [アイ] 通りのうち，地点 13 を通る最短経路の数は [ウエ] 通りであるから，地点 1 から地点 25 まで移動する人が地点 13 を通る確率は $\frac{\boxed{オカ}}{\boxed{キク}}$ である。

また，地点 1 から地点 25 まで移動する人が地点 19 を通る確率は $\frac{\boxed{ケ}}{\boxed{コ}}$ である。

(3) $k=1, 2, 3, \cdots, 25$ とし，地点 1 から地点 25 まで移動する人が地点 k を通る確率を $P(k)$ とする。次の ⓪～⑤ のうち，$P(k)$ についての正しい関係式であるものは [サ] と [シ] である。

[サ]，[シ] の解答群（解答の順序は問わない。）

⓪ $P(2)=P(10)$	① $P(3)=P(15)$	② $P(6)<P(20)$
③ $P(7)>P(13)$	④ $P(8)<P(18)$	⑤ $P(9)=P(19)$

(4) 地点 13，地点 14，地点 15，地点 19，地点 20 のうち，広告の効果が最も高いのは，地点 [ス] である。

[ス] の解答群

⓪ 13	① 14	② 15	③ 19	④ 20

（数学 I，数学 A 第 4 問は次ページに続く。）

(5) 次に，地点 25 にある同じ駅ビル内に出店している B 店も広告を出した場合を考える。A 店が地点 13 に広告を出し，B 店が地点 18 に広告を出したとする。

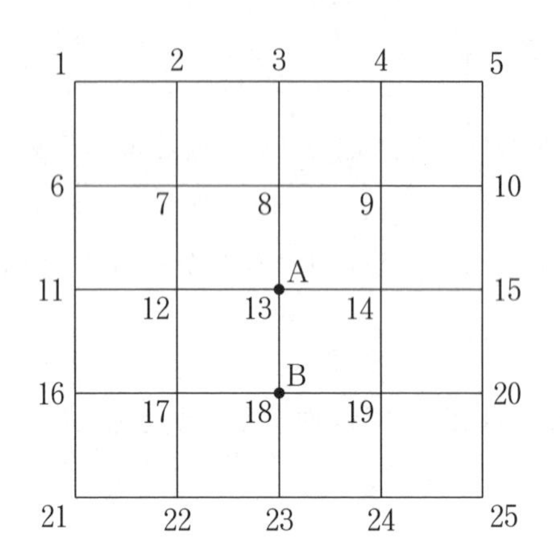

このとき，B 店よりも A 店の方が広告の効果は大きい。しかし，近々，[セ]が工事のため通行止めになることがわかった。通行止めになると，B 店の広告の効果は変わらない一方で，A 店の広告の効果は小さくなる。

[セ] については，最も適当なものを，次の ⓪～④ のうちから一つ選べ。

⓪ 地点 4 と地点 5 の間
① 地点 12 と地点 17 の間
② 地点 14 と地点 15 の間
③ 地点 18 と地点 19 の間
④ 地点 19 と地点 24 の間

(数学 I，数学 A 第 4 問は次ページに続く。)

セ が通行止めになることを受けて，A 店は，広告を出す地点を変更することにした。いま，A 店が広告を出すことができるのは，地点 7，地点 13，地点 14，地点 17，地点 20 のどれかであるとする。 セ が通行止めになったとき，A 店の広告の効果が最大となるのは，このうちの地点 ソ に広告を出したときである。

ソ については，最も適当なものを，次の ⓪～④ のうちから一つ選べ。

⓪ 7	① 13	② 14	③ 17	④ 20

（下　書　き　用　紙）

試作問題

（100点 70分）

〔数学Ⅰ・A〕

試作問題掲載の趣旨と注意点

この試作問題は，独立行政法人大学入試センターが公表している，大学入学共通テスト「令和７年度試験の問題作成の方向性、試作問題等」のウェブサイトに記載のある内容を再掲したものです。本書では，学習に取り組まれる皆様のために，これに詳細の解答解説を作成し，より学びを深めていただけるように工夫をしました。

本問題は，令和７年度大学入学共通テストについての具体的なイメージを共有することを目的として作成されていますが，過去の大学入試センター試験や大学入学共通テストと同様の問題作成や点検のプロセスは経ていないものとされています。本問題と同じような内容，形式，配点等の問題が必ず出題されることを保証するものではありませんので，その点につきましてご注意ください。

数学 I，数学 A

（全　問　必　答）

第１問（配点　30）

〔1〕cを正の整数とする。xの２次方程式

$$2x^2+(4c-3)x+2c^2-c-11=0 \quad \cdots\cdots\cdots\cdots ①$$

について考える。

(1)　$c=1$のとき，①の左辺を因数分解すると

$$\left(\boxed{\text{ア}}x+\boxed{\text{イ}}\right)\left(x-\boxed{\text{ウ}}\right)$$

であるから，①の解は

$$x=-\frac{\boxed{\text{イ}}}{\boxed{\text{ア}}},\quad \boxed{\text{ウ}}$$

である。

(2)　$c=2$のとき，①の解は

$$x=\frac{-\boxed{\text{エ}}\pm\sqrt{\boxed{\text{オカ}}}}{\boxed{\text{キ}}}$$

であり，大きい方の解をαとすると

$$\frac{5}{\alpha}=\frac{\boxed{\text{ク}}+\sqrt{\boxed{\text{ケコ}}}}{\boxed{\text{サ}}}$$

である。また，$m<\dfrac{5}{\alpha}<m+1$を満たす整数mは$\boxed{\text{シ}}$である。

（数学 I，数学 A 第１問は次ページに続く。）

(3) 太郎さんと花子さんは，①の解について考察している。

太郎：①の解は c の値によって，ともに有理数である場合もあれば，ともに無理数である場合もあるね。c がどのような値のときに，解は有理数になるのかな。

花子：2 次方程式の解の公式の根号の中に着目すればいいんじゃないかな。

①の解が異なる二つの有理数であるような正の整数 c の個数は [ス] 個である。

（数学Ⅰ，数学A第１問は次ページに続く。）

〔2〕右の図のように，△ABCの外側に辺AB, BC, CAをそれぞれ1辺とする正方形ADEB, BFGC，CHIAをかき，2点EとF，GとH，IとDをそれぞれ線分で結んだ図形を考える。以下において

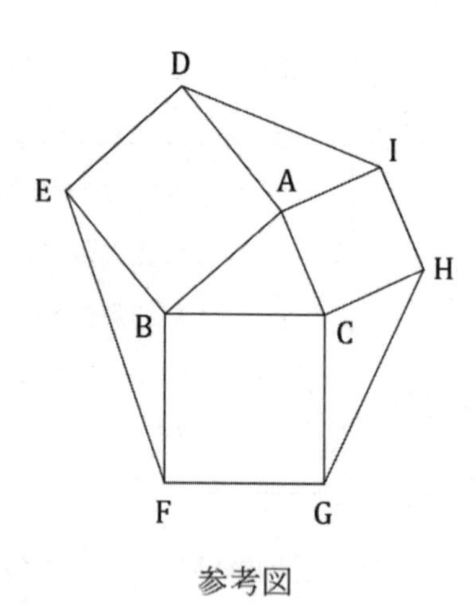

参考図

$\mathrm{BC} = a,\ \mathrm{CA} = b,\ \mathrm{AB} = c$

$\angle\mathrm{CAB} = A,\ \angle\mathrm{ABC} = B,\ \angle\mathrm{BCA} = C$

とする。

(1) $b = 6$，$c = 5$，$\cos A = \dfrac{3}{5}$ のとき，$\sin A = \dfrac{\boxed{\text{セ}}}{\boxed{\text{ソ}}}$ であり，

△ABCの面積は $\boxed{\text{タチ}}$，△AID の面積は $\boxed{\text{ツテ}}$ である。

（数学Ⅰ，数学A第1問は次ページに続く。）

(2)　正方形 BFGC, CHIA, ADEB の面積をそれぞれ S_1, S_2, S_3とする。このとき，$S_1 - S_2 - S_3$は

- $0° < A < 90°$ のとき，［ト］。
- $A = 90°$ のとき，［ナ］。
- $90° < A < 180°$ のとき，［ニ］。

［ト］～［ニ］の解答群（同じものを繰り返し選んでもよい。）

⓪　0 である
①　正の値である
②　負の値である
③　正の値も負の値もとる

(3)　△AID，△BEF，△CGH の面積をそれぞれ T_1，T_2，T_3とする。このとき，［ヌ］である。

［ヌ］の解答群

⓪　$a < b < c$ならば，$T_1 > T_2 > T_3$
①　$a < b < c$ならば，$T_1 < T_2 < T_3$
②　Aが鈍角ならば，$T_1 < T_2$かつ $T_1 < T_3$
③　a，b，cの値に関係なく，$T_1 = T_2 = T_3$

（数学Ⅰ，数学A第１問は次ページに続く。）

(4) △ABC，△AID，△BEF，△CGH のうち，外接円の半径が最も小さいものを求める。

$0° < A < 90°$のとき，ID [ネ] BCであり

（△AID の外接円の半径） [ノ] （△ABC の外接円の半径）

であるから，外接円の半径が最も小さい三角形は

- $0° < A < B < C < 90°$のとき，[ハ] である。
- $0° < A < B < 90° < C$のとき，[ヒ] である。

[ネ]，[ノ] の解答群（同じものを繰り返し選んでもよい。）

⓪ <　　① =　　② >

[ハ]，[ヒ] の解答群（同じものを繰り返し選んでもよい。）

⓪ △ABC　　① △AID　　② △BEF　　③ △CGH

（下書き用紙）

数学Ⅰ，数学Ａの試験問題は次に続く。

第２問 (配点　30)

〔１〕陸上競技の短距離 100m 走では，100 m を走るのにかかる時間（以下，タイムと呼ぶ）は，1 歩あたりの進む距離（以下，ストライドと呼ぶ）と 1 秒あたりの歩数（以下，ピッチと呼ぶ）に関係がある。ストライドとピッチはそれぞれ以下の式で与えられる。

$$\text{ストライド（m/歩）} = \frac{100\text{（m）}}{100\text{m を走るのにかかった歩数（歩）}}$$

$$\text{ピッチ（歩/秒）} = \frac{100\text{m を走るのにかかった歩数（歩）}}{\text{タイム（秒）}}$$

ただし，100m を走るのにかかった歩数は，最後の 1 歩がゴールラインをまたぐこともあるので，小数で表される。以下，単位は必要のない限り省略する。

例えば，タイムが 10.81 で，そのときの歩数が 48.5 であったとき，ストライドは $\frac{100}{48.5}$ より約 2.06，ピッチは $\frac{48.5}{10.81}$ より約 4.49 である。

なお，小数の形で解答する場合は，**解答上の注意**にあるように，指定された桁数の一つ下の桁を四捨五入して答えよ。また，必要に応じて，指定された桁まで⓪にマークせよ。

（数学Ⅰ，数学Ａ第２問は次ページに続く。）

(1) ストライドを x，ピッチを z とおく。ピッチは1秒あたりの歩数，ストライドは1歩あたりの進む距離なので，1秒あたりの進む距離すなわち平均速度は，x と z を用いて［ア］（m/秒）と表される。

これより，タイムと，ストライド，ピッチとの関係は

$$タイム=\frac{100}{\boxed{ア}} \quad \cdots\cdots ①$$

と表されるので，［ア］が最大になるときにタイムが最もよくなる。ただし，タイムがよくなるとは，タイムの値が小さくなることである。

［ア］の解答群

⓪ $x+z$	① $z-x$	② xz
③ $\frac{x+z}{2}$	④ $\frac{z-x}{2}$	⑤ $\frac{xz}{2}$

（数学Ⅰ，数学A第2問は次ページに続く。）

(2) 男子短距離100m走の選手である太郎さんは，①に着目して，タイムが最もよくなるストライドとピッチを考えることにした。

次の表は，太郎さんが練習で100mを3回走ったときのストライドとピッチのデータである。

	1回目	2回目	3回目
ストライド	2.05	2.10	2.15
ピッチ	4.70	4.60	4.50

また，ストライドとピッチにはそれぞれ限界がある。太郎さんの場合，ストライドの最大値は2.40，ピッチの最大値は4.80である。

太郎さんは，上の表から，ストライドが0.05大きくなるとピッチが0.1小さくなるという関係があると考えて，ピッチがストライドの1次関数として表されると仮定した。このとき，ピッチ z はストライド x を用いて

$$z = \boxed{\text{イウ}}\,x + \frac{\boxed{\text{エオ}}}{5} \quad \cdots\cdots ②$$

と表される。

②が太郎さんのストライドの最大値2.40とピッチの最大値4.80まで成り立つと仮定すると，x の値の範囲は次のようになる。

$$\boxed{\text{カ}}.\boxed{\text{キク}} \leqq x \leqq 2.40$$

（数学Ⅰ，数学A第2問は次ページに続く。）

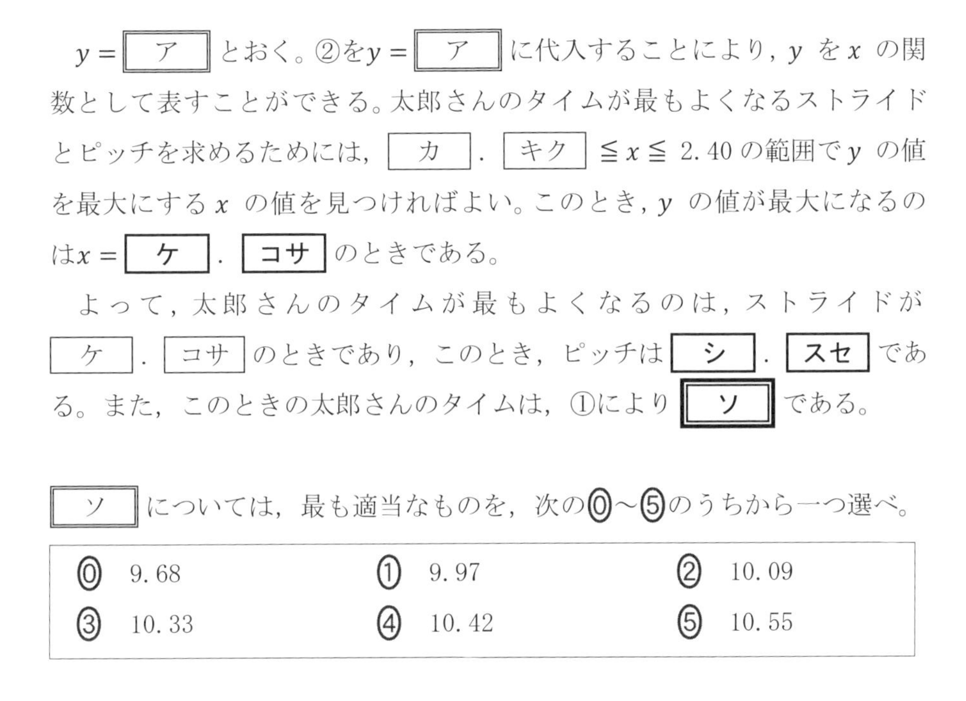

$y =$ [ア] とおく。②を$y =$ [ア] に代入することにより，y をx の関数として表すことができる。太郎さんのタイムが最もよくなるストライドとピッチを求めるためには，[カ].[キク] $\leqq x \leqq$ 2.40 の範囲でy の値を最大にするx の値を見つければよい。このとき，y の値が最大になるのは$x =$ [ケ].[コサ] のときである。

よって，太郎さんのタイムが最もよくなるのは，ストライドが [ケ].[コサ] のときであり，このとき，ピッチは [シ].[スセ] である。また，このときの太郎さんのタイムは，①により [ソ] である。

[ソ] については，最も適当なものを，次の⓪～⑤のうちから一つ選べ。

⓪ 9.68	① 9.97	② 10.09
③ 10.33	④ 10.42	⑤ 10.55

（数学Ⅰ，数学A第２問は次ページに続く。）

〔2〕太郎さんと花子さんは，社会のグローバル化に伴う都市間の国際競争において，都市周辺にある国際空港の利便性が重視されていることを知った。そこで，日本を含む世界の主な 40 の国際空港それぞれから最も近い主要ターミナル駅へ鉄道等で移動するときの「移動距離」，「所要時間」，「費用」を調べた。なお，「所要時間」と「費用」は各国とも午前 10 時台で調査し，「費用」は調査時点の為替レートで日本円に換算した。

（数学Ⅰ，数学A第２問は次ページに続く。）

以下では，データが与えられた際，次の値を外れ値とする。

「(第１四分位数)－1.5×(四分位範囲)」以下のすべての値
「(第３四分位数)＋1.5×(四分位範囲)」以上のすべての値

(1) 次のデータは，40 の国際空港からの「移動距離」（単位はkm）を並べたものである。

56	48	47	42	40	38	38	36	28	25
25	24	23	22	22	21	21	20	20	20
20	20	19	18	16	16	15	15	14	13
13	12	11	11	10	10	10	8	7	6

このデータにおいて，四分位範囲は **タチ** であり，外れ値の個数は **ツ** である。

（数学Ⅰ，数学Ａ第２問は次ページに続く。）

(2)　図1は「移動距離」と「所要時間」の散布図，図2は「所要時間」と「費用」の散布図，図3は「費用」と「移動距離」の散布図である。ただし，白丸は日本の空港，黒丸は日本以外の空港を表している。また，「移動距離」，「所要時間」，「費用」の平均値はそれぞれ22，38，950であり，散布図に実線で示している。

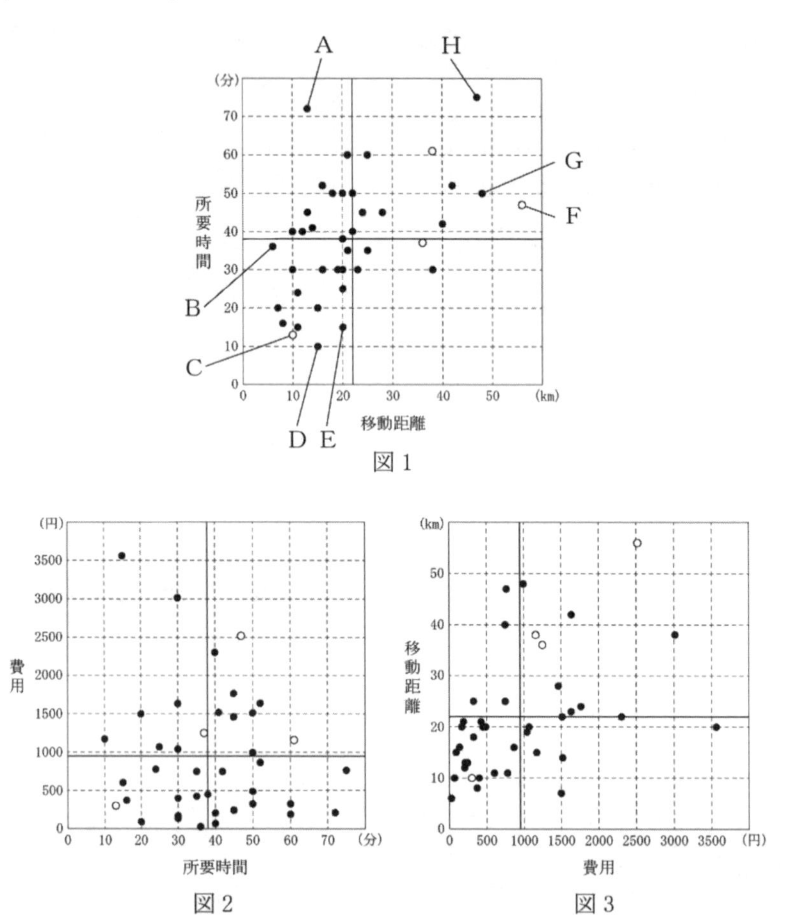

図1

図2　図3

(i)　40の国際空港について，「所要時間」を「移動距離」で割った「1 kmあたりの所要時間」を考えよう。外れ値を＊で示した「1 kmあたりの所要時間」の箱ひげ図は **テ** であり，外れ値は図1のA～Hのうちの **ト** と **ナ** である。

（数学Ⅰ，数学A第2問は次ページに続く。）

[テ] については，最も適当なものを，次の⓪～④のうちから一つ選べ。

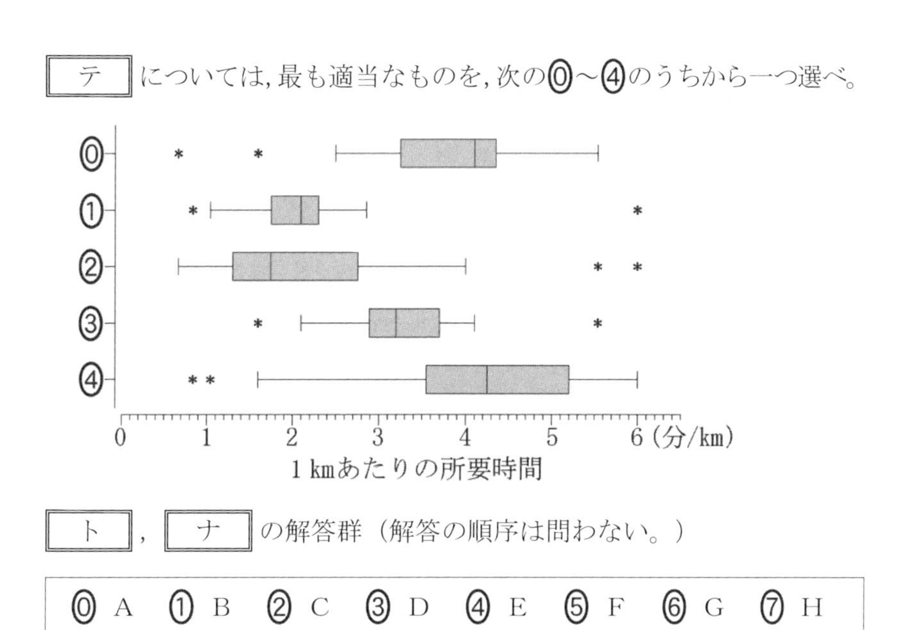

[ト]，[ナ] の解答群（解答の順序は問わない。）

⓪ A	① B	② C	③ D	④ E	⑤ F	⑥ G	⑦ H

(ii) ある国で，次のような新空港が建設される計画があるとする。

移動距離（km）	所要時間（分）	費用（円）
22	38	950

次の(Ⅰ)，(Ⅱ)，(Ⅲ)は，40 の国際空港にこの新空港を加えたデータに関する記述である。

(Ⅰ) 新空港は，日本の四つのいずれの空港よりも，「費用」は高いが「所要時間」は短い。

(Ⅱ) 「移動距離」の標準偏差は，新空港を加える前後で変化しない。

(Ⅲ) 図 1，図 2，図 3 のそれぞれの二つの変量について，変量間の相関係数は，新空港を加える前後で変化しない。

(Ⅰ)，(Ⅱ)，(Ⅲ)の正誤の組合せとして正しいものは [ニ] である。

[ニ] の解答群

	⓪	①	②	③	④	⑤	⑥	⑦
(Ⅰ)	正	正	正	正	誤	誤	誤	誤
(Ⅱ)	正	正	誤	誤	正	正	誤	誤
(Ⅲ)	正	誤	正	誤	正	誤	正	誤

（数学Ⅰ，数学A第２問は次ページに続く。）

(3) 太郎さんは，調べた空港のうちの一つであるＰ空港で，利便性に関するアンケート調査が実施されていることを知った。

太郎：Ｐ空港を利用した 30 人に，Ｐ空港は便利だと思うかどうかをたずねたとき，どのくらいの人が「便利だと思う」と回答したら，Ｐ空港の利用者全体のうち便利だと思う人の方が多いとしてよいのかな。

花子：例えば，20 人だったらどうかな。

二人は，30 人のうち 20 人が「便利だと思う」と回答した場合に，「Ｐ空港は便利だと思う人の方が多い」といえるかどうかを，次の**方針**で考えることにした。

方針

・“Ｐ空港の利用者全体のうちで「便利だと思う」と回答する割合と，「便利だと思う」と回答しない割合が等しい”という仮説をたてる。

・この仮説のもとで，30 人抽出したうちの 20 人以上が「便利だと思う」と回答する確率が5%未満であれば，その仮説は誤っていると判断し，5%以上であれば，その仮説は誤っているとは判断しない。

（数学Ⅰ，数学Ａ第２問は次ページに続く。）

次の**実験結果**は，30 枚の硬貨を投げる実験を 1000 回行ったとき，表が出た枚数ごとの回数の割合を示したものである。

実験結果

表の枚数	0	1	2	3	4	5	6	7	8	9	
割合	0.0%	0.0%	0.0%	0.0%	0.0%	0.0%	0.0%	0.0%	0.1%	0.8%	
表の枚数	10	11	12	13	14	15	16	17	18	19	
割合	3.2%	5.8%	8.0%	11.2%	13.8%	14.4%	14.1%	9.8%	8.8%	4.2%	
表の枚数	20	21	22	23	24	25	26	27	28	29	30
割合	3.2%	1.4%	1.0%	0.0%	0.1%	0.0%	0.1%	0.0%	0.0%	0.0%	0.0%

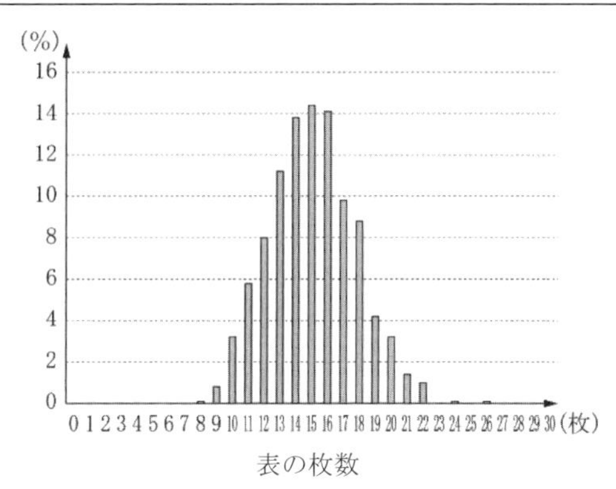

実験結果を用いると，30 枚の硬貨のうち 20 枚以上が表となった割合は［ヌ］.［ネ］%である。これを，30 人のうち 20 人以上が「便利だと思う」と回答する確率とみなし，**方針**に従うと，「便利だと思う」と回答する割合と，「便利だと思う」と回答しない割合が等しいという仮説は［ノ］，P 空港は便利だと思う人の方が［ハ］。

［ノ］，［ハ］については，最も適当なものを，次のそれぞれの解答群から一つずつ選べ。

［ノ］の解答群

⓪ 誤っていると判断され	① 誤っているとは判断されず

［ハ］の解答群

⓪ 多いといえる	① 多いとはいえない

第3問 (配点　20)

$\triangle$ABCにおいて，AB $= 3$，BC $= 4$，AC $= 5$とする。

$\angle$BACの二等分線と辺BCとの交点をDとすると

$$\mathrm{BD} = \frac{\boxed{\text{ア}}}{\boxed{\text{イ}}},\quad \mathrm{AD} = \frac{\boxed{\text{ウ}}\sqrt{\boxed{\text{エ}}}}{\boxed{\text{オ}}}$$

である。

また，$\angle$BAC の二等分線と$\triangle$ABC の外接円 O との交点で点 A とは異なる点を E とする。$\triangle$AECに着目すると

$$\mathrm{AE} = \boxed{\text{カ}}\sqrt{\boxed{\text{キ}}}$$

である。

$\triangle$ABC の 2 辺 AB と AC の両方に接し，外接円 O に内接する円の中心を P とする。円 P の半径を r とする。さらに，円 P と外接円 O との接点を F とし，直線 PF と外接円 O との交点で点 F とは異なる点を G とする。このとき

$$\mathrm{AP} = \sqrt{\boxed{\text{ク}}}\,r,\quad \mathrm{PG} = \boxed{\text{ケ}} - r$$

と表せる。したがって，方べきの定理により$r = \dfrac{\boxed{\text{コ}}}{\boxed{\text{サ}}}$である。

（数学Ⅰ，数学Ａ第３問は次ページに続く。）

△ABC の内心を Q とする。内接円 Q の半径は [シ] で, $AQ = \sqrt{[ス]}$ である。

また，円 P と辺 AB との接点を H とすると，$AH = \dfrac{[セ]}{[ソ]}$ である。

以上から，点 H に関する次の (a)，(b) の正誤の組合せとして正しいものは [タ] である。

(a)　点 H は 3 点 B，D，Q を通る円の周上にある。

(b)　点 H は 3 点 B，E，Q を通る円の周上にある。

[タ] の解答群

	⓪	①	②	③
(a)	正	正	誤	誤
(b)	正	誤	正	誤

第４問（配点　20）

中にくじが入っている二つの箱ＡとＢがある。二つの箱の外見は同じであるが，箱Ａでは，当たりくじを引く確率が$\frac{1}{2}$であり，箱Ｂでは，当たりくじを引く確率が$\frac{1}{3}$である。

(1)　各箱で，くじを１本引いてはもとに戻す試行を３回繰り返す。このとき

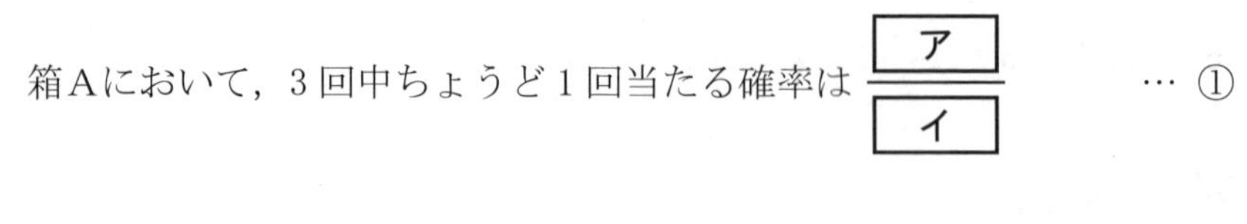

箱Ａにおいて，３回中ちょうど１回当たる確率は $\frac{\boxed{ア}}{\boxed{イ}}$　　　…①

箱Ｂにおいて，３回中ちょうど１回当たる確率は $\frac{\boxed{ウ}}{\boxed{エ}}$　　　…②

である。箱Ａにおいて，３回引いたときに当たりくじを引く回数の期待値は$\frac{\boxed{オ}}{\boxed{カ}}$であり，箱Ｂにおいて，３回引いたときに当たりくじを引く回数の期待値は$\boxed{キ}$である。

（数学Ⅰ，数学Ａ第４問は次ページに続く。）

(2) 太郎さんと花子さんは，それぞれくじを引くことにした。ただし，二人は，箱A，箱Bでの当たりくじを引く確率は知っているが，二つの箱のどちらがAで，どちらがBであるかはわからないものとする。

まず，太郎さんが二つの箱のうちの一方をでたらめに選ぶ。そして，その選んだ箱において，くじを1本引いてはもとに戻す試行を3回繰り返したところ，3回中ちょうど1回当たった。

このとき，選ばれた箱がAである事象をA，選ばれた箱がBである事象をB，3回中ちょうど1回当たる事象をWとする。①，②に注意すると

$$P(A\cap W)=\frac{1}{2}\times\frac{\boxed{\text{ア}}}{\boxed{\text{イ}}},\quad P(B\cap W)=\frac{1}{2}\times\frac{\boxed{\text{ウ}}}{\boxed{\text{エ}}}$$

である。$P(W)=P(A\cap W)+P(B\cap W)$であるから，3回中ちょうど1回当たったとき，選んだ箱がAである条件付き確率$P_W(A)$は$\frac{\boxed{\text{クケ}}}{\boxed{\text{コサ}}}$となる。また，条件付き確率$P_W(B)$は$1-P_W(A)$で求められる。

（数学Ⅰ，数学A第4問は次ページに続く。）

次に，花子さんが箱を選ぶ。その選んだ箱において，くじを1本引いてはもとに戻す試行を3回繰り返す。花子さんは，当たりくじをより多く引きたいので，太郎さんのくじの結果をもとに，次の(X)，(Y)のどちらの場合がよいかを考えている。

(X)　太郎さんが選んだ箱と同じ箱を選ぶ。

(Y)　太郎さんが選んだ箱と異なる箱を選ぶ。

花子さんがくじを引くときに起こりうる事象の場合の数は，選んだ箱がA，Bのいずれかの2通りと，3回のうち当たりくじを引く回数が0，1，2，3回のいずれかの4通りの組合せで全部で8通りある。

花子：当たりくじを引く回数の期待値が大きい方の箱を選ぶといいかな。

太郎：当たりくじを引く回数の期待値を求めるには，この8通りについて，それぞれの起こる確率と当たりくじを引く回数との積を考えればいいね。

花子さんは当たりくじを引く回数の期待値が大きい方の箱を選ぶことにした。

(X)の場合について考える。箱Aにおいて3回引いてちょうど1回当たる事象をA_1，箱Bにおいて3回引いてちょうど1回当たる事象をB_1と表す。

太郎さんが選んだ箱がAである確率$P_W(A)$を用いると，花子さんが選んだ箱がAで，かつ，花子さんが3回引いてちょうど1回当たる事象の起こる確率は$P_W(A) \times P(A_1)$と表せる。このことと同様に考えると，花子さんが選んだ箱がBで，かつ，花子さんが3回引いてちょうど1回当たる事象の起こる確率は **シ** と表せる。

花子：残りの6通りも同じように計算すれば，この場合の当たりくじを引く回数の期待値を計算できるね。

太郎：期待値を計算する式は，選んだ箱がAである事象に対する式とBである事象に対する式に分けて整理できそうだよ。

(数学Ⅰ，数学A第4問は次ページに続く。)

残りの6通りについても同じように考えると，(X)の場合の当たりくじを引く回数の期待値を計算する式は

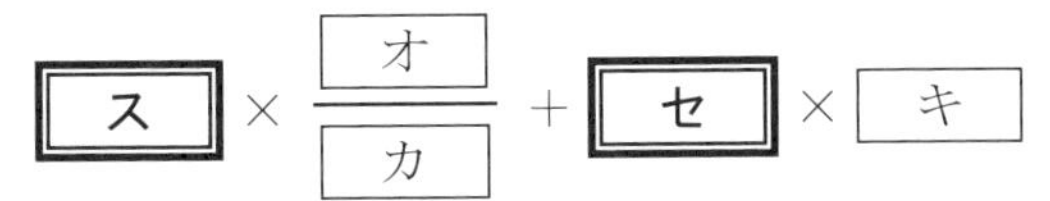

となる。

(Y)の場合についても同様に考えて計算すると，(Y)の場合の当たりくじを引く回数の期待値は $\dfrac{\boxed{ソタ}}{\boxed{チツ}}$ である。よって，当たりくじを引く回数の期待値が大きい方の箱を選ぶという方針に基づくと，花子さんは，太郎さんが選んだ箱と［テ］。

［シ］の解答群

⓪ $P_W(A) \times P(A_1)$	① $P_W(A) \times P(B_1)$
② $P_W(B) \times P(A_1)$	③ $P_W(B) \times P(B_1)$

［ス］，［セ］の解答群（同じものを繰り返し選んでもよい。）

⓪ $\dfrac{1}{2}$	① $\dfrac{1}{4}$	② $P_W(A)$	③ $P_W(B)$
④ $\dfrac{1}{2}P_W(A)$		⑤ $\dfrac{1}{2}P_W(B)$	
⑥ $P_W(A) - P_W(B)$		⑦ $P_W(B) - P_W(A)$	
⑧ $\dfrac{P_W(A) - P_W(B)}{2}$		⑨ $\dfrac{P_W(B) - P_W(A)}{2}$	

［テ］の解答群

⓪ 同じ箱を選ぶ方がよい	① 異なる箱を選ぶ方がよい

（下　書　き　用　紙）

2024 本試

（100点／70分）

〔数学Ⅰ・A〕

注　意　事　項

1　**数学解答用紙（2024本試）をキリトリ線より切り離し，試験開始の準備をしなさい。**

2　**時間を計り，上記の解答時間内で解答しなさい。**
ただし，納得のいくまで時間をかけて解答するという利用法でもかまいません。

3　第1問，第2問は必答。第3問～第5問から2問選択。計4問を解答しなさい。

4　**解答用紙には解答欄以外に受験番号欄，氏名欄，試験場コード欄，解答科目欄があります。解答科目欄は解答する科目**を一つ選び，**マーク**しなさい。**その他の欄**は自分自身で本番を想定し，**正しく記入し，マークしなさい。**

5　**解答は解答用紙の解答欄にマークしなさい。**

6　選択問題については，解答する問題を決めたあと，その問題番号の解答欄に解答しなさい。ただし，**指定された問題数をこえて解答してはいけません。**

7　問題の余白は適宜利用してよいが，どのページも切り離してはいけません。

第１問 （必答問題）（配点　30）

〔1〕　不等式

$$n < 2\sqrt{13} < n + 1 \qquad \cdots\cdots ①$$

を満たす整数 n は **ア** である。実数 a, b を

$$a = 2\sqrt{13} - \boxed{ア} \qquad \cdots\cdots ②$$

$$b = \frac{1}{a} \qquad \cdots\cdots ③$$

で定める。このとき

$$b = \frac{\boxed{イ} + 2\sqrt{13}}{\boxed{ウ}} \qquad \cdots\cdots ④$$

である。また

$$a^2 - 9b^2 = \boxed{エオカ}\sqrt{13}$$

である。

（数学Ⅰ・数学Ａ第１問は次ページに続く。）

①から

$$\frac{\boxed{\text{ア}}}{2} < \sqrt{13} < \frac{\boxed{\text{ア}}+1}{2} \qquad \cdots\cdots\cdots\cdots ⑤$$

が成り立つ。

太郎さんと花子さんは，$\sqrt{13}$ について話している。

太郎：⑤から $\sqrt{13}$ のおよその値がわかるけど，小数点以下はよくわからないね。

花子：小数点以下をもう少し詳しく調べることができないかな。

①と④から

$$\frac{m}{\boxed{\text{ウ}}} < b < \frac{m+1}{\boxed{\text{ウ}}}$$

を満たす整数 m は **キク** となる。よって，③から

$$\frac{\boxed{\text{ウ}}}{m+1} < a < \frac{\boxed{\text{ウ}}}{m} \qquad \cdots\cdots\cdots\cdots ⑥$$

が成り立つ。

$\sqrt{13}$ の整数部分は **ケ** であり，②と⑥を使えば $\sqrt{13}$ の小数第1位の数字は **コ** ，小数第2位の数字は **サ** であることがわかる。

（数学Ⅰ・数学A第1問は次ページに続く。）

〔2〕 以下の問題を解答するにあたっては，必要に応じて 9 ページの三角比の表を用いてもよい。

水平な地面(以下，地面)に垂直に立っている電柱の高さを，その影の長さと太陽高度を利用して求めよう。

（数学Ⅰ・数学A第1問は次ページに続く。）

図1のように，電柱の影の先端は坂の斜面(以下，坂)にあるとする。また，坂には傾斜を表す道路標識が設置されていて，そこには7％と表示されているとする。

電柱の太さと影の幅は無視して考えるものとする。また，地面と坂は平面であるとし，地面と坂が交わってできる直線をℓとする。

電柱の先端を点Aとし，根もとを点Bとする。電柱の影について，地面にある部分を線分BCとし，坂にある部分を線分CDとする。線分BC，CDがそれぞれℓと垂直であるとき，電柱の影は坂に向かってまっすぐにのびているということにする。

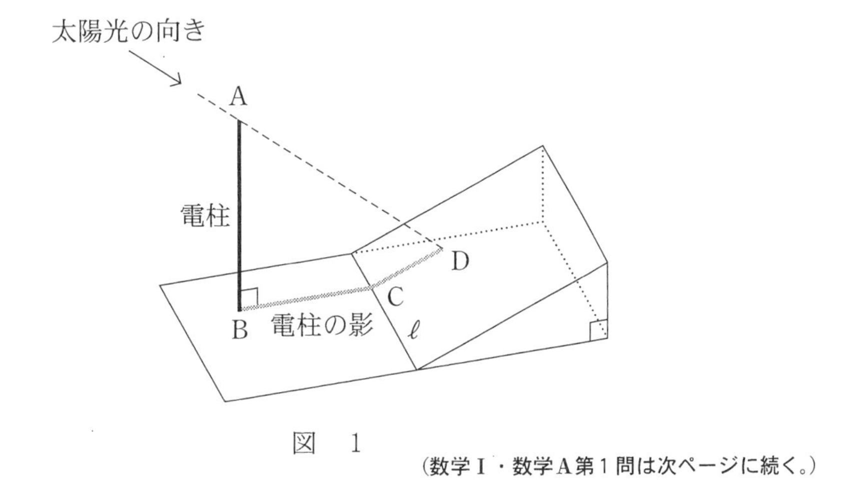

図　1

(数学Ⅰ・数学A第1問は次ページに続く。)

電柱の影が坂に向かってまっすぐにのびているとする。このとき，4点A，B，C，Dを通る平面はℓと垂直である。その平面において，図2のように，直線ADと直線BCの交点をPとすると，太陽高度とは∠APBの大きさのことである。

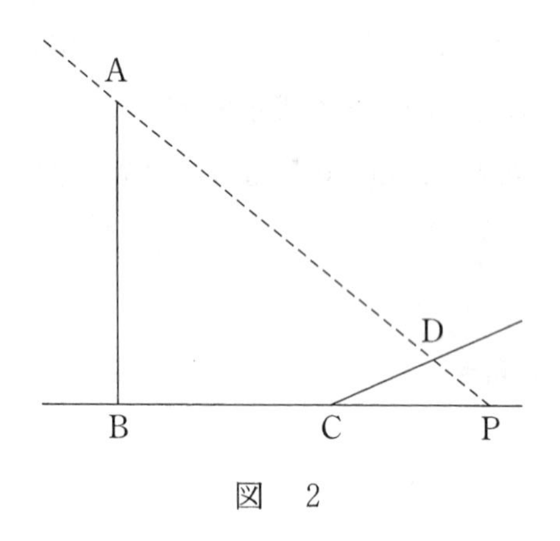

図　2

道路標識の7％という表示は，この坂をのぼったとき，100 mの水平距離に対して7 mの割合で高くなることを示している。nを1以上9以下の整数とするとき，坂の傾斜角∠DCPの大きさについて

$$n^\circ < \angle \mathrm{DCP} < n^\circ + 1^\circ$$

を満たすnの値は［シ］である。

以下では，∠DCPの大きさは，ちょうど［シ］°であるとする。

（数学Ⅰ・数学A第1問は次ページに続く。）

ある日，電柱の影が坂に向かってまっすぐにのびていたとき，影の長さを調べたところ $BC = 7\,\mathrm{m}$，$CD = 4\,\mathrm{m}$ であり，太陽高度は $\angle APB = 45^\circ$ であった。点 D から直線 AB に垂直な直線を引き，直線 AB との交点を E とするとき

$$BE = \boxed{ス} \times \boxed{セ}\,\mathrm{m}$$

であり

$$DE = \left(\boxed{ソ} + \boxed{タ} \times \boxed{チ}\right)\mathrm{m}$$

である。よって，電柱の高さは，小数第 2 位で四捨五入すると $\boxed{ツ}$ m であることがわかる。

$\boxed{セ}$，$\boxed{チ}$ の解答群(同じものを繰り返し選んでもよい。)

⓪ $\sin\angle DCP$	① $\dfrac{1}{\sin\angle DCP}$	② $\cos\angle DCP$
③ $\dfrac{1}{\cos\angle DCP}$	④ $\tan\angle DCP$	⑤ $\dfrac{1}{\tan\angle DCP}$

$\boxed{ツ}$ の解答群

⓪ 10.4	① 10.7	② 11.0
③ 11.3	④ 11.6	⑤ 11.9

(数学Ⅰ・数学A第 1 問は次ページに続く。)

別の日，電柱の影が坂に向かってまっすぐにのびていたときの太陽高度は$\angle\mathrm{APB} = 42^\circ$であった。電柱の高さがわかったので，前回調べた日からの影の長さの変化を知ることができる。電柱の影について，坂にある部分の長さは

$$\mathrm{CD} = \frac{\mathrm{AB} - \boxed{\text{テ}} \times \boxed{\text{ト}}}{\boxed{\text{ナ}} + \boxed{\text{ニ}} \times \boxed{\text{ト}}}\,\mathrm{m}$$

である。$\mathrm{AB} = \boxed{\text{ツ}}$ m として，これを計算することにより，この日の電柱の影について，坂にある部分の長さは，前回調べた4 m より約1.2 m だけ長いことがわかる。

ト ～ ニ の解答群(同じものを繰り返し選んでもよい。)

⓪ $\sin\angle\mathrm{DCP}$	① $\cos\angle\mathrm{DCP}$	② $\tan\angle\mathrm{DCP}$
③ $\sin 42^\circ$	④ $\cos 42^\circ$	⑤ $\tan 42^\circ$

(数学Ⅰ・数学A第1問は次ページに続く。)

三角比の表

角	正弦(sin)	余弦(cos)	正接(tan)
0°	0.0000	1.0000	0.0000
1°	0.0175	0.9998	0.0175
2°	0.0349	0.9994	0.0349
3°	0.0523	0.9986	0.0524
4°	0.0698	0.9976	0.0699
5°	0.0872	0.9962	0.0875
6°	0.1045	0.9945	0.1051
7°	0.1219	0.9925	0.1228
8°	0.1392	0.9903	0.1405
9°	0.1564	0.9877	0.1584
10°	0.1736	0.9848	0.1763
11°	0.1908	0.9816	0.1944
12°	0.2079	0.9781	0.2126
13°	0.2250	0.9744	0.2309
14°	0.2419	0.9703	0.2493
15°	0.2588	0.9659	0.2679
16°	0.2756	0.9613	0.2867
17°	0.2924	0.9563	0.3057
18°	0.3090	0.9511	0.3249
19°	0.3256	0.9455	0.3443
20°	0.3420	0.9397	0.3640
21°	0.3584	0.9336	0.3839
22°	0.3746	0.9272	0.4040
23°	0.3907	0.9205	0.4245
24°	0.4067	0.9135	0.4452
25°	0.4226	0.9063	0.4663
26°	0.4384	0.8988	0.4877
27°	0.4540	0.8910	0.5095
28°	0.4695	0.8829	0.5317
29°	0.4848	0.8746	0.5543
30°	0.5000	0.8660	0.5774
31°	0.5150	0.8572	0.6009
32°	0.5299	0.8480	0.6249
33°	0.5446	0.8387	0.6494
34°	0.5592	0.8290	0.6745
35°	0.5736	0.8192	0.7002
36°	0.5878	0.8090	0.7265
37°	0.6018	0.7986	0.7536
38°	0.6157	0.7880	0.7813
39°	0.6293	0.7771	0.8098
40°	0.6428	0.7660	0.8391
41°	0.6561	0.7547	0.8693
42°	0.6691	0.7431	0.9004
43°	0.6820	0.7314	0.9325
44°	0.6947	0.7193	0.9657
45°	0.7071	0.7071	1.0000

角	正弦(sin)	余弦(cos)	正接(tan)
45°	0.7071	0.7071	1.0000
46°	0.7193	0.6947	1.0355
47°	0.7314	0.6820	1.0724
48°	0.7431	0.6691	1.1106
49°	0.7547	0.6561	1.1504
50°	0.7660	0.6428	1.1918
51°	0.7771	0.6293	1.2349
52°	0.7880	0.6157	1.2799
53°	0.7986	0.6018	1.3270
54°	0.8090	0.5878	1.3764
55°	0.8192	0.5736	1.4281
56°	0.8290	0.5592	1.4826
57°	0.8387	0.5446	1.5399
58°	0.8480	0.5299	1.6003
59°	0.8572	0.5150	1.6643
60°	0.8660	0.5000	1.7321
61°	0.8746	0.4848	1.8040
62°	0.8829	0.4695	1.8807
63°	0.8910	0.4540	1.9626
64°	0.8988	0.4384	2.0503
65°	0.9063	0.4226	2.1445
66°	0.9135	0.4067	2.2460
67°	0.9205	0.3907	2.3559
68°	0.9272	0.3746	2.4751
69°	0.9336	0.3584	2.6051
70°	0.9397	0.3420	2.7475
71°	0.9455	0.3256	2.9042
72°	0.9511	0.3090	3.0777
73°	0.9563	0.2924	3.2709
74°	0.9613	0.2756	3.4874
75°	0.9659	0.2588	3.7321
76°	0.9703	0.2419	4.0108
77°	0.9744	0.2250	4.3315
78°	0.9781	0.2079	4.7046
79°	0.9816	0.1908	5.1446
80°	0.9848	0.1736	5.6713
81°	0.9877	0.1564	6.3138
82°	0.9903	0.1392	7.1154
83°	0.9925	0.1219	8.1443
84°	0.9945	0.1045	9.5144
85°	0.9962	0.0872	11.4301
86°	0.9976	0.0698	14.3007
87°	0.9986	0.0523	19.0811
88°	0.9994	0.0349	28.6363
89°	0.9998	0.0175	57.2900
90°	1.0000	0.0000	—

第2問 （必答問題）（配点　30）

〔1〕 座標平面上に4点O(0, 0), A(6, 0), B(4, 6), C(0, 6)を頂点とする台形OABCがある。また，この座標平面上で，点P，Qは次の**規則**に従って移動する。

規則

- Pは，Oから出発して毎秒1の一定の速さでx軸上を正の向きにAまで移動し，Aに到達した時点で移動を終了する。
- Qは，Cから出発してy軸上を負の向きにOまで移動し，Oに到達した後はy軸上を正の向きにCまで移動する。そして，Cに到達した時点で移動を終了する。ただし，Qは毎秒2の一定の速さで移動する。
- P，Qは同時刻に移動を開始する。

この**規則**に従ってP，Qが移動するとき，P，QはそれぞれA，Cに同時刻に到達し，移動を終了する。

以下において，P，Qが移動を開始する時刻を**開始時刻**，移動を終了する時刻を**終了時刻**とする。

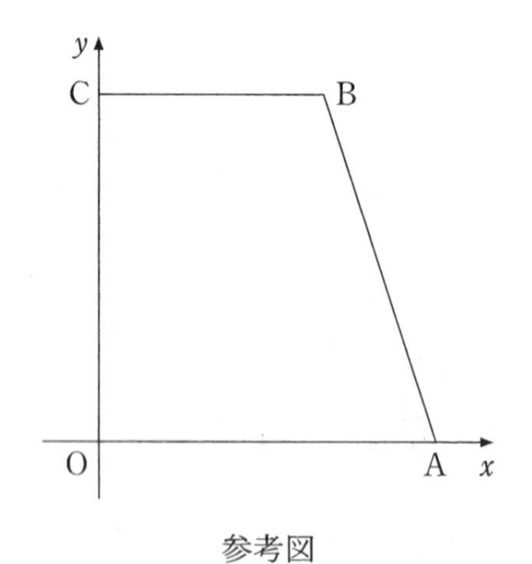

参考図

（数学Ⅰ・数学A第2問は次ページに続く。）

(1) **開始時刻**から 1 秒後の △PBQ の面積は $\boxed{\text{ア}}$ である。

(2) **開始時刻**から 3 秒間の △PBQ の面積について，面積の最小値は $\boxed{\text{イ}}$ であり，最大値は $\boxed{\text{ウエ}}$ である。

(3) **開始時刻**から**終了時刻**までの △PBQ の面積について，面積の最小値は $\boxed{\text{オ}}$ であり，最大値は $\boxed{\text{カキ}}$ である。

(4) **開始時刻**から**終了時刻**までの △PBQ の面積について，面積が 10 以下となる時間は $\left(\boxed{\text{ク}} - \sqrt{\boxed{\text{ケ}}} + \sqrt{\boxed{\text{コ}}}\right)$ 秒間である。

(数学Ⅰ・数学A第2問は次ページに続く。)

〔2〕 高校の陸上部で長距離競技の選手として活躍する太郎さんは，長距離競技の公認記録が掲載されているWebページを見つけた。このWebページでは，各選手における公認記録のうち最も速いものが掲載されている。そのWebページに掲載されている，ある選手のある長距離競技での公認記録を，その選手のその競技でのベストタイムということにする。

なお，以下の図や表については，ベースボール・マガジン社「陸上競技ランキング」のWebページをもとに作成している。

(1) 太郎さんは，男子マラソンの日本人選手の2022年末時点でのベストタイムを調べた。その中で，2018年より前にベストタイムを出した選手と2018年以降にベストタイムを出した選手に分け，それぞれにおいて速い方から50人の選手のベストタイムをデータA，データBとした。

ここでは，マラソンのベストタイムは，実際のベストタイムから2時間を引いた時間を秒単位で表したものとする。例えば2時間5分30秒であれば，$60 \times 5 + 30 = 330$(秒)となる。

(数学Ⅰ・数学A第2問は次ページに続く。)

(i) 図1と図2はそれぞれ，階級の幅を30秒としたAとBのヒストグラムである。なお，ヒストグラムの各階級の区間は，左側の数値を含み，右側の数値を含まない。

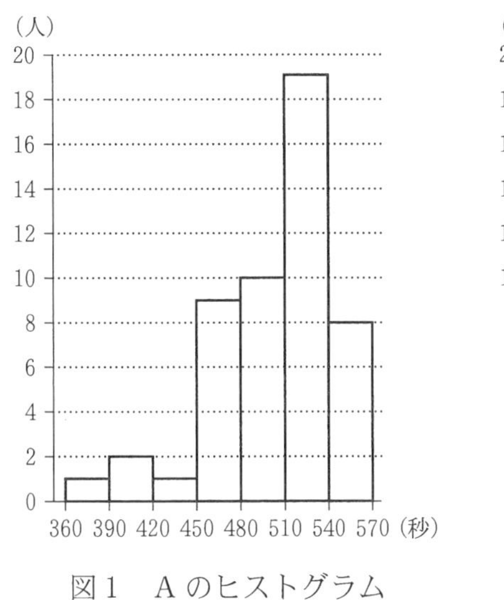

図1　Aのヒストグラム

(人)
20
18
16
14
12
10
8
6
4
2
0
270 300 330 360 390 420 450 480 510 540 (秒)

図2　Bのヒストグラム

図1からAの最頻値は階級 サ の階級値である。また，図2からBの中央値が含まれる階級は シ である。

サ ， シ の解答群(同じものを繰り返し選んでもよい。)

⓪ 270以上300未満	① 300以上330未満
② 330以上360未満	③ 360以上390未満
④ 390以上420未満	⑤ 420以上450未満
⑥ 450以上480未満	⑦ 480以上510未満
⑧ 510以上540未満	⑨ 540以上570未満

(数学Ⅰ・数学A第2問は次ページに続く。)

(ii) 図 3 は，A，B それぞれの箱ひげ図を並べたものである。ただし，中央値を示す線は省いている。

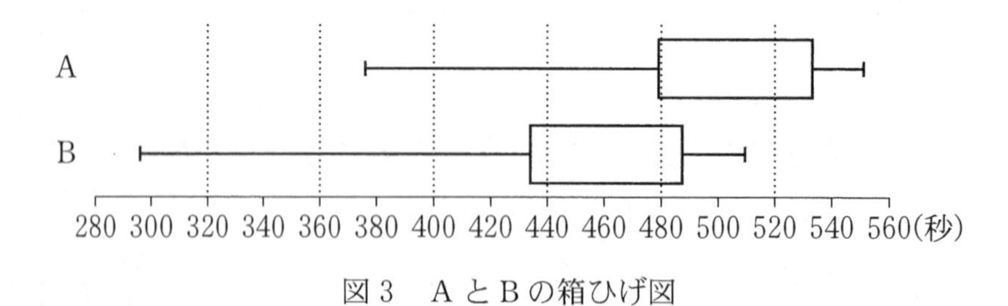

図 3　A と B の箱ひげ図

図 3 より次のことが読み取れる。ただし，A，B それぞれにおける，速い方から 13 番目の選手は，一人ずつとする。

- B の速い方から 13 番目の選手のベストタイムは，A の速い方から 13 番目の選手のベストタイムより，およそ [ス] 秒速い。
- A の四分位範囲から B の四分位範囲を引いた差の絶対値は [セ] である。

[ス] については，最も適当なものを，次の⓪～⑤のうちから一つ選べ。

⓪ 5	① 15	② 25	③ 35	④ 45	⑤ 55

[セ] の解答群

⓪ 0 以上 20 未満
① 20 以上 40 未満
② 40 以上 60 未満
③ 60 以上 80 未満
④ 80 以上 100 未満

(数学 I・数学 A 第 2 問は 16 ページに続く。)

（下 書 き 用 紙）

数学Ⅰ・数学Ａの試験問題は次に続く。

(iii) 太郎さんは，Aのある選手とBのある選手のベストタイムの比較において，その二人の選手のベストタイムが速いか遅いかとは別の観点でも考えるために，次の**式**を満たす z の値を用いて判断することにした。

式

（あるデータのある選手のベストタイム）＝

（そのデータの平均値）＋ z ×（そのデータの標準偏差）

二人の選手それぞれのベストタイムに対する z の値を比較し，その値の小さい選手の方が優れていると判断する。

（数学Ⅰ・数学A第2問は次ページに続く。）

表1は，A，Bそれぞれにおける，速い方から1番目の選手(以下，1位の選手)のベストタイムと，データの平均値と標準偏差をまとめたものである。

表1　1位の選手のベストタイム，平均値，標準偏差

データ	1位の選手のベストタイム	平均値	標準偏差
A	376	504	40
B	296	454	45

式と表1を用いると，Bの1位の選手のベストタイムに対する z の値は

$z = -$ [ソ] . [タチ]

である。このことから，Bの1位の選手のベストタイムは，平均値より標準偏差のおよそ [ソ] . [タチ] 倍だけ小さいことがわかる。

A，Bそれぞれにおける，1位の選手についての記述として，次の⓪～③のうち，正しいものは [ツ] である。

[ツ] の解答群

⓪　ベストタイムで比較するとAの1位の選手の方が速く，z の値で比較するとAの1位の選手の方が優れている。
①　ベストタイムで比較するとBの1位の選手の方が速く，z の値で比較するとBの1位の選手の方が優れている。
②　ベストタイムで比較するとAの1位の選手の方が速く，z の値で比較するとBの1位の選手の方が優れている。
③　ベストタイムで比較するとBの1位の選手の方が速く，z の値で比較するとAの1位の選手の方が優れている。

(数学Ⅰ・数学A第2問は次ページに続く。)

(2) 太郎さんは，マラソン，10000 m，5000 m のベストタイムに関連がないかを調べることにした。そのために，2022 年末時点でのこれら 3 種目のベストタイムをすべて確認できた日本人男子選手のうち，マラソンのベストタイムが速い方から 50 人を選んだ。

図 4 と図 5 はそれぞれ，選んだ 50 人についてのマラソンと 10000 m のベストタイム，5000 m と 10000 m のベストタイムの散布図である。ただし，5000 m と 10000 m のベストタイムは秒単位で表し，マラソンのベストタイムは(1)の場合と同様，実際のベストタイムから 2 時間を引いた時間を秒単位で表したものとする。なお，これらの散布図には，完全に重なっている点はない。

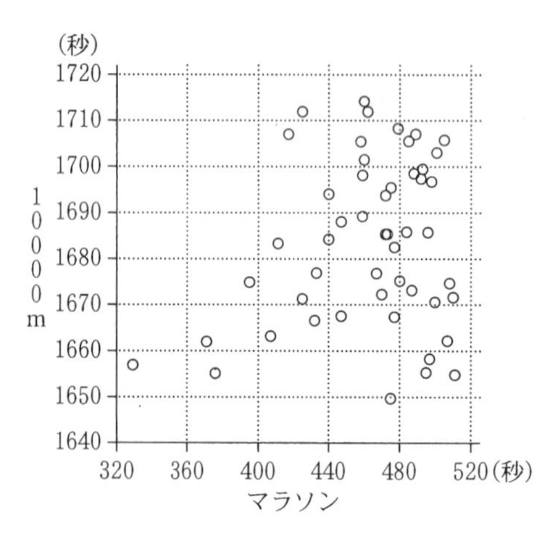

図 4　マラソンと 10000 m の散布図

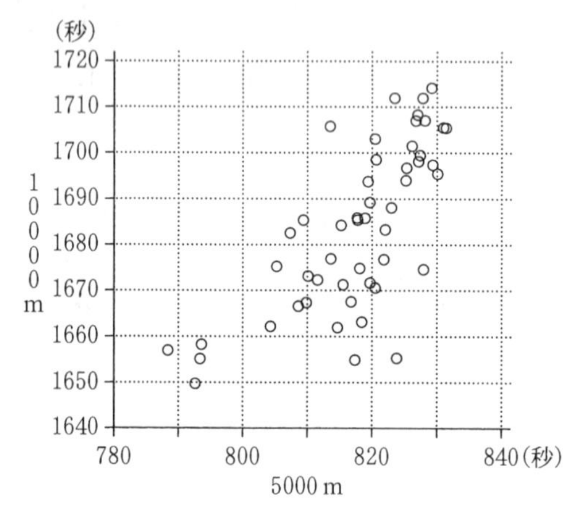

図 5　5000 m と 10000 m の散布図

(数学Ⅰ・数学A第 2 問は次ページに続く。)

次の(a), (b)は，図4と図5に関する記述である。

(a) マラソンのベストタイムの速い方から3番目までの選手の10000 mのベストタイムは，3選手とも1670秒未満である。

(b) マラソンと10000 mの間の相関は，5000 mと10000 mの間の相関より強い。

(a), (b)の正誤の組合せとして正しいものは テ である。

テ の解答群

	⓪	①	②	③
(a)	正	正	誤	誤
(b)	正	誤	正	誤

第３問～第５問は，いずれか２問を選択し，解答しなさい。

第３問 （選択問題）（配点　20）

箱の中にカードが２枚以上入っており，それぞれのカードにはアルファベットが１文字だけ書かれている。この箱の中からカードを１枚取り出し，書かれているアルファベットを確認してからもとに戻すという試行を繰り返し行う。

(1) 箱の中に[A]，[B]のカードが１枚ずつ全部で２枚入っている場合を考える。

以下では，２以上の自然数nに対し，n回の試行でA，Bがそろっているとは，n回の試行で[A]，[B]のそれぞれが少なくとも１回は取り出されることを意味する。

(i) ２回の試行でA，Bがそろっている確率は$\dfrac{\boxed{ア}}{\boxed{イ}}$である。

(ii) ３回の試行でA，Bがそろっている確率を求める。

例えば，３回の試行のうち[A]を１回，[B]を２回取り出す取り出し方は３通りあり，それらをすべて挙げると次のようになる。

１回目	２回目	３回目
[A]	[B]	[B]
[B]	[A]	[B]
[B]	[B]	[A]

このように考えることにより，３回の試行でA，Bがそろっている取り出し方は$\boxed{ウ}$通りあることがわかる。よって，３回の試行でA，Bがそろっている確率は$\dfrac{\boxed{ウ}}{2^3}$である。

(iii) ４回の試行でA，Bがそろっている取り出し方は$\boxed{エオ}$通りある。よって，４回の試行でA，Bがそろっている確率は$\dfrac{\boxed{カ}}{\boxed{キ}}$である。

（数学Ⅰ・数学Ａ第３問は次ページに続く。）

(2) 箱の中に A，B，C のカードが1枚ずつ全部で3枚入っている場合を考える。

以下では，3以上の自然数 n に対し，n 回目の試行で初めてA，B，Cがそろうとは，n 回の試行で A，B，C のそれぞれが少なくとも1回は取り出され，かつ A，B，C のうちいずれか1枚が n 回目の試行で初めて取り出されることを意味する。

(i) 3回目の試行で初めてA，B，Cがそろう取り出し方は **ク** 通りある。

よって，3回目の試行で初めてA，B，Cがそろう確率は $\dfrac{\boxed{\text{ク}}}{3^3}$ である。

(ii) 4回目の試行で初めてA，B，Cがそろう確率を求める。

4回目の試行で初めてA，B，Cがそろう取り出し方は，(1)の(ii)を振り返ることにより，$3\times$ ウ 通りあることがわかる。よって，4回目の試行で初めてA，B，Cがそろう確率は $\dfrac{\boxed{\text{ケ}}}{\boxed{\text{コ}}}$ である。

(iii) 5回目の試行で初めてA，B，Cがそろう取り出し方は **サシ** 通りある。

よって，5回目の試行で初めてA，B，Cがそろう確率は $\dfrac{\boxed{\text{サシ}}}{3^5}$ である。

(数学Ⅰ・数学A第3問は次ページに続く。)

(3) 箱の中に[A]，[B]，[C]，[D]のカードが1枚ずつ全部で4枚入っている場合を考える。

以下では，6回目の試行で初めてA，B，C，Dがそろうとは，6回の試行で[A]，[B]，[C]，[D]のそれぞれが少なくとも1回は取り出され，かつ[A]，[B]，[C]，[D]のうちいずれか1枚が6回目の試行で初めて取り出されることを意味する。

また，3以上5以下の自然数 n に対し，6回の試行のうち n 回目の試行で初めてA，B，Cだけがそろうとは，6回の試行のうち1回目から n 回目の試行で，[A]，[B]，[C]のそれぞれが少なくとも1回は取り出され，[D]は1回も取り出されず，かつ[A]，[B]，[C]のうちいずれか1枚が n 回目の試行で初めて取り出されることを意味する。6回の試行のうち n 回目の試行で初めてB，C，Dだけがそろうなども同様に定める。

(数学Ⅰ・数学A第3問は次ページに続く。)

太郎さんと花子さんは，6回目の試行で初めてA，B，C，Dがそろう確率について考えている。

太郎：例えば，5回目までに[A]，[B]，[C]のそれぞれが少なくとも1回は取り出され，かつ6回目に初めて[D]が取り出される場合を考えたら計算できそうだね。

花子：それなら，初めてA，B，Cだけがそろうのが，3回目のとき，4回目のとき，5回目のときで分けて考えてみてはどうかな。

6回の試行のうち3回目の試行で初めてA，B，Cだけがそろう取り出し方が[ク]通りであることに注意すると，「6回の試行のうち3回目の試行で初めてA，B，Cだけがそろい，かつ6回目の試行で初めて[D]が取り出される」取り出し方は[スセ]通りあることがわかる。

同じように考えると，「6回の試行のうち4回目の試行で初めてA，B，Cだけがそろい，かつ6回目の試行で初めて[D]が取り出される」取り出し方は[ソタ]通りあることもわかる。

以上のように考えることにより，6回目の試行で初めてA，B，C，Dがそろう確率は$\dfrac{\boxed{チツ}}{\boxed{テトナ}}$であることがわかる。

第3問～第5問は，いずれか2問を選択し，解答しなさい。

第4問 （選択問題）（配点　20）

T3，T4，T6を次のようなタイマーとする。

T3：3進数を3桁表示するタイマー

T4：4進数を3桁表示するタイマー

T6：6進数を3桁表示するタイマー

なお，n 進数とは n 進法で表された数のことである。

これらのタイマーは，すべて次の**表示方法**に従うものとする。

表示方法

(a) スタートした時点でタイマーは000と表示されている。

(b) タイマーは，スタートした後，表示される数が1秒ごとに1ずつ増えていき，3桁で表示できる最大の数が表示された1秒後に，表示が000に戻る。

(c) タイマーは表示が000に戻った後も，(b)と同様に，表示される数が1秒ごとに1ずつ増えていき，3桁で表示できる最大の数が表示された1秒後に，表示が000に戻るという動作を繰り返す。

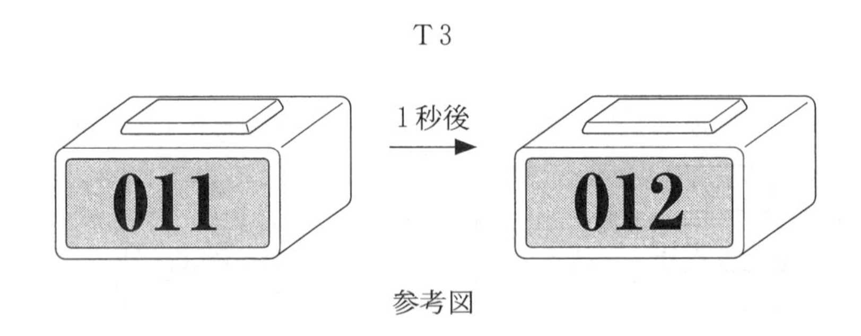

参考図

例えば，T3はスタートしてから3進数で $12_{(3)}$ 秒後に012と表示される。その後，222と表示された1秒後に表示が000に戻り，その $12_{(3)}$ 秒後に再び012と表示される。

（数学Ⅰ・数学A第4問は次ページに続く。）

(1) T6は，スタートしてから10進数で40秒後に **アイウ** と表示される。

T4は，スタートしてから2進数で$10011_{(2)}$秒後に **エオカ** と表示される。

(2) T4をスタートさせた後，初めて表示が000に戻るのは，スタートしてから10進数で **キク** 秒後であり，その後も キク 秒ごとに表示が000に戻る。

同様の考察をT6に対しても行うことにより，T4とT6を同時にスタートさせた後，初めて両方の表示が同時に000に戻るのは，スタートしてから10進数で **ケコサシ** 秒後であることがわかる。

(数学Ⅰ・数学A第4問は次ページに続く。)

(3)　0 以上の整数 ℓ に対して，T 4 をスタートさせた ℓ 秒後に T 4 が 012 と表示されることと

ℓ を スセ で割った余りが ソ であること

は同値である。ただし， スセ と ソ は 10 進法で表されているものとする。

T 3 についても同様の考察を行うことにより，次のことがわかる。

T 3 と T 4 を同時にスタートさせてから，初めて両方が同時に 012 と表示されるまでの時間を m 秒とするとき，m は 10 進法で タチツ と表される。

（数学Ⅰ・数学A第 4 問は次ページに続く。）

また，T 4 とT 6 の表示に関する記述として，次の⓪～③のうち，正しいものは［テ］である。

［テ］の解答群

⓪ T 4 とT 6 を同時にスタートさせてから，m 秒後より前に初めて両方が同時に 012 と表示される。
① T 4 とT 6 を同時にスタートさせてから，ちょうど m 秒後に初めて両方が同時に 012 と表示される。
② T 4 とT 6 を同時にスタートさせてから，m 秒後より後に初めて両方が同時に 012 と表示される。
③ T 4 とT 6 を同時にスタートさせてから，両方が同時に 012 と表示されることはない。

第3問～第5問は，いずれか2問を選択し，解答しなさい。

第5問 （選択問題）（配点　20）

図1のように，平面上に5点A，B，C，D，Eがあり，線分AC，CE，EB，BD，DAによって，星形の図形ができるときを考える。線分ACとBEの交点をP，ACとBDの交点をQ，BDとCEの交点をR，ADとCEの交点をS，ADとBEの交点をTとする。

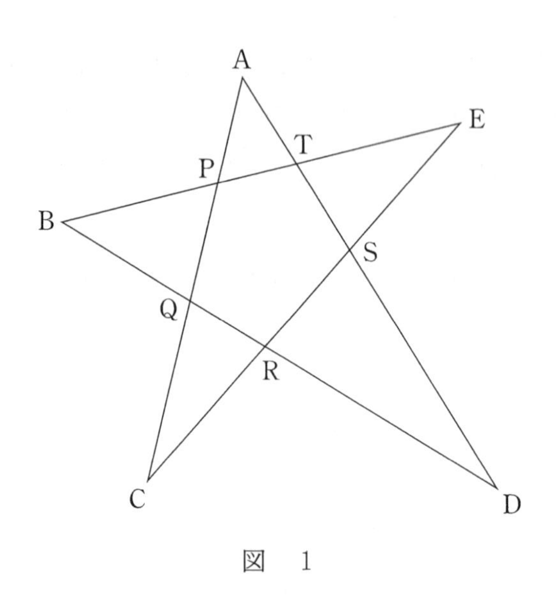

図　1

ここでは

$$AP : PQ : QC = 2 : 3 : 3, \quad AT : TS : SD = 1 : 1 : 3$$

を満たす星形の図形を考える。

以下の問題において比を解答する場合は，最も簡単な整数の比で答えよ。

（数学Ⅰ・数学A第5問は次ページに続く。）

(1)　△AQD と直線 CE に着目すると

$$\frac{\text{QR}}{\text{RD}} \cdot \frac{\text{DS}}{\text{SA}} \cdot \frac{\boxed{\text{ア}}}{\text{CQ}} = 1$$

が成り立つので

$$\text{QR} : \text{RD} = \boxed{\text{イ}} : \boxed{\text{ウ}}$$

となる。また，△AQD と直線 BE に着目すると

$$\text{QB} : \text{BD} = \boxed{\text{エ}} : \boxed{\text{オ}}$$

となる。したがって

$$\text{BQ} : \text{QR} : \text{RD} = \boxed{\text{エ}} : \boxed{\text{イ}} : \boxed{\text{ウ}}$$

となることがわかる。

ア の解答群

⓪ AC	① AP	② AQ	③ CP	④ PQ

（数学Ⅰ・数学A第5問は次ページに続く。）

(2)　5点P，Q，R，S，Tが同一円周上にあるとし，AC = 8であるとする。

(i)　5点A，P，Q，S，Tに着目すると，AT : AS = 1 : 2より
$AT = \sqrt{\boxed{カ}}$ となる。さらに，5点D，Q，R，S，Tに着目すると
$DR = 4\sqrt{3}$ となることがわかる。

(ii)　3点A，B，Cを通る円と点Dとの位置関係を，次の**構想**に基づいて調べよう。

構想

線分ACとBDの交点Qに着目し，AQ・CQとBQ・DQの大小を比べる。

まず，AQ・CQ = 5・3 = 15かつBQ・DQ = $\boxed{キク}$ であるから

AQ・CQ $\boxed{ケ}$ BQ・DQ　……………………………… ①

が成り立つ。また，3点A，B，Cを通る円と直線BDとの交点のうち，Bと異なる点をXとすると

AQ・CQ $\boxed{コ}$ BQ・XQ　……………………………… ②

が成り立つ。①と②の左辺は同じなので，①と②の右辺を比べることにより，XQ $\boxed{サ}$ DQが得られる。したがって，点Dは3点A，B，Cを通る円の $\boxed{シ}$ にある。

$\boxed{ケ}$ ～ $\boxed{サ}$ の解答群(同じものを繰り返し選んでもよい。)

⓪　<	①　=	②　>

$\boxed{シ}$ の解答群

⓪　内　部	①　周　上	②　外　部

(数学Ⅰ・数学A第5問は次ページに続く。)

(iii)　3点C，D，Eを通る円と2点A，Bとの位置関係について調べよう。

この星形の図形において，さらに $CR = RS = SE = 3$ となることがわかる。したがって，点Aは3点C，D，Eを通る円の［ス］にあり，点Bは3点C，D，Eを通る円の［セ］にある。

［ス］，［セ］の解答群(同じものを繰り返し選んでもよい。)

⓪ 内　部	① 周　上	② 外　部

（下　書　き　用　紙）

2023 本試

(100点 70分)

〔数学 I・A〕

注　意　事　項

1　数学解答用紙（2023本試）をキリトリ線より切り離し，試験開始の準備をしなさい。

2　時間を計り，上記の解答時間内で解答しなさい。
ただし，納得のいくまで時間をかけて解答するという利用法でもかまいません。

3　第1問，第2問は必答。第3問～第5問から2問選択。計4問を解答しなさい。

4　解答用紙には解答欄以外に受験番号欄，氏名欄，試験場コード欄，解答科目欄があります。解答科目欄は解答する科目を一つ選び，マークしなさい。その他の欄は自分自身で本番を想定し，正しく記入し，マークしなさい。

5　解答は解答用紙の解答欄にマークしなさい。

6　選択問題については，解答する問題を決めたあと，その問題番号の解答欄に解答しなさい。ただし，指定された問題数をこえて解答してはいけません。

7　問題の余白は適宜利用してよいが，どのページも切り離してはいけません。

第１問 （必答問題）（配点　30）

〔１〕 実数 x についての不等式

$$|x+6| \leqq 2$$

の解は

$$\boxed{\text{アイ}} \leqq x \leqq \boxed{\text{ウエ}}$$

である。

よって，実数 a，b，c，d が

$$|(1-\sqrt{3})(a-b)(c-d)+6| \leqq 2$$

を満たしているとき，$1-\sqrt{3}$ は負であることに注意すると，$(a-b)(c-d)$ のとり得る値の範囲は

$$\boxed{\text{オ}} + \boxed{\text{カ}}\sqrt{3} \leqq (a-b)(c-d) \leqq \boxed{\text{キ}} + \boxed{\text{ク}}\sqrt{3}$$

であることがわかる。

（数学Ⅰ・数学Ａ第１問は次ページに続く。）

特に

$$(a-b)(c-d)=\boxed{\text{キ}}+\boxed{\text{ク}}\sqrt{3} \quad \cdots\cdots ①$$

であるとき，さらに

$$(a-c)(b-d)=-3+\sqrt{3} \quad \cdots\cdots ②$$

が成り立つならば

$$(a-d)(c-b)=\boxed{\text{ケ}}+\boxed{\text{コ}}\sqrt{3} \quad \cdots\cdots ③$$

であることが，等式①，②，③の左辺を展開して比較することによりわかる。

（数学Ⅰ・数学A第1問は次ページに続く。）

〔2〕

(1) 点Oを中心とし，半径が5である円Oがある。この円周上に2点A，BをAB = 6となるようにとる。また，円Oの円周上に，2点A，Bとは異なる点Cをとる。

(i) sin ∠ACB = [サ] である。また，点Cを∠ACBが鈍角となるようにとるとき，cos ∠ACB = [シ] である。

(ii) 点Cを△ABCの面積が最大となるようにとる。点Cから直線ABに垂直な直線を引き，直線ABとの交点をDとするとき，
tan ∠OAD = [ス] である。また，△ABCの面積は [セソ] である。

[サ] ～ [ス] の解答群(同じものを繰り返し選んでもよい。)

⓪ $\frac{3}{5}$	① $\frac{3}{4}$	② $\frac{4}{5}$	③ 1	④ $\frac{4}{3}$
⑤ $-\frac{3}{5}$	⑥ $-\frac{3}{4}$	⑦ $-\frac{4}{5}$	⑧ -1	⑨ $-\frac{4}{3}$

(数学Ⅰ・数学A第1問は6ページに続く。)

（下 書 き 用 紙）

数学Ⅰ・数学Ａの試験問題は次に続く。

(2) 半径が5である球Sがある。この球面上に3点P，Q，Rをとったとき，これらの3点を通る平面α上でPQ = 8，QR = 5，RP = 9であったとする。

球Sの球面上に点Tを三角錐(すい)TPQRの体積が最大となるようにとるとき，その体積を求めよう。

まず，$\cos\angle QPR = \dfrac{\boxed{タ}}{\boxed{チ}}$であることから，$\triangle PQR$の面積は

$\boxed{ツ}\sqrt{\boxed{テト}}$である。

次に，点Tから平面αに垂直な直線を引き，平面αとの交点をHとする。このとき，PH，QH，RHの長さについて，$\boxed{ナ}$が成り立つ。

以上より，三角錐TPQRの体積は$\boxed{ニヌ}\left(\sqrt{\boxed{ネノ}}+\sqrt{\boxed{ハ}}\right)$である。

$\boxed{ナ}$の解答群

⓪ PH < QH < RH	① PH < RH < QH
② QH < PH < RH	③ QH < RH < PH
④ RH < PH < QH	⑤ RH < QH < PH
⑥ PH = QH = RH	

（下 書 き 用 紙）

数学Ⅰ・数学Ａの試験問題は次に続く。

第2問 (必答問題) (配点　30)

〔1〕 太郎さんは，総務省が公表している2020年の家計調査の結果を用いて，地域による食文化の違いについて考えている。家計調査における調査地点は，都道府県庁所在市および政令指定都市(都道府県庁所在市を除く)であり，合計52市である。家計調査の結果の中でも，スーパーマーケットなどで販売されている調理食品の「二人以上の世帯の1世帯当たり年間支出金額(以下，支出金額，単位は円)」を分析することにした。以下においては，52市の調理食品の支出金額をデータとして用いる。

太郎さんは調理食品として，最初にうなぎのかば焼き(以下，かば焼き)に着目し，図1のように52市におけるかば焼きの支出金額のヒストグラムを作成した。ただし，ヒストグラムの各階級の区間は，左側の数値を含み，右側の数値を含まない。

なお，以下の図や表については，総務省のWebページをもとに作成している。

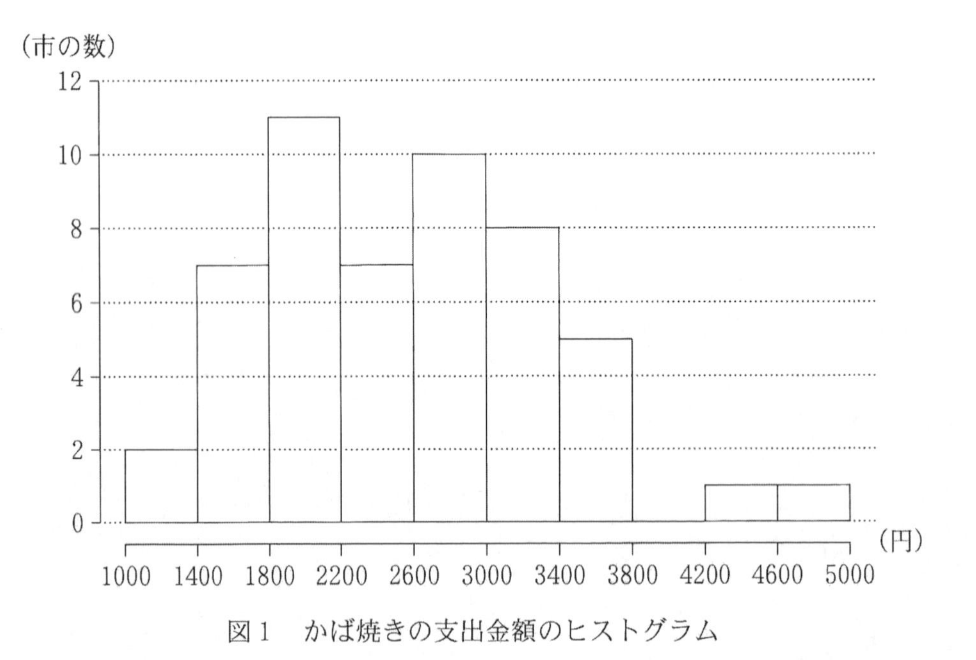

図1　かば焼きの支出金額のヒストグラム

(数学Ⅰ・数学A第2問は次ページに続く。)

(1) 図1から次のことが読み取れる。

- 第1四分位数が含まれる階級は [ア] である。
- 第3四分位数が含まれる階級は [イ] である。
- 四分位範囲は [ウ]。

[ア], [イ] の解答群(同じものを繰り返し選んでもよい。)

⓪ 1000以上1400未満	① 1400以上1800未満
② 1800以上2200未満	③ 2200以上2600未満
④ 2600以上3000未満	⑤ 3000以上3400未満
⑥ 3400以上3800未満	⑦ 3800以上4200未満
⑧ 4200以上4600未満	⑨ 4600以上5000未満

[ウ] の解答群

⓪ 800より小さい
① 800より大きく1600より小さい
② 1600より大きく2400より小さい
③ 2400より大きく3200より小さい
④ 3200より大きく4000より小さい
⑤ 4000より大きい

(数学Ⅰ・数学A第2問は次ページに続く。)

(2) 太郎さんは，東西での地域による食文化の違いを調べるために，52 市を東側の地域 E(19 市)と西側の地域 W(33 市)の二つに分けて考えることにした。

(i) 地域 E と地域 W について，かば焼きの支出金額の箱ひげ図を，図 2，図 3 のようにそれぞれ作成した。

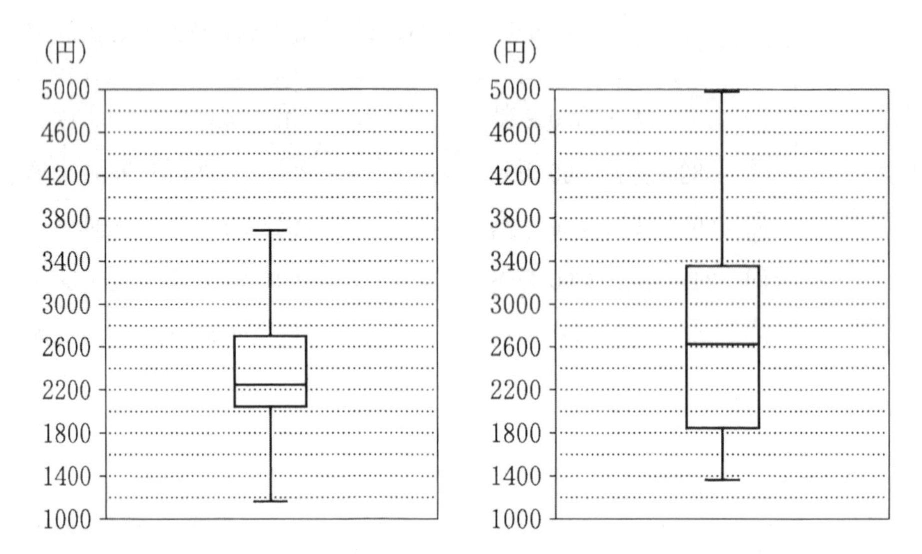

図 2　地域 E におけるかば焼きの支出金額の箱ひげ図

図 3　地域 W におけるかば焼きの支出金額の箱ひげ図

かば焼きの支出金額について，図 2 と図 3 から読み取れることとして，次の⓪～③のうち，正しいものは［エ］である。

［エ］の解答群

⓪ 地域 E において，小さい方から 5 番目は 2000 以下である。
① 地域 E と地域 W の範囲は等しい。
② 中央値は，地域 E より地域 W の方が大きい。
③ 2600 未満の市の割合は，地域 E より地域 W の方が大きい。

(数学Ⅰ・数学A第 2 問は次ページに続く。)

(ii) 太郎さんは，地域Eと地域Wのデータの散らばりの度合いを数値でとらえようと思い，それぞれの分散を考えることにした。地域Eにおけるかば焼きの支出金額の分散は，地域Eのそれぞれの市におけるかば焼きの支出金額の偏差の［オ］である。

［オ］の解答群

⓪ 2乗を合計した値
① 絶対値を合計した値
② 2乗を合計して地域Eの市の数で割った値
③ 絶対値を合計して地域Eの市の数で割った値
④ 2乗を合計して地域Eの市の数で割った値の平方根のうち正のもの
⑤ 絶対値を合計して地域Eの市の数で割った値の平方根のうち正のもの

（数学Ⅰ・数学A第2問は次ページに続く。）

(3) 太郎さんは，(2)で考えた地域Eにおける，やきとりの支出金額についても調べることにした。

ここでは地域Eにおいて，やきとりの支出金額が増加すれば，かば焼きの支出金額も増加する傾向があるのではないかと考え，まず図4のように，地域Eにおける，やきとりとかば焼きの支出金額の散布図を作成した。そして，相関係数を計算するために，表1のように平均値，分散，標準偏差および共分散を算出した。ただし，共分散は地域Eのそれぞれの市における，やきとりの支出金額の偏差とかば焼きの支出金額の偏差との積の平均値である。

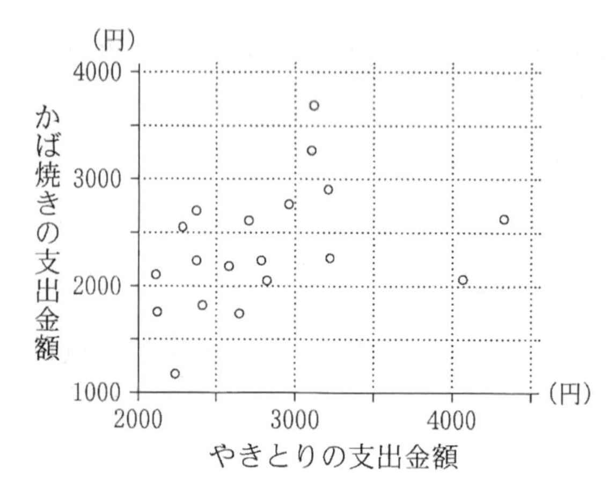

図4 地域Eにおける，やきとりとかば焼きの支出金額の散布図

表1 地域Eにおける，やきとりとかば焼きの支出金額の平均値，分散，標準偏差および共分散

	平均値	分　散	標準偏差	共分散
やきとりの支出金額	2810	348100	590	124000
かば焼きの支出金額	2350	324900	570	

(数学Ⅰ・数学A第2問は次ページに続く。)

表1を用いると，地域Eにおける，やきとりの支出金額とかば焼きの支出金額の相関係数は［カ］である。

［カ］については，最も適当なものを，次の⓪～⑨のうちから一つ選べ。

⓪ －0.62	① －0.50	② －0.37	③ －0.19
④ －0.02	⑤ 0.02	⑥ 0.19	⑦ 0.37
⑧ 0.50	⑨ 0.62		

（数学Ⅰ・数学A第2問は次ページに続く。）

〔2〕 太郎さんと花子さんは，バスケットボールのプロ選手の中には，リングと同じ高さでシュートを打てる人がいることを知り，シュートを打つ高さによってボールの軌道がどう変わるかについて考えている。

二人は，図1のように座標軸が定められた平面上に，プロ選手と花子さんがシュートを打つ様子を真横から見た図をかき，ボールがリングに入った場合について，後の**仮定**を設定して考えることにした。長さの単位はメートルであるが，以下では省略する。

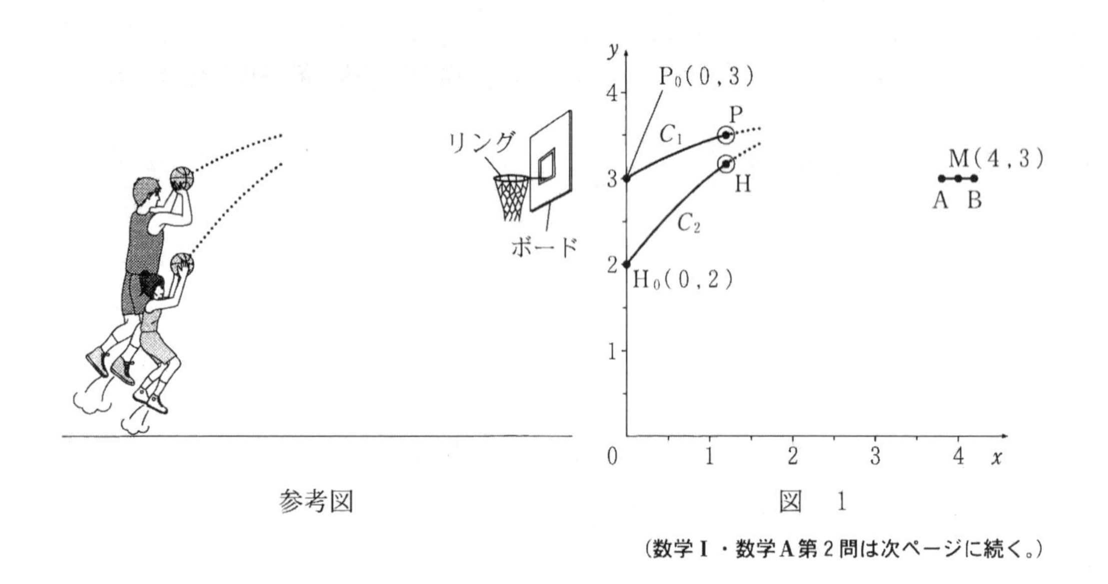

参考図　　　図　1

（数学Ⅰ・数学A第2問は次ページに続く。）

仮定

- 平面上では，ボールを直径 0.2 の円とする。
- リングを真横から見たときの左端を点 A(3.8，3)，右端を点 B(4.2，3) とし，リングの太さは無視する。
- ボールがリングや他のものに当たらずに上からリングを通り，かつ，ボールの中心が AB の中点 M(4，3) を通る場合を考える。ただし，ボールがリングに当たるとは，ボールの中心と A または B との距離が 0.1 以下になることとする。
- プロ選手がシュートを打つ場合のボールの中心を点 P とし，P は，はじめに点 P_0(0，3) にあるものとする。また，P_0，M を通る，上に凸の放物線を C_1 とし，P は C_1 上を動くものとする。
- 花子さんがシュートを打つ場合のボールの中心を点 H とし，H は，はじめに点 H_0(0，2) にあるものとする。また，H_0，M を通る，上に凸の放物線を C_2 とし，H は C_2 上を動くものとする。
- 放物線 C_1 や C_2 に対して，頂点の y 座標を「**シュートの高さ**」とし，頂点の x 座標を「**ボールが最も高くなるときの地上の位置**」とする。

(1) 放物線 C_1 の方程式における x^2 の係数を a とする。放物線 C_1 の方程式は

$$y = ax^2 - \boxed{\text{キ}}\,ax + \boxed{\text{ク}}$$

と表すことができる。また，プロ選手の「**シュートの高さ**」は

$$-\boxed{\text{ケ}}\,a + \boxed{\text{コ}}$$

である。

(数学Ⅰ・数学A第2問は次ページに続く。)

放物線 C_2 の方程式における x^2 の係数を p とする。放物線 C_2 の方程式は

$$y = p\left\{x - \left(2 - \frac{1}{8p}\right)\right\}^2 - \frac{(16p-1)^2}{64p} + 2$$

と表すことができる。

プロ選手と花子さんの「**ボールが最も高くなるときの地上の位置**」の比較の記述として，次の⓪～③のうち，正しいものは サ である。

サ の解答群

⓪　プロ選手と花子さんの「**ボールが最も高くなるときの地上の位置**」は，つねに一致する。

①　プロ選手の「**ボールが最も高くなるときの地上の位置**」の方が，つねに M の x 座標に近い。

②　花子さんの「**ボールが最も高くなるときの地上の位置**」の方が，つねに M の x 座標に近い。

③　プロ選手の「**ボールが最も高くなるときの地上の位置**」の方が M の x 座標に近いときもあれば，花子さんの「**ボールが最も高くなるときの地上の位置**」の方が M の x 座標に近いときもある。

（数学Ⅰ・数学A第２問は 18 ページに続く。）

(下 書 き 用 紙)

数学Ⅰ・数学Aの試験問題は次に続く。

(2) 二人は，ボールがリングすれすれを通る場合のプロ選手と花子さんの「**シュートの高さ**」について次のように話している。

太郎：例えば，プロ選手のボールがリングに当たらないようにするには，Pがリングの左端Aのどのくらい上を通れば良いのかな。

花子：Aの真上の点でPが通る点Dを，線分DMがAを中心とする半径0.1の円と接するようにとって考えてみたらどうかな。

太郎：なるほど。Pの軌道は上に凸の放物線で山なりだから，その場合，図2のように，PはDを通った後で線分DMより上側を通るのでボールはリングに当たらないね。花子さんの場合も，HがこのDを通れば，ボールはリングに当たらないね。

花子：放物線 C_1 と C_2 がDを通る場合でプロ選手と私の「**シュートの高さ**」を比べてみようよ。

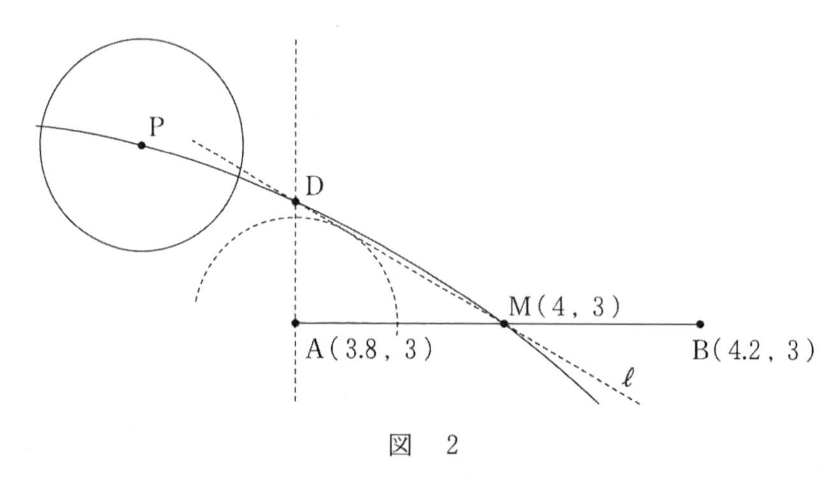

図 2

(数学Ⅰ・数学A第2問は次ページに続く。)

図2のように，Mを通る直線ℓが，Aを中心とする半径0.1の円に直線ABの上側で接しているとする。また，Aを通り直線ABに垂直な直線を引き，ℓとの交点をDとする。このとき，$\mathrm{AD} = \dfrac{\sqrt{3}}{15}$である。

よって，放物線C_1がDを通るとき，C_1の方程式は

$$y = -\frac{\boxed{シ}\sqrt{\boxed{ス}}}{\boxed{セソ}}\left(x^2 - \boxed{キ}\,x\right) + \boxed{ク}$$

となる。

また，放物線C_2がDを通るとき，(1)で与えられたC_2の方程式を用いると，花子さんの「**シュートの高さ**」は約3.4と求められる。

以上のことから，放物線C_1とC_2がDを通るとき，プロ選手と花子さんの「**シュートの高さ**」を比べると，［タ］の「**シュートの高さ**」の方が大きく，その差はボール［チ］である。なお，$\sqrt{3} = 1.7320508\cdots$である。

［タ］の解答群

⓪ プロ選手	① 花子さん

［チ］については，最も適当なものを，次の⓪～③のうちから一つ選べ。

⓪ 約1個分	① 約2個分	② 約3個分	③ 約4個分

第3問～第5問は，いずれか2問を選択し，解答しなさい。

第3問 （選択問題）（配点 20）

番号によって区別された複数の球が，何本かのひもでつながれている。ただし，各ひもはその両端で二つの球をつなぐものとする。次の**条件**を満たす球の塗り分け方(以下，球の塗り方)を考える。

条件

- それぞれの球を，用意した5色(赤，青，黄，緑，紫)のうちのいずれか1色で塗る。
- 1本のひもでつながれた二つの球は異なる色になるようにする。
- 同じ色を何回使ってもよく，また使わない色があってもよい。

例えば図Aでは，三つの球が2本のひもでつながれている。この三つの球を塗るとき，球1の塗り方が5通りあり，球1を塗った後，球2の塗り方は4通りあり，さらに球3の塗り方は4通りある。したがって，球の塗り方の総数は80である。

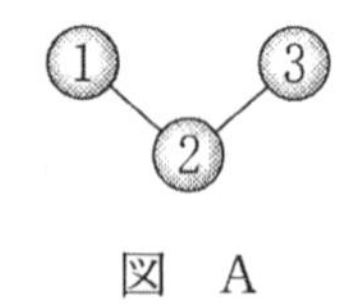

図 A

(1) 図Bにおいて，球の塗り方は アイウ 通りある。

図 B

(数学Ⅰ・数学A第3問は次ページに続く。)

(2) 図Cにおいて，球の塗り方は **エオ** 通りある。

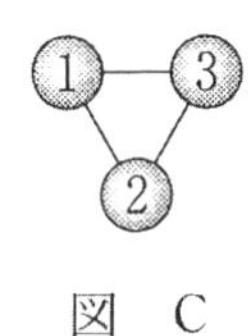

図　C

(3) 図Dにおける球の塗り方のうち，赤をちょうど2回使う塗り方は **カキ** 通りある。

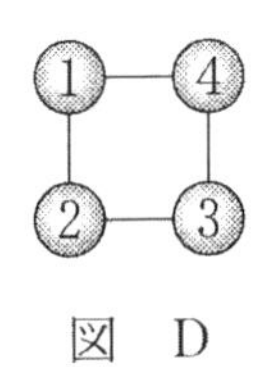

図　D

(4) 図Eにおける球の塗り方のうち，赤をちょうど3回使い，かつ青をちょうど2回使う塗り方は **クケ** 通りある。

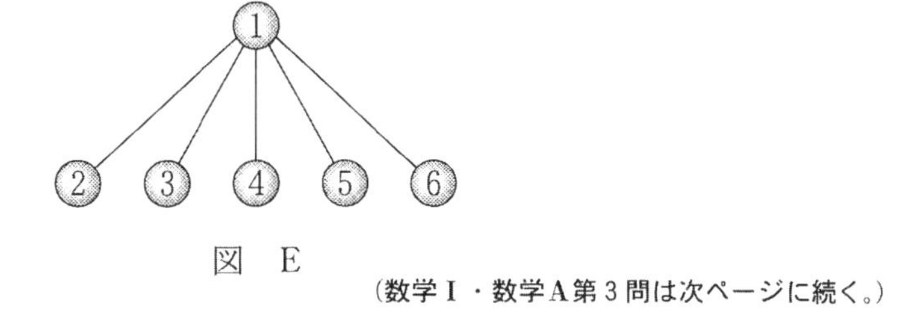

図　E

(数学Ⅰ・数学A第3問は次ページに続く。)

(5) 図Dにおいて，球の塗り方の総数を求める。

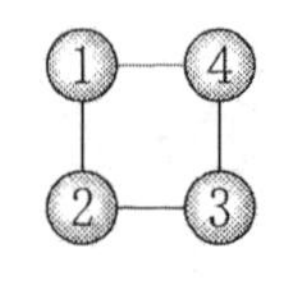

図　D(再掲)

そのために，次の**構想**を立てる。

構想

図Dと図Fを比較する。

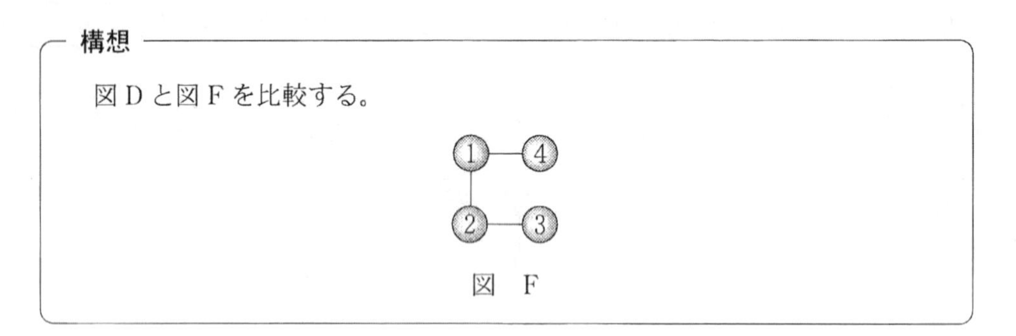

図　F

図Fでは球3と球4が同色になる球の塗り方が可能であるため，図Dよりも図Fの球の塗り方の総数の方が大きい。

図Fにおける球の塗り方は，図Bにおける球の塗り方と同じであるため，全部で［アイウ］通りある。そのうち球3と球4が同色になる球の塗り方の総数と一致する図として，後の⓪～④のうち，正しいものは［コ］である。したがって，図Dにおける球の塗り方は［サシス］通りある。

［コ］の解答群

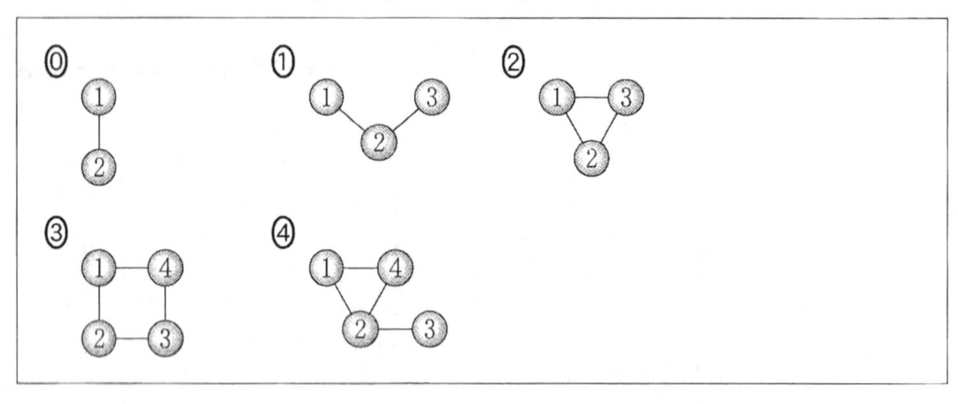

(数学Ⅰ・数学A第3問は次ページに続く。)

(6) 図 G において，球の塗り方は **セソタチ** 通りある。

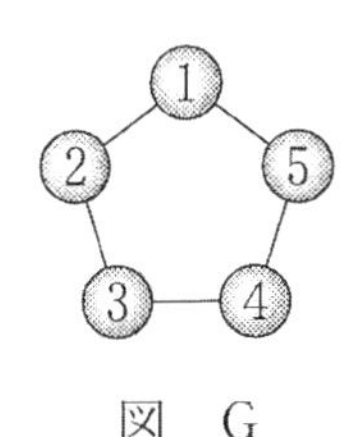

図 G

第3問～第5問は，いずれか2問を選択し，解答しなさい。

第4問 （選択問題）（配点　20）

色のついた長方形を並べて正方形や長方形を作ることを考える。色のついた長方形は，向きを変えずにすき間なく並べることとし，色のついた長方形は十分あるものとする。

(1)　横の長さが 462 で縦の長さが 110 である赤い長方形を，図 1 のように並べて正方形や長方形を作ることを考える。

462（横），110（縦）

赤	赤	…	赤
赤	赤	…	赤
⋮	⋮	⋱	⋮
赤	赤	…	赤

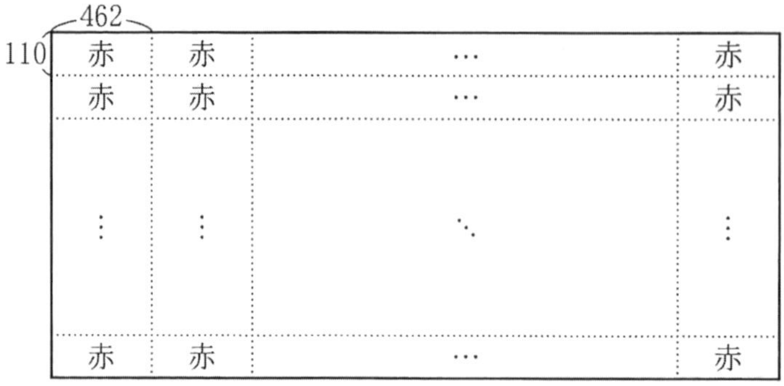

図　1

（数学Ⅰ・数学A第4問は次ページに続く。）

462 と 110 の両方を割り切る素数のうち最大のものは **アイ** である。

赤い長方形を並べて作ることができる正方形のうち，辺の長さが最小であるものは，一辺の長さが **ウエオカ** のものである。

また，赤い長方形を並べて正方形ではない長方形を作るとき，横の長さと縦の長さの差の絶対値が最小になるのは，462 の約数と 110 の約数を考えると，差の絶対値が **キク** になるときであることがわかる。

縦の長さが横の長さより キク 長い長方形のうち，横の長さが最小であるものは，横の長さが **ケコサシ** のものである。

(数学Ⅰ・数学A第4問は次ページに続く。)

⑵　花子さんと太郎さんは，⑴で用いた赤い長方形を 1 枚以上並べて長方形を作り，その右側に横の長さが 363 で縦の長さが 154 である青い長方形を 1 枚以上並べて，図 2 のような正方形や長方形を作ることを考えている。

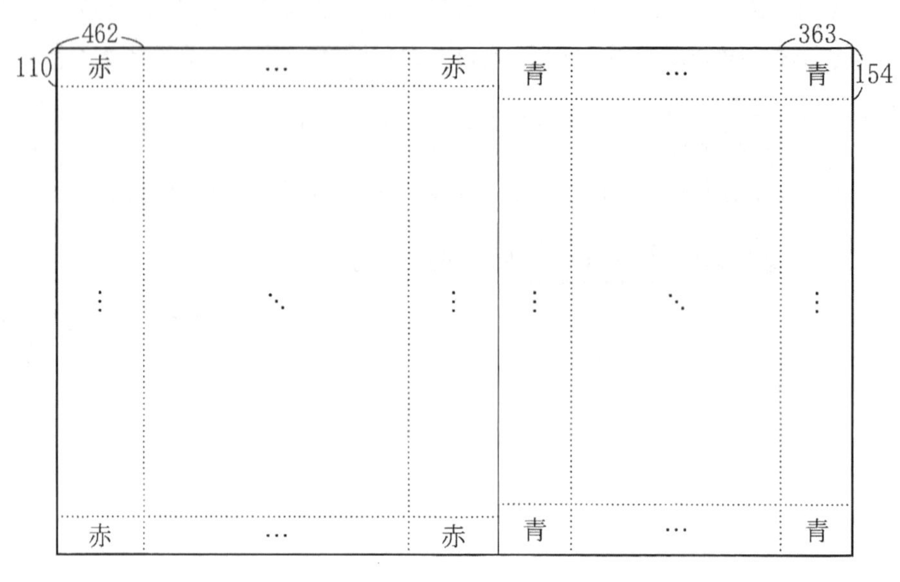

図　2

このとき，赤い長方形を並べてできる長方形の縦の長さと，青い長方形を並べてできる長方形の縦の長さは等しい。よって，図 2 のような長方形のうち，縦の長さが最小のものは，縦の長さが **スセソ** のものであり，図 2 のような長方形は縦の長さが スセソ の倍数である。

（数学Ⅰ・数学A第 4 問は次ページに続く。）

二人は，次のように話している。

花子：赤い長方形と青い長方形を図2のように並べて正方形を作ってみようよ。

太郎：赤い長方形の横の長さが462で青い長方形の横の長さが363だから，図2のような正方形の横の長さは462と363を組み合わせて作ることができる長さでないといけないね。

花子：正方形だから，横の長さは［スセソ］の倍数でもないといけないね。

462と363の最大公約数は**［タチ］**であり，［タチ］の倍数のうちで［スセソ］の倍数でもある最小の正の整数は**［ツテトナ］**である。

これらのことと，使う長方形の枚数が赤い長方形も青い長方形も1枚以上であることから，図2のような正方形のうち，辺の長さが最小であるものは，一辺の長さが**［ニヌネノ］**のものであることがわかる。

第3問～第5問は，いずれか2問を選択し，解答しなさい。

第5問 (選択問題)(配点　20)

(1) 円Oに対して，次の**手順1**で作図を行う。

手順1

(Step 1)　円Oと異なる2点で交わり，中心Oを通らない直線ℓを引く。
円Oと直線ℓとの交点をA，Bとし，線分ABの中点Cをとる。

(Step 2)　円Oの周上に，点Dを$\angle$CODが鈍角となるようにとる。直線CDを引き，円Oとの交点でDとは異なる点をEとする。

(Step 3)　点Dを通り直線OCに垂直な直線を引き，直線OCとの交点をFとし，円Oとの交点でDとは異なる点をGとする。

(Step 4)　点Gにおける円Oの接線を引き，直線ℓとの交点をHとする。

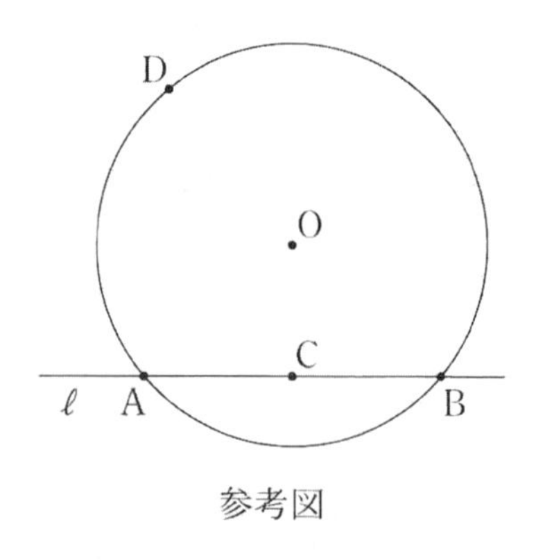

参考図

このとき，直線ℓと点Dの位置によらず，直線EHは円Oの接線である。このことは，次の**構想**に基づいて，後のように説明できる。

(数学Ⅰ・数学A第5問は次ページに続く。)

構想

直線 EH が円 O の接線であることを証明するためには，

∠OEH ＝ アイ ° であることを示せばよい。

手順 1 の(Step 1)と(Step 4)により，4 点 C，G，H，ウ は同一円周上にあることがわかる。よって，∠CHG ＝ エ である。一方，点 E は円 O の周上にあることから，エ ＝ オ がわかる。よって，∠CHG ＝ オ であるので，4 点 C，G，H，カ は同一円周上にある。この円が点 ウ を通ることにより，∠OEH ＝ アイ ° を示すことができる。

ウ の解答群

⓪ B	① D	② F	③ O

エ の解答群

⓪ ∠AFC	① ∠CDF	② ∠CGH	③ ∠CBO	④ ∠FOG

オ の解答群

⓪ ∠AED	① ∠ADE	② ∠BOE	③ ∠DEG	④ ∠EOH

カ の解答群

⓪ A	① D	② E	③ F

（数学Ⅰ・数学A第 5 問は次ページに続く。）

(2) 円Oに対して，(1)の**手順1**とは直線ℓの引き方を変え，次の**手順2**で作図を行う。

手順2

(Step 1) 円Oと共有点をもたない直線ℓを引く。中心Oから直線ℓに垂直な直線を引き，直線ℓとの交点をPとする。

(Step 2) 円Oの周上に，点Qを∠POQが鈍角となるようにとる。直線PQを引き，円Oとの交点でQとは異なる点をRとする。

(Step 3) 点Qを通り直線OPに垂直な直線を引き，円Oとの交点でQとは異なる点をSとする。

(Step 4) 点Sにおける円Oの接線を引き，直線ℓとの交点をTとする。

このとき，∠PTS = [キ] である。

円Oの半径が$\sqrt{5}$で，OT = $3\sqrt{6}$であったとすると，3点O，P，Rを通る円の半径は $\dfrac{[ク]\sqrt{[ケ]}}{[コ]}$ であり，RT = [サ] である。

[キ] の解答群

⓪ ∠PQS	① ∠PST	② ∠QPS	③ ∠QRS	④ ∠SRT

（下　書　き　用　紙）

毎月の効率的な実戦演習で本番までに共通テストを攻略できる！

専科 共通テスト攻略演習

7教科17科目セット　教材を毎月1回お届け

セットで1カ月あたり **3,910円（税込）** ※「12カ月一括払い」の講座料金

セット内容

英語（リーディング）/ 英語（リスニング）/ 数学Ⅰ、数学A / 数学Ⅱ、数学B、数学C / 国語 / 化学基礎 / 生物基礎 / 地学基礎 / 物理 / 化学 / 生物 / 歴史総合、世界史探究 / 歴史総合、日本史探究 / 地理総合、地理探究 / 公共、倫理 / 公共、政治・経済 / 情報Ⅰ

※答案の提出や添削指導はありません。
※学習には「Z会学習アプリ」を使用するため、対応OSのスマートフォンやタブレット、パソコンなどの端末が必要です。

※「共通テスト攻略演習」は1月までの講座です。

POINT 1 共通テストに即した問題に取り組み、万全の対策ができる！

2024年度の共通テストでは、英語・リーディングで読解量（語数）が増えるなど、これまで以上に速読即解力や情報処理力が必要とされました。新指導要領で学んだ高校生が受験する2025年度の試験は、この傾向がより強まることが予想されます。

本講座では、毎月お届けする教材で、共通テスト型の問題に取り組んでいきます。傾向の変化に対応できるようになるとともに、「自分で考え、答えを出す力」を伸ばし、万全の対策ができます。

新設「情報Ⅰ」にも対応！

国公立大志望者の多くは、共通テストで「情報Ⅰ」が必須となります。本講座では、「情報Ⅰ」の対応教材も用意しているため、万全な対策が可能です。

8月…基本問題　12月・1月…本番形式の問題

※3～7月、9～11月は、大学入試センターから公開された「試作問題」や、「情報Ⅰ」の内容とつながりの深い「情報関係基礎」の過去問の解説を、「Z会学習アプリ」で提供します。
※「情報Ⅰ」の取り扱いについては各大学の要項をご確認ください。

POINT 2 月60分の実戦演習で、効率的な時短演習を！

全科目を毎月バランスよく継続的に取り組めるよう工夫された内容と分量で、本科の講座と併用しやすく、着実に得点力を伸ばせます。

1. 教材に取り組む

本講座の問題演習は、1科目あたり月60分（英語のリスニングと理科基礎、情報Ⅰは月30分）。無理なく自分のペースで学習を進められます。

2. 自己採点する／復習する

問題を解いたらすぐに自己採点して結果を確認。わかりやすい解説で効率よく復習できます。

英語、数学、国語は、毎月の出題に即した「ポイント映像」を視聴できます。1授業10分程度なので、スキマ時間を活用できます。共通テストならではの攻略ポイントや、各月に押さえておきたい内容を厳選した映像授業で、さらに理解を深められます。

POINT 3 戦略的なカリキュラムで、得点力アップ！

本講座は、本番での得意科目9割突破へ向けて、毎月着実にレベルアップできるカリキュラム。基礎固めから最終仕上げまで段階的な対策で、万全の態勢で本番に臨めます。

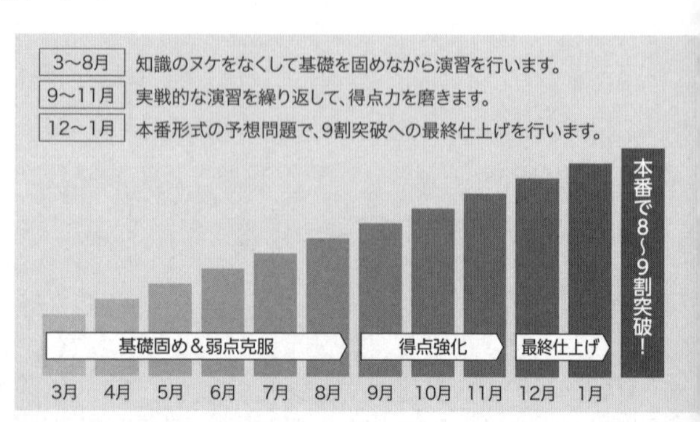

共通テスト対策 おすすめ書籍

① 基本事項からおさえ、知識・理解を万全に　問題集・参考書タイプ

ハイスコア！共通テスト攻略

Z会編集部 編／A5判／リスニング音声はWeb対応
定価：数学II・B・C、化学基礎、生物基礎、地学基礎 1,320円(税込)
それ以外 1,210円(税込)

全9冊　英語リーディング　英語リスニング　数学I・A　数学II・B・C　国語 現代文　国語 古文・漢文　化学基礎　生物基礎　地学基礎

ここがイイ！
新課程入試に対応！

こう使おう！
- 例題・類題と、丁寧な解説を通じて戦略を知る
- ハイスコアを取るための思考力・判断力を磨く

② 過去問5回分＋試作問題で実力を知る　過去問タイプ

※表紙デザインは変更する場合があります。

共通テスト 過去問 英数国

Z会編集部 編／A5判／定価 1,870円(税込)
リスニング音声はWeb対応

収録科目
英語リーディング｜英語リスニング
数学I・A｜数学II・B｜国語

収録内容
2024年本試　2023年本試　2022年本試
試作問題　2023年追試　2022年追試

→ 試作問題：2025年度からの試験の問題作成の方向性を示すものとして大学入試センターから公表されたものです

ここがイイ！
3教科5科目の過去問がこの1冊に！

こう使おう！
- 共通テストの出題傾向・難易度をしっかり把握する
- 目標と実力の差を分析し、早期から対策する

③ 実戦演習を積んでテスト形式に慣れる　模試タイプ

※表紙デザインは変更する場合があります。

共通テスト 実戦模試

Z会編集部編／B5判
リスニング音声はWeb対応
解答用のマークシート付
※1 定価 各1,540円(税込)
※2 定価 各1,210円(税込)
※3 定価 各　880円(税込)
※4 定価 各　660円(税込)

全13冊　英語リーディング※1　英語リスニング※1　数学I・A※1　数学II・B・C※1　国語※1　化学基礎※2　生物基礎※2　物理※1　化学※1　生物※1　歴史総合、日本史探究※3　歴史総合、世界史探究※3　地理総合、地理探究※4

ここがイイ！
オリジナル模試は、答案にスマホをかざすだけで「自動採点」ができる！
得点に応じて、大問ごとにアドバイスメッセージも！

こう使おう！
- 予想模試で難易度・形式に慣れる
- 解答解説もよく読み、共通テスト対策に必要な重要事項をおさえる

④ 本番直前に全教科模試でリハーサル　模試タイプ

※表紙デザインは変更する場合があります。

共通テスト 予想問題パック

Z会編集部編／B5箱入／定価 1,650円(税込)
リスニング音声はWeb対応

収録科目（7教科17科目を1パックにまとめた1回分の模試形式）
英語リーディング｜英語リスニング｜数学I・A｜数学II・B・C｜国語｜物理｜化学｜化学基礎
生物｜生物基礎｜地学基礎｜歴史総合、世界史探究｜歴史総合、日本史探究｜地理総合、地理探究
公共、倫理｜公共、政治・経済｜情報I

ここがイイ！
☑ 答案にスマホをかざすだけで「自動採点」ができ、時短で便利！
☑ 全国平均点やランキングもわかる

こう使おう！
- 予想模試で難易度・形式に慣れる
- 解答解説もよく読み、共通テスト対策に必要な重要事項をおさえる

2025年用　共通テスト実戦模試
③数学Ⅰ・Ａ

初版第1刷発行…2024年7月1日

編者…………Ｚ会編集部
発行人………藤井孝昭
発行…………Ｚ会
〒411-0033　静岡県三島市文教町1-9-11
【販売部門：書籍の乱丁・落丁・返品・交換・注文】
TEL 055-976-9095
【書籍の内容に関するお問い合わせ】
https://www.zkai.co.jp/books/contact/
【ホームページ】
https://www.zkai.co.jp/books/

装丁…………犬飼奈央
印刷・製本…株式会社 リーブルテック

ISBN978-4-86531-615-5 C7341

数学① 模試 第1回 解答用紙 第1面

マーク例

良い例	悪い例
●	⊙ ⊗ ◐ ◯

524

注意事項1　問題番号 4 の解答欄は，この用紙の第 2 面にあります。

解答科目欄	
数学Ⅰ，数学A ◯	数学Ⅰ ◯

受験番号欄

千位	百位	十位	一位	英字	
－	0	0	0	A	A
1	1	1	1	B	B
2	2	2	2	C	C
3	3	3	3	H	H
4	4	4	4	K	K
5	5	5	5	M	M
6	6	6	6	R	R
7	7	7	7	U	U
8	8	8	8	X	X
9	9	9	9	Y	Y
－	－	－	－	Z	Z

フリガナ	
氏　名	

試験場コード	十万位	万位	千位	百位	十位	一位

1

	解				答					欄	
	－	0	1	2	3	4	5	6	7	8	9
ア	－	0	1	2	3	4	5	6	7	8	9
イ	－	0	1	2	3	4	5	6	7	8	9
ウ	－	0	1	2	3	4	5	6	7	8	9
エ	－	0	1	2	3	4	5	6	7	8	9
オ	－	0	1	2	3	4	5	6	7	8	9
カ	－	0	1	2	3	4	5	6	7	8	9
キ	－	0	1	2	3	4	5	6	7	8	9
ク	－	0	1	2	3	4	5	6	7	8	9
ケ	－	0	1	2	3	4	5	6	7	8	9
コ	－	0	1	2	3	4	5	6	7	8	9
サ	－	0	1	2	3	4	5	6	7	8	9
シ	－	0	1	2	3	4	5	6	7	8	9
ス	－	0	1	2	3	4	5	6	7	8	9
セ	－	0	1	2	3	4	5	6	7	8	9
ソ	－	0	1	2	3	4	5	6	7	8	9
タ	－	0	1	2	3	4	5	6	7	8	9
チ	－	0	1	2	3	4	5	6	7	8	9
ツ	－	0	1	2	3	4	5	6	7	8	9
テ	－	0	1	2	3	4	5	6	7	8	9
ト	－	0	1	2	3	4	5	6	7	8	9
ナ	－	0	1	2	3	4	5	6	7	8	9
ニ	－	0	1	2	3	4	5	6	7	8	9
ヌ	－	0	1	2	3	4	5	6	7	8	9
ネ	－	0	1	2	3	4	5	6	7	8	9
ノ	－	0	1	2	3	4	5	6	7	8	9
ハ	－	0	1	2	3	4	5	6	7	8	9
ヒ	－	0	1	2	3	4	5	6	7	8	9
フ	－	0	1	2	3	4	5	6	7	8	9
ヘ	－	0	1	2	3	4	5	6	7	8	9
ホ	－	0	1	2	3	4	5	6	7	8	9

2

	解				答					欄	
	－	0	1	2	3	4	5	6	7	8	9
ア	－	0	1	2	3	4	5	6	7	8	9
イ	－	0	1	2	3	4	5	6	7	8	9
ウ	－	0	1	2	3	4	5	6	7	8	9
エ	－	0	1	2	3	4	5	6	7	8	9
オ	－	0	1	2	3	4	5	6	7	8	9
カ	－	0	1	2	3	4	5	6	7	8	9
キ	－	0	1	2	3	4	5	6	7	8	9
ク	－	0	1	2	3	4	5	6	7	8	9
ケ	－	0	1	2	3	4	5	6	7	8	9
コ	－	0	1	2	3	4	5	6	7	8	9
サ	－	0	1	2	3	4	5	6	7	8	9
シ	－	0	1	2	3	4	5	6	7	8	9
ス	－	0	1	2	3	4	5	6	7	8	9
セ	－	0	1	2	3	4	5	6	7	8	9
ソ	－	0	1	2	3	4	5	6	7	8	9
タ	－	0	1	2	3	4	5	6	7	8	9
チ	－	0	1	2	3	4	5	6	7	8	9
ツ	－	0	1	2	3	4	5	6	7	8	9
テ	－	0	1	2	3	4	5	6	7	8	9
ト	－	0	1	2	3	4	5	6	7	8	9
ナ	－	0	1	2	3	4	5	6	7	8	9
ニ	－	0	1	2	3	4	5	6	7	8	9
ヌ	－	0	1	2	3	4	5	6	7	8	9
ネ	－	0	1	2	3	4	5	6	7	8	9
ノ	－	0	1	2	3	4	5	6	7	8	9
ハ	－	0	1	2	3	4	5	6	7	8	9
ヒ	－	0	1	2	3	4	5	6	7	8	9
フ	－	0	1	2	3	4	5	6	7	8	9
ヘ	－	0	1	2	3	4	5	6	7	8	9
ホ	－	0	1	2	3	4	5	6	7	8	9

3

	解				答					欄	
	－	0	1	2	3	4	5	6	7	8	9
ア	－	0	1	2	3	4	5	6	7	8	9
イ	－	0	1	2	3	4	5	6	7	8	9
ウ	－	0	1	2	3	4	5	6	7	8	9
エ	－	0	1	2	3	4	5	6	7	8	9
オ	－	0	1	2	3	4	5	6	7	8	9
カ	－	0	1	2	3	4	5	6	7	8	9
キ	－	0	1	2	3	4	5	6	7	8	9
ク	－	0	1	2	3	4	5	6	7	8	9
ケ	－	0	1	2	3	4	5	6	7	8	9
コ	－	0	1	2	3	4	5	6	7	8	9
サ	－	0	1	2	3	4	5	6	7	8	9
シ	－	0	1	2	3	4	5	6	7	8	9
ス	－	0	1	2	3	4	5	6	7	8	9
セ	－	0	1	2	3	4	5	6	7	8	9
ソ	－	0	1	2	3	4	5	6	7	8	9
タ	－	0	1	2	3	4	5	6	7	8	9
チ	－	0	1	2	3	4	5	6	7	8	9
ツ	－	0	1	2	3	4	5	6	7	8	9
テ	－	0	1	2	3	4	5	6	7	8	9
ト	－	0	1	2	3	4	5	6	7	8	9
ナ	－	0	1	2	3	4	5	6	7	8	9
ニ	－	0	1	2	3	4	5	6	7	8	9
ヌ	－	0	1	2	3	4	5	6	7	8	9
ネ	－	0	1	2	3	4	5	6	7	8	9
ノ	－	0	1	2	3	4	5	6	7	8	9
ハ	－	0	1	2	3	4	5	6	7	8	9
ヒ	－	0	1	2	3	4	5	6	7	8	9
フ	－	0	1	2	3	4	5	6	7	8	9
ヘ	－	0	1	2	3	4	5	6	7	8	9
ホ	－	0	1	2	3	4	5	6	7	8	9

数学① 模試 第1回 解答用紙 第2面

注意事項1　問題番号 1 2 3 の解答欄は，この用紙の第 1 面にあります。

525

4

	解	答	欄								
	−	0	1	2	3	4	5	6	7	8	9
ア	⊖	⓪	①	②	③	④	⑤	⑥	⑦	⑧	⑨
イ	⊖	⓪	①	②	③	④	⑤	⑥	⑦	⑧	⑨
ウ	⊖	⓪	①	②	③	④	⑤	⑥	⑦	⑧	⑨
エ	⊖	⓪	①	②	③	④	⑤	⑥	⑦	⑧	⑨
オ	⊖	⓪	①	②	③	④	⑤	⑥	⑦	⑧	⑨
カ	⊖	⓪	①	②	③	④	⑤	⑥	⑦	⑧	⑨
キ	⊖	⓪	①	②	③	④	⑤	⑥	⑦	⑧	⑨
ク	⊖	⓪	①	②	③	④	⑤	⑥	⑦	⑧	⑨
ケ	⊖	⓪	①	②	③	④	⑤	⑥	⑦	⑧	⑨
コ	⊖	⓪	①	②	③	④	⑤	⑥	⑦	⑧	⑨
サ	⊖	⓪	①	②	③	④	⑤	⑥	⑦	⑧	⑨
シ	⊖	⓪	①	②	③	④	⑤	⑥	⑦	⑧	⑨
ス	⊖	⓪	①	②	③	④	⑤	⑥	⑦	⑧	⑨
セ	⊖	⓪	①	②	③	④	⑤	⑥	⑦	⑧	⑨
ソ	⊖	⓪	①	②	③	④	⑤	⑥	⑦	⑧	⑨
タ	⊖	⓪	①	②	③	④	⑤	⑥	⑦	⑧	⑨
チ	⊖	⓪	①	②	③	④	⑤	⑥	⑦	⑧	⑨
ツ	⊖	⓪	①	②	③	④	⑤	⑥	⑦	⑧	⑨
テ	⊖	⓪	①	②	③	④	⑤	⑥	⑦	⑧	⑨
ト	⊖	⓪	①	②	③	④	⑤	⑥	⑦	⑧	⑨
ナ	⊖	⓪	①	②	③	④	⑤	⑥	⑦	⑧	⑨
ニ	⊖	⓪	①	②	③	④	⑤	⑥	⑦	⑧	⑨
ヌ	⊖	⓪	①	②	③	④	⑤	⑥	⑦	⑧	⑨
ネ	⊖	⓪	①	②	③	④	⑤	⑥	⑦	⑧	⑨
ノ	⊖	⓪	①	②	③	④	⑤	⑥	⑦	⑧	⑨
ハ	⊖	⓪	①	②	③	④	⑤	⑥	⑦	⑧	⑨
ヒ	⊖	⓪	①	②	③	④	⑤	⑥	⑦	⑧	⑨
フ	⊖	⓪	①	②	③	④	⑤	⑥	⑦	⑧	⑨
ヘ	⊖	⓪	①	②	③	④	⑤	⑥	⑦	⑧	⑨
ホ	⊖	⓪	①	②	③	④	⑤	⑥	⑦	⑧	⑨

キリトリ線

数学① 模試 第2回 解答用紙 第1面

マーク例

良い例	悪い例
●	⊙ ⊗ ◔ 0

526

注意事項1 問題番号 4 の解答欄は，この用紙の第 2 面にあります。

解答科目欄

数学I，数学A	数学I
○	○

受験番号欄

千位	百位	十位	一位	英字	
−	0	0	0	A	A
1	1	1	1	B	B
2	2	2	2	C	C
3	3	3	3	H	H
4	4	4	4	K	K
5	5	5	5	M	M
6	6	6	6	R	R
7	7	7	7	U	U
8	8	8	8	X	X
9	9	9	9	Y	Y
−	−	−	−	Z	Z

フリガナ	
氏名	

試験場コード	十万位	万位	千位	百位	十位	一位

1

	解答欄										
	−	0	1	2	3	4	5	6	7	8	9
ア	−	0	1	2	3	4	5	6	7	8	9
イ	−	0	1	2	3	4	5	6	7	8	9
ウ	−	0	1	2	3	4	5	6	7	8	9
エ	−	0	1	2	3	4	5	6	7	8	9
オ	−	0	1	2	3	4	5	6	7	8	9
カ	−	0	1	2	3	4	5	6	7	8	9
キ	−	0	1	2	3	4	5	6	7	8	9
ク	−	0	1	2	3	4	5	6	7	8	9
ケ	−	0	1	2	3	4	5	6	7	8	9
コ	−	0	1	2	3	4	5	6	7	8	9
サ	−	0	1	2	3	4	5	6	7	8	9
シ	−	0	1	2	3	4	5	6	7	8	9
ス	−	0	1	2	3	4	5	6	7	8	9
セ	−	0	1	2	3	4	5	6	7	8	9
ソ	−	0	1	2	3	4	5	6	7	8	9
タ	−	0	1	2	3	4	5	6	7	8	9
チ	−	0	1	2	3	4	5	6	7	8	9
ツ	−	0	1	2	3	4	5	6	7	8	9
テ	−	0	1	2	3	4	5	6	7	8	9
ト	−	0	1	2	3	4	5	6	7	8	9
ナ	−	0	1	2	3	4	5	6	7	8	9
ニ	−	0	1	2	3	4	5	6	7	8	9
ヌ	−	0	1	2	3	4	5	6	7	8	9
ネ	−	0	1	2	3	4	5	6	7	8	9
ノ	−	0	1	2	3	4	5	6	7	8	9
ハ	−	0	1	2	3	4	5	6	7	8	9
ヒ	−	0	1	2	3	4	5	6	7	8	9
フ	−	0	1	2	3	4	5	6	7	8	9
ヘ	−	0	1	2	3	4	5	6	7	8	9
ホ	−	0	1	2	3	4	5	6	7	8	9

2

	解答欄										
	−	0	1	2	3	4	5	6	7	8	9
ア	−	0	1	2	3	4	5	6	7	8	9
イ	−	0	1	2	3	4	5	6	7	8	9
ウ	−	0	1	2	3	4	5	6	7	8	9
エ	−	0	1	2	3	4	5	6	7	8	9
オ	−	0	1	2	3	4	5	6	7	8	9
カ	−	0	1	2	3	4	5	6	7	8	9
キ	−	0	1	2	3	4	5	6	7	8	9
ク	−	0	1	2	3	4	5	6	7	8	9
ケ	−	0	1	2	3	4	5	6	7	8	9
コ	−	0	1	2	3	4	5	6	7	8	9
サ	−	0	1	2	3	4	5	6	7	8	9
シ	−	0	1	2	3	4	5	6	7	8	9
ス	−	0	1	2	3	4	5	6	7	8	9
セ	−	0	1	2	3	4	5	6	7	8	9
ソ	−	0	1	2	3	4	5	6	7	8	9
タ	−	0	1	2	3	4	5	6	7	8	9
チ	−	0	1	2	3	4	5	6	7	8	9
ツ	−	0	1	2	3	4	5	6	7	8	9
テ	−	0	1	2	3	4	5	6	7	8	9
ト	−	0	1	2	3	4	5	6	7	8	9
ナ	−	0	1	2	3	4	5	6	7	8	9
ニ	−	0	1	2	3	4	5	6	7	8	9
ヌ	−	0	1	2	3	4	5	6	7	8	9
ネ	−	0	1	2	3	4	5	6	7	8	9
ノ	−	0	1	2	3	4	5	6	7	8	9
ハ	−	0	1	2	3	4	5	6	7	8	9
ヒ	−	0	1	2	3	4	5	6	7	8	9
フ	−	0	1	2	3	4	5	6	7	8	9
ヘ	−	0	1	2	3	4	5	6	7	8	9
ホ	−	0	1	2	3	4	5	6	7	8	9

3

	解答欄										
	−	0	1	2	3	4	5	6	7	8	9
ア	−	0	1	2	3	4	5	6	7	8	9
イ	−	0	1	2	3	4	5	6	7	8	9
ウ	−	0	1	2	3	4	5	6	7	8	9
エ	−	0	1	2	3	4	5	6	7	8	9
オ	−	0	1	2	3	4	5	6	7	8	9
カ	−	0	1	2	3	4	5	6	7	8	9
キ	−	0	1	2	3	4	5	6	7	8	9
ク	−	0	1	2	3	4	5	6	7	8	9
ケ	−	0	1	2	3	4	5	6	7	8	9
コ	−	0	1	2	3	4	5	6	7	8	9
サ	−	0	1	2	3	4	5	6	7	8	9
シ	−	0	1	2	3	4	5	6	7	8	9
ス	−	0	1	2	3	4	5	6	7	8	9
セ	−	0	1	2	3	4	5	6	7	8	9
ソ	−	0	1	2	3	4	5	6	7	8	9
タ	−	0	1	2	3	4	5	6	7	8	9
チ	−	0	1	2	3	4	5	6	7	8	9
ツ	−	0	1	2	3	4	5	6	7	8	9
テ	−	0	1	2	3	4	5	6	7	8	9
ト	−	0	1	2	3	4	5	6	7	8	9
ナ	−	0	1	2	3	4	5	6	7	8	9
ニ	−	0	1	2	3	4	5	6	7	8	9
ヌ	−	0	1	2	3	4	5	6	7	8	9
ネ	−	0	1	2	3	4	5	6	7	8	9
ノ	−	0	1	2	3	4	5	6	7	8	9
ハ	−	0	1	2	3	4	5	6	7	8	9
ヒ	−	0	1	2	3	4	5	6	7	8	9
フ	−	0	1	2	3	4	5	6	7	8	9
ヘ	−	0	1	2	3	4	5	6	7	8	9
ホ	−	0	1	2	3	4	5	6	7	8	9

数学① 模試 第2回 解答用紙 第2面

注意事項1　問題番号 1 2 3 の解答欄は，この用紙の第１面にあります。

527

4

	解	答						欄			
	−	0	1	2	3	4	5	6	7	8	9
ア	⊖	⓪	①	②	③	④	⑤	⑥	⑦	⑧	⑨
イ	⊖	⓪	①	②	③	④	⑤	⑥	⑦	⑧	⑨
ウ	⊖	⓪	①	②	③	④	⑤	⑥	⑦	⑧	⑨
エ	⊖	⓪	①	②	③	④	⑤	⑥	⑦	⑧	⑨
オ	⊖	⓪	①	②	③	④	⑤	⑥	⑦	⑧	⑨
カ	⊖	⓪	①	②	③	④	⑤	⑥	⑦	⑧	⑨
キ	⊖	⓪	①	②	③	④	⑤	⑥	⑦	⑧	⑨
ク	⊖	⓪	①	②	③	④	⑤	⑥	⑦	⑧	⑨
ケ	⊖	⓪	①	②	③	④	⑤	⑥	⑦	⑧	⑨
コ	⊖	⓪	①	②	③	④	⑤	⑥	⑦	⑧	⑨
サ	⊖	⓪	①	②	③	④	⑤	⑥	⑦	⑧	⑨
シ	⊖	⓪	①	②	③	④	⑤	⑥	⑦	⑧	⑨
ス	⊖	⓪	①	②	③	④	⑤	⑥	⑦	⑧	⑨
セ	⊖	⓪	①	②	③	④	⑤	⑥	⑦	⑧	⑨
ソ	⊖	⓪	①	②	③	④	⑤	⑥	⑦	⑧	⑨
タ	⊖	⓪	①	②	③	④	⑤	⑥	⑦	⑧	⑨
チ	⊖	⓪	①	②	③	④	⑤	⑥	⑦	⑧	⑨
ツ	⊖	⓪	①	②	③	④	⑤	⑥	⑦	⑧	⑨
テ	⊖	⓪	①	②	③	④	⑤	⑥	⑦	⑧	⑨
ト	⊖	⓪	①	②	③	④	⑤	⑥	⑦	⑧	⑨
ナ	⊖	⓪	①	②	③	④	⑤	⑥	⑦	⑧	⑨
ニ	⊖	⓪	①	②	③	④	⑤	⑥	⑦	⑧	⑨
ヌ	⊖	⓪	①	②	③	④	⑤	⑥	⑦	⑧	⑨
ネ	⊖	⓪	①	②	③	④	⑤	⑥	⑦	⑧	⑨
ノ	⊖	⓪	①	②	③	④	⑤	⑥	⑦	⑧	⑨
ハ	⊖	⓪	①	②	③	④	⑤	⑥	⑦	⑧	⑨
ヒ	⊖	⓪	①	②	③	④	⑤	⑥	⑦	⑧	⑨
フ	⊖	⓪	①	②	③	④	⑤	⑥	⑦	⑧	⑨
ヘ	⊖	⓪	①	②	③	④	⑤	⑥	⑦	⑧	⑨
ホ	⊖	⓪	①	②	③	④	⑤	⑥	⑦	⑧	⑨

数学① 模試 第3回 解答用紙 第1面

注意事項1　問題番号 4 の解答欄は，この用紙の第 2 面にあります。

528

マーク例

良い例	悪い例
●	⊙ ⊗ ◔ 0

解答科目欄	
数学I，数学A ◯	数学I ◯

受験番号欄					
千位	百位	十位	一位	英字	
ー	0	0	0	A	A
1	1	1	1	B	B
2	2	2	2	C	C
3	3	3	3	H	H
4	4	4	4	K	K
5	5	5	5	M	M
6	6	6	6	R	R
7	7	7	7	U	U
8	8	8	8	X	X
9	9	9	9	Y	Y
ー	ー	ー	ー	Z	Z

フリガナ	
氏名	

試験場コード	十万位	万位	千位	百位	十位	一位

1

	解答欄										
	ー	0	1	2	3	4	5	6	7	8	9
ア	ー	0	1	2	3	4	5	6	7	8	9
イ	ー	0	1	2	3	4	5	6	7	8	9
ウ	ー	0	1	2	3	4	5	6	7	8	9
エ	ー	0	1	2	3	4	5	6	7	8	9
オ	ー	0	1	2	3	4	5	6	7	8	9
カ	ー	0	1	2	3	4	5	6	7	8	9
キ	ー	0	1	2	3	4	5	6	7	8	9
ク	ー	0	1	2	3	4	5	6	7	8	9
ケ	ー	0	1	2	3	4	5	6	7	8	9
コ	ー	0	1	2	3	4	5	6	7	8	9
サ	ー	0	1	2	3	4	5	6	7	8	9
シ	ー	0	1	2	3	4	5	6	7	8	9
ス	ー	0	1	2	3	4	5	6	7	8	9
セ	ー	0	1	2	3	4	5	6	7	8	9
ソ	ー	0	1	2	3	4	5	6	7	8	9
タ	ー	0	1	2	3	4	5	6	7	8	9
チ	ー	0	1	2	3	4	5	6	7	8	9
ツ	ー	0	1	2	3	4	5	6	7	8	9
テ	ー	0	1	2	3	4	5	6	7	8	9
ト	ー	0	1	2	3	4	5	6	7	8	9
ナ	ー	0	1	2	3	4	5	6	7	8	9
ニ	ー	0	1	2	3	4	5	6	7	8	9
ヌ	ー	0	1	2	3	4	5	6	7	8	9
ネ	ー	0	1	2	3	4	5	6	7	8	9
ノ	ー	0	1	2	3	4	5	6	7	8	9
ハ	ー	0	1	2	3	4	5	6	7	8	9
ヒ	ー	0	1	2	3	4	5	6	7	8	9
フ	ー	0	1	2	3	4	5	6	7	8	9
ヘ	ー	0	1	2	3	4	5	6	7	8	9
ホ	ー	0	1	2	3	4	5	6	7	8	9

2

	解答欄										
	ー	0	1	2	3	4	5	6	7	8	9
ア	ー	0	1	2	3	4	5	6	7	8	9
イ	ー	0	1	2	3	4	5	6	7	8	9
ウ	ー	0	1	2	3	4	5	6	7	8	9
エ	ー	0	1	2	3	4	5	6	7	8	9
オ	ー	0	1	2	3	4	5	6	7	8	9
カ	ー	0	1	2	3	4	5	6	7	8	9
キ	ー	0	1	2	3	4	5	6	7	8	9
ク	ー	0	1	2	3	4	5	6	7	8	9
ケ	ー	0	1	2	3	4	5	6	7	8	9
コ	ー	0	1	2	3	4	5	6	7	8	9
サ	ー	0	1	2	3	4	5	6	7	8	9
シ	ー	0	1	2	3	4	5	6	7	8	9
ス	ー	0	1	2	3	4	5	6	7	8	9
セ	ー	0	1	2	3	4	5	6	7	8	9
ソ	ー	0	1	2	3	4	5	6	7	8	9
タ	ー	0	1	2	3	4	5	6	7	8	9
チ	ー	0	1	2	3	4	5	6	7	8	9
ツ	ー	0	1	2	3	4	5	6	7	8	9
テ	ー	0	1	2	3	4	5	6	7	8	9
ト	ー	0	1	2	3	4	5	6	7	8	9
ナ	ー	0	1	2	3	4	5	6	7	8	9
ニ	ー	0	1	2	3	4	5	6	7	8	9
ヌ	ー	0	1	2	3	4	5	6	7	8	9
ネ	ー	0	1	2	3	4	5	6	7	8	9
ノ	ー	0	1	2	3	4	5	6	7	8	9
ハ	ー	0	1	2	3	4	5	6	7	8	9
ヒ	ー	0	1	2	3	4	5	6	7	8	9
フ	ー	0	1	2	3	4	5	6	7	8	9
ヘ	ー	0	1	2	3	4	5	6	7	8	9
ホ	ー	0	1	2	3	4	5	6	7	8	9

3

	解答欄										
	ー	0	1	2	3	4	5	6	7	8	9
ア	ー	0	1	2	3	4	5	6	7	8	9
イ	ー	0	1	2	3	4	5	6	7	8	9
ウ	ー	0	1	2	3	4	5	6	7	8	9
エ	ー	0	1	2	3	4	5	6	7	8	9
オ	ー	0	1	2	3	4	5	6	7	8	9
カ	ー	0	1	2	3	4	5	6	7	8	9
キ	ー	0	1	2	3	4	5	6	7	8	9
ク	ー	0	1	2	3	4	5	6	7	8	9
ケ	ー	0	1	2	3	4	5	6	7	8	9
コ	ー	0	1	2	3	4	5	6	7	8	9
サ	ー	0	1	2	3	4	5	6	7	8	9
シ	ー	0	1	2	3	4	5	6	7	8	9
ス	ー	0	1	2	3	4	5	6	7	8	9
セ	ー	0	1	2	3	4	5	6	7	8	9
ソ	ー	0	1	2	3	4	5	6	7	8	9
タ	ー	0	1	2	3	4	5	6	7	8	9
チ	ー	0	1	2	3	4	5	6	7	8	9
ツ	ー	0	1	2	3	4	5	6	7	8	9
テ	ー	0	1	2	3	4	5	6	7	8	9
ト	ー	0	1	2	3	4	5	6	7	8	9
ナ	ー	0	1	2	3	4	5	6	7	8	9
ニ	ー	0	1	2	3	4	5	6	7	8	9
ヌ	ー	0	1	2	3	4	5	6	7	8	9
ネ	ー	0	1	2	3	4	5	6	7	8	9
ノ	ー	0	1	2	3	4	5	6	7	8	9
ハ	ー	0	1	2	3	4	5	6	7	8	9
ヒ	ー	0	1	2	3	4	5	6	7	8	9
フ	ー	0	1	2	3	4	5	6	7	8	9
ヘ	ー	0	1	2	3	4	5	6	7	8	9
ホ	ー	0	1	2	3	4	5	6	7	8	9

キリトリ線

数学① 模試 第3回 解答用紙 第2面

注意事項1　問題番号 1 2 3 の解答欄は，この用紙の第1面にあります。

529

4

	解	答							欄		
	−	0	1	2	3	4	5	6	7	8	9
ア	⊖	⓪	①	②	③	④	⑤	⑥	⑦	⑧	⑨
イ	⊖	⓪	①	②	③	④	⑤	⑥	⑦	⑧	⑨
ウ	⊖	⓪	①	②	③	④	⑤	⑥	⑦	⑧	⑨
エ	⊖	⓪	①	②	③	④	⑤	⑥	⑦	⑧	⑨
オ	⊖	⓪	①	②	③	④	⑤	⑥	⑦	⑧	⑨
カ	⊖	⓪	①	②	③	④	⑤	⑥	⑦	⑧	⑨
キ	⊖	⓪	①	②	③	④	⑤	⑥	⑦	⑧	⑨
ク	⊖	⓪	①	②	③	④	⑤	⑥	⑦	⑧	⑨
ケ	⊖	⓪	①	②	③	④	⑤	⑥	⑦	⑧	⑨
コ	⊖	⓪	①	②	③	④	⑤	⑥	⑦	⑧	⑨
サ	⊖	⓪	①	②	③	④	⑤	⑥	⑦	⑧	⑨
シ	⊖	⓪	①	②	③	④	⑤	⑥	⑦	⑧	⑨
ス	⊖	⓪	①	②	③	④	⑤	⑥	⑦	⑧	⑨
セ	⊖	⓪	①	②	③	④	⑤	⑥	⑦	⑧	⑨
ソ	⊖	⓪	①	②	③	④	⑤	⑥	⑦	⑧	⑨
タ	⊖	⓪	①	②	③	④	⑤	⑥	⑦	⑧	⑨
チ	⊖	⓪	①	②	③	④	⑤	⑥	⑦	⑧	⑨
ツ	⊖	⓪	①	②	③	④	⑤	⑥	⑦	⑧	⑨
テ	⊖	⓪	①	②	③	④	⑤	⑥	⑦	⑧	⑨
ト	⊖	⓪	①	②	③	④	⑤	⑥	⑦	⑧	⑨
ナ	⊖	⓪	①	②	③	④	⑤	⑥	⑦	⑧	⑨
ニ	⊖	⓪	①	②	③	④	⑤	⑥	⑦	⑧	⑨
ヌ	⊖	⓪	①	②	③	④	⑤	⑥	⑦	⑧	⑨
ネ	⊖	⓪	①	②	③	④	⑤	⑥	⑦	⑧	⑨
ノ	⊖	⓪	①	②	③	④	⑤	⑥	⑦	⑧	⑨
ハ	⊖	⓪	①	②	③	④	⑤	⑥	⑦	⑧	⑨
ヒ	⊖	⓪	①	②	③	④	⑤	⑥	⑦	⑧	⑨
フ	⊖	⓪	①	②	③	④	⑤	⑥	⑦	⑧	⑨
ヘ	⊖	⓪	①	②	③	④	⑤	⑥	⑦	⑧	⑨
ホ	⊖	⓪	①	②	③	④	⑤	⑥	⑦	⑧	⑨

数学① 模試 第4回 解答用紙 第1面

注意事項1　問題番号 4 の解答欄は，この用紙の第 2 面にあります。

マーク例

良い例	悪い例
●	⊙ ⊗ ◐ 0

530

解答科目欄

数学I，数学A	数学I
○	○

受験番号欄

千位	百位	十位	一位	英字
−	0	0	0	A
1	1	1	1	B
2	2	2	2	C
3	3	3	3	H
4	4	4	4	K
5	5	5	5	M
6	6	6	6	R
7	7	7	7	U
8	8	8	8	X
9	9	9	9	Y
−	−	−	−	Z

フリガナ	
氏名	

試験場コード	十万位	万位	千位	百位	十位	一位

1

	解答欄										
	−	0	1	2	3	4	5	6	7	8	9
ア	−	0	1	2	3	4	5	6	7	8	9
イ	−	0	1	2	3	4	5	6	7	8	9
ウ	−	0	1	2	3	4	5	6	7	8	9
エ	−	0	1	2	3	4	5	6	7	8	9
オ	−	0	1	2	3	4	5	6	7	8	9
カ	−	0	1	2	3	4	5	6	7	8	9
キ	−	0	1	2	3	4	5	6	7	8	9
ク	−	0	1	2	3	4	5	6	7	8	9
ケ	−	0	1	2	3	4	5	6	7	8	9
コ	−	0	1	2	3	4	5	6	7	8	9
サ	−	0	1	2	3	4	5	6	7	8	9
シ	−	0	1	2	3	4	5	6	7	8	9
ス	−	0	1	2	3	4	5	6	7	8	9
セ	−	0	1	2	3	4	5	6	7	8	9
ソ	−	0	1	2	3	4	5	6	7	8	9
タ	−	0	1	2	3	4	5	6	7	8	9
チ	−	0	1	2	3	4	5	6	7	8	9
ツ	−	0	1	2	3	4	5	6	7	8	9
テ	−	0	1	2	3	4	5	6	7	8	9
ト	−	0	1	2	3	4	5	6	7	8	9
ナ	−	0	1	2	3	4	5	6	7	8	9
ニ	−	0	1	2	3	4	5	6	7	8	9
ヌ	−	0	1	2	3	4	5	6	7	8	9
ネ	−	0	1	2	3	4	5	6	7	8	9
ノ	−	0	1	2	3	4	5	6	7	8	9
ハ	−	0	1	2	3	4	5	6	7	8	9
ヒ	−	0	1	2	3	4	5	6	7	8	9
フ	−	0	1	2	3	4	5	6	7	8	9
ヘ	−	0	1	2	3	4	5	6	7	8	9
ホ	−	0	1	2	3	4	5	6	7	8	9

2

	解答欄										
	−	0	1	2	3	4	5	6	7	8	9
ア	−	0	1	2	3	4	5	6	7	8	9
イ	−	0	1	2	3	4	5	6	7	8	9
ウ	−	0	1	2	3	4	5	6	7	8	9
エ	−	0	1	2	3	4	5	6	7	8	9
オ	−	0	1	2	3	4	5	6	7	8	9
カ	−	0	1	2	3	4	5	6	7	8	9
キ	−	0	1	2	3	4	5	6	7	8	9
ク	−	0	1	2	3	4	5	6	7	8	9
ケ	−	0	1	2	3	4	5	6	7	8	9
コ	−	0	1	2	3	4	5	6	7	8	9
サ	−	0	1	2	3	4	5	6	7	8	9
シ	−	0	1	2	3	4	5	6	7	8	9
ス	−	0	1	2	3	4	5	6	7	8	9
セ	−	0	1	2	3	4	5	6	7	8	9
ソ	−	0	1	2	3	4	5	6	7	8	9
タ	−	0	1	2	3	4	5	6	7	8	9
チ	−	0	1	2	3	4	5	6	7	8	9
ツ	−	0	1	2	3	4	5	6	7	8	9
テ	−	0	1	2	3	4	5	6	7	8	9
ト	−	0	1	2	3	4	5	6	7	8	9
ナ	−	0	1	2	3	4	5	6	7	8	9
ニ	−	0	1	2	3	4	5	6	7	8	9
ヌ	−	0	1	2	3	4	5	6	7	8	9
ネ	−	0	1	2	3	4	5	6	7	8	9
ノ	−	0	1	2	3	4	5	6	7	8	9
ハ	−	0	1	2	3	4	5	6	7	8	9
ヒ	−	0	1	2	3	4	5	6	7	8	9
フ	−	0	1	2	3	4	5	6	7	8	9
ヘ	−	0	1	2	3	4	5	6	7	8	9
ホ	−	0	1	2	3	4	5	6	7	8	9

3

	解答欄										
	−	0	1	2	3	4	5	6	7	8	9
ア	−	0	1	2	3	4	5	6	7	8	9
イ	−	0	1	2	3	4	5	6	7	8	9
ウ	−	0	1	2	3	4	5	6	7	8	9
エ	−	0	1	2	3	4	5	6	7	8	9
オ	−	0	1	2	3	4	5	6	7	8	9
カ	−	0	1	2	3	4	5	6	7	8	9
キ	−	0	1	2	3	4	5	6	7	8	9
ク	−	0	1	2	3	4	5	6	7	8	9
ケ	−	0	1	2	3	4	5	6	7	8	9
コ	−	0	1	2	3	4	5	6	7	8	9
サ	−	0	1	2	3	4	5	6	7	8	9
シ	−	0	1	2	3	4	5	6	7	8	9
ス	−	0	1	2	3	4	5	6	7	8	9
セ	−	0	1	2	3	4	5	6	7	8	9
ソ	−	0	1	2	3	4	5	6	7	8	9
タ	−	0	1	2	3	4	5	6	7	8	9
チ	−	0	1	2	3	4	5	6	7	8	9
ツ	−	0	1	2	3	4	5	6	7	8	9
テ	−	0	1	2	3	4	5	6	7	8	9
ト	−	0	1	2	3	4	5	6	7	8	9
ナ	−	0	1	2	3	4	5	6	7	8	9
ニ	−	0	1	2	3	4	5	6	7	8	9
ヌ	−	0	1	2	3	4	5	6	7	8	9
ネ	−	0	1	2	3	4	5	6	7	8	9
ノ	−	0	1	2	3	4	5	6	7	8	9
ハ	−	0	1	2	3	4	5	6	7	8	9
ヒ	−	0	1	2	3	4	5	6	7	8	9
フ	−	0	1	2	3	4	5	6	7	8	9
ヘ	−	0	1	2	3	4	5	6	7	8	9
ホ	−	0	1	2	3	4	5	6	7	8	9

数学① 模試 第4回 解答用紙 第2面

注意事項1　問題番号 1 2 3 の解答欄は，この用紙の第1面にあります。

531

4

	解答欄										
	−	0	1	2	3	4	5	6	7	8	9
ア	⊖	⓪	①	②	③	④	⑤	⑥	⑦	⑧	⑨
イ	⊖	⓪	①	②	③	④	⑤	⑥	⑦	⑧	⑨
ウ	⊖	⓪	①	②	③	④	⑤	⑥	⑦	⑧	⑨
エ	⊖	⓪	①	②	③	④	⑤	⑥	⑦	⑧	⑨
オ	⊖	⓪	①	②	③	④	⑤	⑥	⑦	⑧	⑨
カ	⊖	⓪	①	②	③	④	⑤	⑥	⑦	⑧	⑨
キ	⊖	⓪	①	②	③	④	⑤	⑥	⑦	⑧	⑨
ク	⊖	⓪	①	②	③	④	⑤	⑥	⑦	⑧	⑨
ケ	⊖	⓪	①	②	③	④	⑤	⑥	⑦	⑧	⑨
コ	⊖	⓪	①	②	③	④	⑤	⑥	⑦	⑧	⑨
サ	⊖	⓪	①	②	③	④	⑤	⑥	⑦	⑧	⑨
シ	⊖	⓪	①	②	③	④	⑤	⑥	⑦	⑧	⑨
ス	⊖	⓪	①	②	③	④	⑤	⑥	⑦	⑧	⑨
セ	⊖	⓪	①	②	③	④	⑤	⑥	⑦	⑧	⑨
ソ	⊖	⓪	①	②	③	④	⑤	⑥	⑦	⑧	⑨
タ	⊖	⓪	①	②	③	④	⑤	⑥	⑦	⑧	⑨
チ	⊖	⓪	①	②	③	④	⑤	⑥	⑦	⑧	⑨
ツ	⊖	⓪	①	②	③	④	⑤	⑥	⑦	⑧	⑨
テ	⊖	⓪	①	②	③	④	⑤	⑥	⑦	⑧	⑨
ト	⊖	⓪	①	②	③	④	⑤	⑥	⑦	⑧	⑨
ナ	⊖	⓪	①	②	③	④	⑤	⑥	⑦	⑧	⑨
ニ	⊖	⓪	①	②	③	④	⑤	⑥	⑦	⑧	⑨
ヌ	⊖	⓪	①	②	③	④	⑤	⑥	⑦	⑧	⑨
ネ	⊖	⓪	①	②	③	④	⑤	⑥	⑦	⑧	⑨
ノ	⊖	⓪	①	②	③	④	⑤	⑥	⑦	⑧	⑨
ハ	⊖	⓪	①	②	③	④	⑤	⑥	⑦	⑧	⑨
ヒ	⊖	⓪	①	②	③	④	⑤	⑥	⑦	⑧	⑨
フ	⊖	⓪	①	②	③	④	⑤	⑥	⑦	⑧	⑨
ヘ	⊖	⓪	①	②	③	④	⑤	⑥	⑦	⑧	⑨
ホ	⊖	⓪	①	②	③	④	⑤	⑥	⑦	⑧	⑨

キリトリ線

数学① 模試 第5回 解答用紙 第1面

注意事項1　問題番号 4 の解答欄は，この用紙の第 2 面にあります。

マーク例

良い例	悪い例
●	⊙ ⊗ ◔ 0

532

解答科目欄	
数学Ⅰ，数学A ○	数学Ⅰ ○

受験番号欄					
千位	百位	十位	一位	英字	
−	⓪	⓪	⓪	Ⓐ	A
①	①	①	①	Ⓑ	B
②	②	②	②	Ⓒ	C
③	③	③	③	Ⓗ	H
④	④	④	④	Ⓚ	K
⑤	⑤	⑤	⑤	Ⓜ	M
⑥	⑥	⑥	⑥	Ⓡ	R
⑦	⑦	⑦	⑦	Ⓤ	U
⑧	⑧	⑧	⑧	Ⓧ	X
⑨	⑨	⑨	⑨	Ⓨ	Y
−	−	−	−	Ⓩ	Z

フリガナ	
氏　名	

試験場コード	十万位	万位	千位	百位	十位	一位

1

	解				答				欄		
	−	0	1	2	3	4	5	6	7	8	9
ア	⊖	⓪	①	②	③	④	⑤	⑥	⑦	⑧	⑨
イ	⊖	⓪	①	②	③	④	⑤	⑥	⑦	⑧	⑨
ウ	⊖	⓪	①	②	③	④	⑤	⑥	⑦	⑧	⑨
エ	⊖	⓪	①	②	③	④	⑤	⑥	⑦	⑧	⑨
オ	⊖	⓪	①	②	③	④	⑤	⑥	⑦	⑧	⑨
カ	⊖	⓪	①	②	③	④	⑤	⑥	⑦	⑧	⑨
キ	⊖	⓪	①	②	③	④	⑤	⑥	⑦	⑧	⑨
ク	⊖	⓪	①	②	③	④	⑤	⑥	⑦	⑧	⑨
ケ	⊖	⓪	①	②	③	④	⑤	⑥	⑦	⑧	⑨
コ	⊖	⓪	①	②	③	④	⑤	⑥	⑦	⑧	⑨
サ	⊖	⓪	①	②	③	④	⑤	⑥	⑦	⑧	⑨
シ	⊖	⓪	①	②	③	④	⑤	⑥	⑦	⑧	⑨
ス	⊖	⓪	①	②	③	④	⑤	⑥	⑦	⑧	⑨
セ	⊖	⓪	①	②	③	④	⑤	⑥	⑦	⑧	⑨
ソ	⊖	⓪	①	②	③	④	⑤	⑥	⑦	⑧	⑨
タ	⊖	⓪	①	②	③	④	⑤	⑥	⑦	⑧	⑨
チ	⊖	⓪	①	②	③	④	⑤	⑥	⑦	⑧	⑨
ツ	⊖	⓪	①	②	③	④	⑤	⑥	⑦	⑧	⑨
テ	⊖	⓪	①	②	③	④	⑤	⑥	⑦	⑧	⑨
ト	⊖	⓪	①	②	③	④	⑤	⑥	⑦	⑧	⑨
ナ	⊖	⓪	①	②	③	④	⑤	⑥	⑦	⑧	⑨
ニ	⊖	⓪	①	②	③	④	⑤	⑥	⑦	⑧	⑨
ヌ	⊖	⓪	①	②	③	④	⑤	⑥	⑦	⑧	⑨
ネ	⊖	⓪	①	②	③	④	⑤	⑥	⑦	⑧	⑨
ノ	⊖	⓪	①	②	③	④	⑤	⑥	⑦	⑧	⑨
ハ	⊖	⓪	①	②	③	④	⑤	⑥	⑦	⑧	⑨
ヒ	⊖	⓪	①	②	③	④	⑤	⑥	⑦	⑧	⑨
フ	⊖	⓪	①	②	③	④	⑤	⑥	⑦	⑧	⑨
ヘ	⊖	⓪	①	②	③	④	⑤	⑥	⑦	⑧	⑨
ホ	⊖	⓪	①	②	③	④	⑤	⑥	⑦	⑧	⑨

2

	解				答				欄		
	−	0	1	2	3	4	5	6	7	8	9
ア	⊖	⓪	①	②	③	④	⑤	⑥	⑦	⑧	⑨
イ	⊖	⓪	①	②	③	④	⑤	⑥	⑦	⑧	⑨
ウ	⊖	⓪	①	②	③	④	⑤	⑥	⑦	⑧	⑨
エ	⊖	⓪	①	②	③	④	⑤	⑥	⑦	⑧	⑨
オ	⊖	⓪	①	②	③	④	⑤	⑥	⑦	⑧	⑨
カ	⊖	⓪	①	②	③	④	⑤	⑥	⑦	⑧	⑨
キ	⊖	⓪	①	②	③	④	⑤	⑥	⑦	⑧	⑨
ク	⊖	⓪	①	②	③	④	⑤	⑥	⑦	⑧	⑨
ケ	⊖	⓪	①	②	③	④	⑤	⑥	⑦	⑧	⑨
コ	⊖	⓪	①	②	③	④	⑤	⑥	⑦	⑧	⑨
サ	⊖	⓪	①	②	③	④	⑤	⑥	⑦	⑧	⑨
シ	⊖	⓪	①	②	③	④	⑤	⑥	⑦	⑧	⑨
ス	⊖	⓪	①	②	③	④	⑤	⑥	⑦	⑧	⑨
セ	⊖	⓪	①	②	③	④	⑤	⑥	⑦	⑧	⑨
ソ	⊖	⓪	①	②	③	④	⑤	⑥	⑦	⑧	⑨
タ	⊖	⓪	①	②	③	④	⑤	⑥	⑦	⑧	⑨
チ	⊖	⓪	①	②	③	④	⑤	⑥	⑦	⑧	⑨
ツ	⊖	⓪	①	②	③	④	⑤	⑥	⑦	⑧	⑨
テ	⊖	⓪	①	②	③	④	⑤	⑥	⑦	⑧	⑨
ト	⊖	⓪	①	②	③	④	⑤	⑥	⑦	⑧	⑨
ナ	⊖	⓪	①	②	③	④	⑤	⑥	⑦	⑧	⑨
ニ	⊖	⓪	①	②	③	④	⑤	⑥	⑦	⑧	⑨
ヌ	⊖	⓪	①	②	③	④	⑤	⑥	⑦	⑧	⑨
ネ	⊖	⓪	①	②	③	④	⑤	⑥	⑦	⑧	⑨
ノ	⊖	⓪	①	②	③	④	⑤	⑥	⑦	⑧	⑨
ハ	⊖	⓪	①	②	③	④	⑤	⑥	⑦	⑧	⑨
ヒ	⊖	⓪	①	②	③	④	⑤	⑥	⑦	⑧	⑨
フ	⊖	⓪	①	②	③	④	⑤	⑥	⑦	⑧	⑨
ヘ	⊖	⓪	①	②	③	④	⑤	⑥	⑦	⑧	⑨
ホ	⊖	⓪	①	②	③	④	⑤	⑥	⑦	⑧	⑨

3

	解				答				欄		
	−	0	1	2	3	4	5	6	7	8	9
ア	⊖	⓪	①	②	③	④	⑤	⑥	⑦	⑧	⑨
イ	⊖	⓪	①	②	③	④	⑤	⑥	⑦	⑧	⑨
ウ	⊖	⓪	①	②	③	④	⑤	⑥	⑦	⑧	⑨
エ	⊖	⓪	①	②	③	④	⑤	⑥	⑦	⑧	⑨
オ	⊖	⓪	①	②	③	④	⑤	⑥	⑦	⑧	⑨
カ	⊖	⓪	①	②	③	④	⑤	⑥	⑦	⑧	⑨
キ	⊖	⓪	①	②	③	④	⑤	⑥	⑦	⑧	⑨
ク	⊖	⓪	①	②	③	④	⑤	⑥	⑦	⑧	⑨
ケ	⊖	⓪	①	②	③	④	⑤	⑥	⑦	⑧	⑨
コ	⊖	⓪	①	②	③	④	⑤	⑥	⑦	⑧	⑨
サ	⊖	⓪	①	②	③	④	⑤	⑥	⑦	⑧	⑨
シ	⊖	⓪	①	②	③	④	⑤	⑥	⑦	⑧	⑨
ス	⊖	⓪	①	②	③	④	⑤	⑥	⑦	⑧	⑨
セ	⊖	⓪	①	②	③	④	⑤	⑥	⑦	⑧	⑨
ソ	⊖	⓪	①	②	③	④	⑤	⑥	⑦	⑧	⑨
タ	⊖	⓪	①	②	③	④	⑤	⑥	⑦	⑧	⑨
チ	⊖	⓪	①	②	③	④	⑤	⑥	⑦	⑧	⑨
ツ	⊖	⓪	①	②	③	④	⑤	⑥	⑦	⑧	⑨
テ	⊖	⓪	①	②	③	④	⑤	⑥	⑦	⑧	⑨
ト	⊖	⓪	①	②	③	④	⑤	⑥	⑦	⑧	⑨
ナ	⊖	⓪	①	②	③	④	⑤	⑥	⑦	⑧	⑨
ニ	⊖	⓪	①	②	③	④	⑤	⑥	⑦	⑧	⑨
ヌ	⊖	⓪	①	②	③	④	⑤	⑥	⑦	⑧	⑨
ネ	⊖	⓪	①	②	③	④	⑤	⑥	⑦	⑧	⑨
ノ	⊖	⓪	①	②	③	④	⑤	⑥	⑦	⑧	⑨
ハ	⊖	⓪	①	②	③	④	⑤	⑥	⑦	⑧	⑨
ヒ	⊖	⓪	①	②	③	④	⑤	⑥	⑦	⑧	⑨
フ	⊖	⓪	①	②	③	④	⑤	⑥	⑦	⑧	⑨
ヘ	⊖	⓪	①	②	③	④	⑤	⑥	⑦	⑧	⑨
ホ	⊖	⓪	①	②	③	④	⑤	⑥	⑦	⑧	⑨

キ リ ト リ 線

数学① 模試 第5回 解答用紙 第2面

注意事項1　問題番号 1 2 3 の解答欄は，この用紙の第１面にあります。

533

4

	解	答							欄		
	−	0	1	2	3	4	5	6	7	8	9
ア	⊖	⓪	①	②	③	④	⑤	⑥	⑦	⑧	⑨
イ	⊖	⓪	①	②	③	④	⑤	⑥	⑦	⑧	⑨
ウ	⊖	⓪	①	②	③	④	⑤	⑥	⑦	⑧	⑨
エ	⊖	⓪	①	②	③	④	⑤	⑥	⑦	⑧	⑨
オ	⊖	⓪	①	②	③	④	⑤	⑥	⑦	⑧	⑨
カ	⊖	⓪	①	②	③	④	⑤	⑥	⑦	⑧	⑨
キ	⊖	⓪	①	②	③	④	⑤	⑥	⑦	⑧	⑨
ク	⊖	⓪	①	②	③	④	⑤	⑥	⑦	⑧	⑨
ケ	⊖	⓪	①	②	③	④	⑤	⑥	⑦	⑧	⑨
コ	⊖	⓪	①	②	③	④	⑤	⑥	⑦	⑧	⑨
サ	⊖	⓪	①	②	③	④	⑤	⑥	⑦	⑧	⑨
シ	⊖	⓪	①	②	③	④	⑤	⑥	⑦	⑧	⑨
ス	⊖	⓪	①	②	③	④	⑤	⑥	⑦	⑧	⑨
セ	⊖	⓪	①	②	③	④	⑤	⑥	⑦	⑧	⑨
ソ	⊖	⓪	①	②	③	④	⑤	⑥	⑦	⑧	⑨
タ	⊖	⓪	①	②	③	④	⑤	⑥	⑦	⑧	⑨
チ	⊖	⓪	①	②	③	④	⑤	⑥	⑦	⑧	⑨
ツ	⊖	⓪	①	②	③	④	⑤	⑥	⑦	⑧	⑨
テ	⊖	⓪	①	②	③	④	⑤	⑥	⑦	⑧	⑨
ト	⊖	⓪	①	②	③	④	⑤	⑥	⑦	⑧	⑨
ナ	⊖	⓪	①	②	③	④	⑤	⑥	⑦	⑧	⑨
ニ	⊖	⓪	①	②	③	④	⑤	⑥	⑦	⑧	⑨
ヌ	⊖	⓪	①	②	③	④	⑤	⑥	⑦	⑧	⑨
ネ	⊖	⓪	①	②	③	④	⑤	⑥	⑦	⑧	⑨
ノ	⊖	⓪	①	②	③	④	⑤	⑥	⑦	⑧	⑨
ハ	⊖	⓪	①	②	③	④	⑤	⑥	⑦	⑧	⑨
ヒ	⊖	⓪	①	②	③	④	⑤	⑥	⑦	⑧	⑨
フ	⊖	⓪	①	②	③	④	⑤	⑥	⑦	⑧	⑨
ヘ	⊖	⓪	①	②	③	④	⑤	⑥	⑦	⑧	⑨
ホ	⊖	⓪	①	②	③	④	⑤	⑥	⑦	⑧	⑨

※試作問題は自動採点に対応していません。

数学① 試作問題 解答用紙 第1面

注意事項1　問題番号 4 の解答欄は，この用紙の第 2 面にあります。

マーク例

良い例	悪い例
●	⊙ ⊗ ◐ 0

解答科目欄	
数学Ⅰ，数学A ○	数学Ⅰ ○

受験番号欄					
千位	百位	十位	一位	英字	
−	0	0	0	A	A
1	1	1	1	B	B
2	2	2	2	C	C
3	3	3	3	H	H
4	4	4	4	K	K
5	5	5	5	M	M
6	6	6	6	R	R
7	7	7	7	U	U
8	8	8	8	X	X
9	9	9	9	Y	Y
−	−	−	−	Z	Z

フリガナ	
氏 名	

試験場コード	十万位	万位	千位	百位	十位	一位

1

	解答欄										
	−	0	1	2	3	4	5	6	7	8	9
ア	−	0	1	2	3	4	5	6	7	8	9
イ	−	0	1	2	3	4	5	6	7	8	9
ウ	−	0	1	2	3	4	5	6	7	8	9
エ	−	0	1	2	3	4	5	6	7	8	9
オ	−	0	1	2	3	4	5	6	7	8	9
カ	−	0	1	2	3	4	5	6	7	8	9
キ	−	0	1	2	3	4	5	6	7	8	9
ク	−	0	1	2	3	4	5	6	7	8	9
ケ	−	0	1	2	3	4	5	6	7	8	9
コ	−	0	1	2	3	4	5	6	7	8	9
サ	−	0	1	2	3	4	5	6	7	8	9
シ	−	0	1	2	3	4	5	6	7	8	9
ス	−	0	1	2	3	4	5	6	7	8	9
セ	−	0	1	2	3	4	5	6	7	8	9
ソ	−	0	1	2	3	4	5	6	7	8	9
タ	−	0	1	2	3	4	5	6	7	8	9
チ	−	0	1	2	3	4	5	6	7	8	9
ツ	−	0	1	2	3	4	5	6	7	8	9
テ	−	0	1	2	3	4	5	6	7	8	9
ト	−	0	1	2	3	4	5	6	7	8	9
ナ	−	0	1	2	3	4	5	6	7	8	9
ニ	−	0	1	2	3	4	5	6	7	8	9
ヌ	−	0	1	2	3	4	5	6	7	8	9
ネ	−	0	1	2	3	4	5	6	7	8	9
ノ	−	0	1	2	3	4	5	6	7	8	9
ハ	−	0	1	2	3	4	5	6	7	8	9
ヒ	−	0	1	2	3	4	5	6	7	8	9
フ	−	0	1	2	3	4	5	6	7	8	9
ヘ	−	0	1	2	3	4	5	6	7	8	9
ホ	−	0	1	2	3	4	5	6	7	8	9

2

	解答欄										
	−	0	1	2	3	4	5	6	7	8	9
ア	−	0	1	2	3	4	5	6	7	8	9
イ	−	0	1	2	3	4	5	6	7	8	9
ウ	−	0	1	2	3	4	5	6	7	8	9
エ	−	0	1	2	3	4	5	6	7	8	9
オ	−	0	1	2	3	4	5	6	7	8	9
カ	−	0	1	2	3	4	5	6	7	8	9
キ	−	0	1	2	3	4	5	6	7	8	9
ク	−	0	1	2	3	4	5	6	7	8	9
ケ	−	0	1	2	3	4	5	6	7	8	9
コ	−	0	1	2	3	4	5	6	7	8	9
サ	−	0	1	2	3	4	5	6	7	8	9
シ	−	0	1	2	3	4	5	6	7	8	9
ス	−	0	1	2	3	4	5	6	7	8	9
セ	−	0	1	2	3	4	5	6	7	8	9
ソ	−	0	1	2	3	4	5	6	7	8	9
タ	−	0	1	2	3	4	5	6	7	8	9
チ	−	0	1	2	3	4	5	6	7	8	9
ツ	−	0	1	2	3	4	5	6	7	8	9
テ	−	0	1	2	3	4	5	6	7	8	9
ト	−	0	1	2	3	4	5	6	7	8	9
ナ	−	0	1	2	3	4	5	6	7	8	9
ニ	−	0	1	2	3	4	5	6	7	8	9
ヌ	−	0	1	2	3	4	5	6	7	8	9
ネ	−	0	1	2	3	4	5	6	7	8	9
ノ	−	0	1	2	3	4	5	6	7	8	9
ハ	−	0	1	2	3	4	5	6	7	8	9
ヒ	−	0	1	2	3	4	5	6	7	8	9
フ	−	0	1	2	3	4	5	6	7	8	9
ヘ	−	0	1	2	3	4	5	6	7	8	9
ホ	−	0	1	2	3	4	5	6	7	8	9

3

	解答欄										
	−	0	1	2	3	4	5	6	7	8	9
ア	−	0	1	2	3	4	5	6	7	8	9
イ	−	0	1	2	3	4	5	6	7	8	9
ウ	−	0	1	2	3	4	5	6	7	8	9
エ	−	0	1	2	3	4	5	6	7	8	9
オ	−	0	1	2	3	4	5	6	7	8	9
カ	−	0	1	2	3	4	5	6	7	8	9
キ	−	0	1	2	3	4	5	6	7	8	9
ク	−	0	1	2	3	4	5	6	7	8	9
ケ	−	0	1	2	3	4	5	6	7	8	9
コ	−	0	1	2	3	4	5	6	7	8	9
サ	−	0	1	2	3	4	5	6	7	8	9
シ	−	0	1	2	3	4	5	6	7	8	9
ス	−	0	1	2	3	4	5	6	7	8	9
セ	−	0	1	2	3	4	5	6	7	8	9
ソ	−	0	1	2	3	4	5	6	7	8	9
タ	−	0	1	2	3	4	5	6	7	8	9
チ	−	0	1	2	3	4	5	6	7	8	9
ツ	−	0	1	2	3	4	5	6	7	8	9
テ	−	0	1	2	3	4	5	6	7	8	9
ト	−	0	1	2	3	4	5	6	7	8	9
ナ	−	0	1	2	3	4	5	6	7	8	9
ニ	−	0	1	2	3	4	5	6	7	8	9
ヌ	−	0	1	2	3	4	5	6	7	8	9
ネ	−	0	1	2	3	4	5	6	7	8	9
ノ	−	0	1	2	3	4	5	6	7	8	9
ハ	−	0	1	2	3	4	5	6	7	8	9
ヒ	−	0	1	2	3	4	5	6	7	8	9
フ	−	0	1	2	3	4	5	6	7	8	9
ヘ	−	0	1	2	3	4	5	6	7	8	9
ホ	−	0	1	2	3	4	5	6	7	8	9

※試作問題は自動採点に対応していません。

数学① 試作問題 解答用紙 第2面

注意事項1 問題番号 1 2 3 の解答欄は，この用紙の第 1 面にあります。

4

4	解答欄										
	−	0	1	2	3	4	5	6	7	8	9
ア	⊖	⓪	①	②	③	④	⑤	⑥	⑦	⑧	⑨
イ	⊖	⓪	①	②	③	④	⑤	⑥	⑦	⑧	⑨
ウ	⊖	⓪	①	②	③	④	⑤	⑥	⑦	⑧	⑨
エ	⊖	⓪	①	②	③	④	⑤	⑥	⑦	⑧	⑨
オ	⊖	⓪	①	②	③	④	⑤	⑥	⑦	⑧	⑨
カ	⊖	⓪	①	②	③	④	⑤	⑥	⑦	⑧	⑨
キ	⊖	⓪	①	②	③	④	⑤	⑥	⑦	⑧	⑨
ク	⊖	⓪	①	②	③	④	⑤	⑥	⑦	⑧	⑨
ケ	⊖	⓪	①	②	③	④	⑤	⑥	⑦	⑧	⑨
コ	⊖	⓪	①	②	③	④	⑤	⑥	⑦	⑧	⑨
サ	⊖	⓪	①	②	③	④	⑤	⑥	⑦	⑧	⑨
シ	⊖	⓪	①	②	③	④	⑤	⑥	⑦	⑧	⑨
ス	⊖	⓪	①	②	③	④	⑤	⑥	⑦	⑧	⑨
セ	⊖	⓪	①	②	③	④	⑤	⑥	⑦	⑧	⑨
ソ	⊖	⓪	①	②	③	④	⑤	⑥	⑦	⑧	⑨
タ	⊖	⓪	①	②	③	④	⑤	⑥	⑦	⑧	⑨
チ	⊖	⓪	①	②	③	④	⑤	⑥	⑦	⑧	⑨
ツ	⊖	⓪	①	②	③	④	⑤	⑥	⑦	⑧	⑨
テ	⊖	⓪	①	②	③	④	⑤	⑥	⑦	⑧	⑨
ト	⊖	⓪	①	②	③	④	⑤	⑥	⑦	⑧	⑨
ナ	⊖	⓪	①	②	③	④	⑤	⑥	⑦	⑧	⑨
ニ	⊖	⓪	①	②	③	④	⑤	⑥	⑦	⑧	⑨
ヌ	⊖	⓪	①	②	③	④	⑤	⑥	⑦	⑧	⑨
ネ	⊖	⓪	①	②	③	④	⑤	⑥	⑦	⑧	⑨
ノ	⊖	⓪	①	②	③	④	⑤	⑥	⑦	⑧	⑨
ハ	⊖	⓪	①	②	③	④	⑤	⑥	⑦	⑧	⑨
ヒ	⊖	⓪	①	②	③	④	⑤	⑥	⑦	⑧	⑨
フ	⊖	⓪	①	②	③	④	⑤	⑥	⑦	⑧	⑨
ヘ	⊖	⓪	①	②	③	④	⑤	⑥	⑦	⑧	⑨
ホ	⊖	⓪	①	②	③	④	⑤	⑥	⑦	⑧	⑨

※過去問は自動採点に対応していません。

数学① 2024 本試 解答用紙 第1面

注意事項1　問題番号 4 5 の解答欄は，この用紙の第 2 面にあります。

マーク例

良い例	悪い例
●	⊙ ⊗ ◐ 0

解答科目欄	
数学Ⅰ ○	数学Ⅰ・数学A ○

受験番号欄

千位	百位	十位	一位	英字
−	0	0	0	A
1	1	1	1	B
2	2	2	2	C
3	3	3	3	H
4	4	4	4	K
5	5	5	5	M
6	6	6	6	R
7	7	7	7	U
8	8	8	8	X
9	9	9	9	Y
−	−	−	−	Z

フリガナ	
氏名	

試験場コード	十万位	万位	千位	百位	十位	一位

1

解答欄	−	±	0	1	2	3	4	5	6	7	8	9
ア	−	±	0	1	2	3	4	5	6	7	8	9
イ	−	±	0	1	2	3	4	5	6	7	8	9
ウ	−	±	0	1	2	3	4	5	6	7	8	9
エ	−	±	0	1	2	3	4	5	6	7	8	9
オ	−	±	0	1	2	3	4	5	6	7	8	9
カ	−	±	0	1	2	3	4	5	6	7	8	9
キ	−	±	0	1	2	3	4	5	6	7	8	9
ク	−	±	0	1	2	3	4	5	6	7	8	9
ケ	−	±	0	1	2	3	4	5	6	7	8	9
コ	−	±	0	1	2	3	4	5	6	7	8	9
サ	−	±	0	1	2	3	4	5	6	7	8	9
シ	−	±	0	1	2	3	4	5	6	7	8	9
ス	−	±	0	1	2	3	4	5	6	7	8	9
セ	−	±	0	1	2	3	4	5	6	7	8	9
ソ	−	±	0	1	2	3	4	5	6	7	8	9
タ	−	±	0	1	2	3	4	5	6	7	8	9
チ	−	±	0	1	2	3	4	5	6	7	8	9
ツ	−	±	0	1	2	3	4	5	6	7	8	9
テ	−	±	0	1	2	3	4	5	6	7	8	9
ト	−	±	0	1	2	3	4	5	6	7	8	9
ナ	−	±	0	1	2	3	4	5	6	7	8	9
ニ	−	±	0	1	2	3	4	5	6	7	8	9
ヌ	−	±	0	1	2	3	4	5	6	7	8	9
ネ	−	±	0	1	2	3	4	5	6	7	8	9
ノ	−	±	0	1	2	3	4	5	6	7	8	9
ハ	−	±	0	1	2	3	4	5	6	7	8	9
ヒ	−	±	0	1	2	3	4	5	6	7	8	9
フ	−	±	0	1	2	3	4	5	6	7	8	9
ヘ	−	±	0	1	2	3	4	5	6	7	8	9
ホ	−	±	0	1	2	3	4	5	6	7	8	9

2

解答欄	−	±	0	1	2	3	4	5	6	7	8	9
ア	−	±	0	1	2	3	4	5	6	7	8	9
イ	−	±	0	1	2	3	4	5	6	7	8	9
ウ	−	±	0	1	2	3	4	5	6	7	8	9
エ	−	±	0	1	2	3	4	5	6	7	8	9
オ	−	±	0	1	2	3	4	5	6	7	8	9
カ	−	±	0	1	2	3	4	5	6	7	8	9
キ	−	±	0	1	2	3	4	5	6	7	8	9
ク	−	±	0	1	2	3	4	5	6	7	8	9
ケ	−	±	0	1	2	3	4	5	6	7	8	9
コ	−	±	0	1	2	3	4	5	6	7	8	9
サ	−	±	0	1	2	3	4	5	6	7	8	9
シ	−	±	0	1	2	3	4	5	6	7	8	9
ス	−	±	0	1	2	3	4	5	6	7	8	9
セ	−	±	0	1	2	3	4	5	6	7	8	9
ソ	−	±	0	1	2	3	4	5	6	7	8	9
タ	−	±	0	1	2	3	4	5	6	7	8	9
チ	−	±	0	1	2	3	4	5	6	7	8	9
ツ	−	±	0	1	2	3	4	5	6	7	8	9
テ	−	±	0	1	2	3	4	5	6	7	8	9
ト	−	±	0	1	2	3	4	5	6	7	8	9
ナ	−	±	0	1	2	3	4	5	6	7	8	9
ニ	−	±	0	1	2	3	4	5	6	7	8	9
ヌ	−	±	0	1	2	3	4	5	6	7	8	9
ネ	−	±	0	1	2	3	4	5	6	7	8	9
ノ	−	±	0	1	2	3	4	5	6	7	8	9
ハ	−	±	0	1	2	3	4	5	6	7	8	9
ヒ	−	±	0	1	2	3	4	5	6	7	8	9
フ	−	±	0	1	2	3	4	5	6	7	8	9
ヘ	−	±	0	1	2	3	4	5	6	7	8	9
ホ	−	±	0	1	2	3	4	5	6	7	8	9

3

解答欄	−	±	0	1	2	3	4	5	6	7	8	9
ア	−	±	0	1	2	3	4	5	6	7	8	9
イ	−	±	0	1	2	3	4	5	6	7	8	9
ウ	−	±	0	1	2	3	4	5	6	7	8	9
エ	−	±	0	1	2	3	4	5	6	7	8	9
オ	−	±	0	1	2	3	4	5	6	7	8	9
カ	−	±	0	1	2	3	4	5	6	7	8	9
キ	−	±	0	1	2	3	4	5	6	7	8	9
ク	−	±	0	1	2	3	4	5	6	7	8	9
ケ	−	±	0	1	2	3	4	5	6	7	8	9
コ	−	±	0	1	2	3	4	5	6	7	8	9
サ	−	±	0	1	2	3	4	5	6	7	8	9
シ	−	±	0	1	2	3	4	5	6	7	8	9
ス	−	±	0	1	2	3	4	5	6	7	8	9
セ	−	±	0	1	2	3	4	5	6	7	8	9
ソ	−	±	0	1	2	3	4	5	6	7	8	9
タ	−	±	0	1	2	3	4	5	6	7	8	9
チ	−	±	0	1	2	3	4	5	6	7	8	9
ツ	−	±	0	1	2	3	4	5	6	7	8	9
テ	−	±	0	1	2	3	4	5	6	7	8	9
ト	−	±	0	1	2	3	4	5	6	7	8	9
ナ	−	±	0	1	2	3	4	5	6	7	8	9
ニ	−	±	0	1	2	3	4	5	6	7	8	9
ヌ	−	±	0	1	2	3	4	5	6	7	8	9
ネ	−	±	0	1	2	3	4	5	6	7	8	9
ノ	−	±	0	1	2	3	4	5	6	7	8	9
ハ	−	±	0	1	2	3	4	5	6	7	8	9
ヒ	−	±	0	1	2	3	4	5	6	7	8	9
フ	−	±	0	1	2	3	4	5	6	7	8	9
ヘ	−	±	0	1	2	3	4	5	6	7	8	9
ホ	−	±	0	1	2	3	4	5	6	7	8	9

※過去問は自動採点に対応していません。

数学① 2024 本試 解答用紙 第2面

注意事項1　問題番号 1 2 3 の解答欄は，この用紙の第 1 面にあります。

4

	解	答	欄									
	−	±	0	1	2	3	4	5	6	7	8	9
ア	−	±	0	1	2	3	4	5	6	7	8	9
イ	−	±	0	1	2	3	4	5	6	7	8	9
ウ	−	±	0	1	2	3	4	5	6	7	8	9
エ	−	±	0	1	2	3	4	5	6	7	8	9
オ	−	±	0	1	2	3	4	5	6	7	8	9
カ	−	±	0	1	2	3	4	5	6	7	8	9
キ	−	±	0	1	2	3	4	5	6	7	8	9
ク	−	±	0	1	2	3	4	5	6	7	8	9
ケ	−	±	0	1	2	3	4	5	6	7	8	9
コ	−	±	0	1	2	3	4	5	6	7	8	9
サ	−	±	0	1	2	3	4	5	6	7	8	9
シ	−	±	0	1	2	3	4	5	6	7	8	9
ス	−	±	0	1	2	3	4	5	6	7	8	9
セ	−	±	0	1	2	3	4	5	6	7	8	9
ソ	−	±	0	1	2	3	4	5	6	7	8	9
タ	−	±	0	1	2	3	4	5	6	7	8	9
チ	−	±	0	1	2	3	4	5	6	7	8	9
ツ	−	±	0	1	2	3	4	5	6	7	8	9
テ	−	±	0	1	2	3	4	5	6	7	8	9
ト	−	±	0	1	2	3	4	5	6	7	8	9
ナ	−	±	0	1	2	3	4	5	6	7	8	9
ニ	−	±	0	1	2	3	4	5	6	7	8	9
ヌ	−	±	0	1	2	3	4	5	6	7	8	9
ネ	−	±	0	1	2	3	4	5	6	7	8	9
ノ	−	±	0	1	2	3	4	5	6	7	8	9
ハ	−	±	0	1	2	3	4	5	6	7	8	9
ヒ	−	±	0	1	2	3	4	5	6	7	8	9
フ	−	±	0	1	2	3	4	5	6	7	8	9
ヘ	−	±	0	1	2	3	4	5	6	7	8	9
ホ	−	±	0	1	2	3	4	5	6	7	8	9

5

	解	答	欄									
	−	±	0	1	2	3	4	5	6	7	8	9
ア	−	±	0	1	2	3	4	5	6	7	8	9
イ	−	±	0	1	2	3	4	5	6	7	8	9
ウ	−	±	0	1	2	3	4	5	6	7	8	9
エ	−	±	0	1	2	3	4	5	6	7	8	9
オ	−	±	0	1	2	3	4	5	6	7	8	9
カ	−	±	0	1	2	3	4	5	6	7	8	9
キ	−	±	0	1	2	3	4	5	6	7	8	9
ク	−	±	0	1	2	3	4	5	6	7	8	9
ケ	−	±	0	1	2	3	4	5	6	7	8	9
コ	−	±	0	1	2	3	4	5	6	7	8	9
サ	−	±	0	1	2	3	4	5	6	7	8	9
シ	−	±	0	1	2	3	4	5	6	7	8	9
ス	−	±	0	1	2	3	4	5	6	7	8	9
セ	−	±	0	1	2	3	4	5	6	7	8	9
ソ	−	±	0	1	2	3	4	5	6	7	8	9
タ	−	±	0	1	2	3	4	5	6	7	8	9
チ	−	±	0	1	2	3	4	5	6	7	8	9
ツ	−	±	0	1	2	3	4	5	6	7	8	9
テ	−	±	0	1	2	3	4	5	6	7	8	9
ト	−	±	0	1	2	3	4	5	6	7	8	9
ナ	−	±	0	1	2	3	4	5	6	7	8	9
ニ	−	±	0	1	2	3	4	5	6	7	8	9
ヌ	−	±	0	1	2	3	4	5	6	7	8	9
ネ	−	±	0	1	2	3	4	5	6	7	8	9
ノ	−	±	0	1	2	3	4	5	6	7	8	9
ハ	−	±	0	1	2	3	4	5	6	7	8	9
ヒ	−	±	0	1	2	3	4	5	6	7	8	9
フ	−	±	0	1	2	3	4	5	6	7	8	9
ヘ	−	±	0	1	2	3	4	5	6	7	8	9
ホ	−	±	0	1	2	3	4	5	6	7	8	9

※過去問は自動採点に対応していません。

数学① 2023 本試 解答用紙 第1面

注意事項1　問題番号 4 5 の解答欄は，この用紙の第 2 面にあります。

マーク例

良い例	悪い例
●	⊙ ⊗ ◐ 0

解答科目欄	
数学Ⅰ	数学Ⅰ・数学A
○	○

受験番号欄				
千位	百位	十位	一位	英字
−	0	0	0	A
1	1	1	1	B
2	2	2	2	C
3	3	3	3	H
4	4	4	4	K
5	5	5	5	M
6	6	6	6	R
7	7	7	7	U
8	8	8	8	X
9	9	9	9	Y
−	−	−	−	Z

フリガナ	
氏名	

試験場コード	十万位	万位	千位	百位	十位	一位

1

	解答欄											
	−	±	0	1	2	3	4	5	6	7	8	9
ア	−	±	0	1	2	3	4	5	6	7	8	9
イ	−	±	0	1	2	3	4	5	6	7	8	9
ウ	−	±	0	1	2	3	4	5	6	7	8	9
エ	−	±	0	1	2	3	4	5	6	7	8	9
オ	−	±	0	1	2	3	4	5	6	7	8	9
カ	−	±	0	1	2	3	4	5	6	7	8	9
キ	−	±	0	1	2	3	4	5	6	7	8	9
ク	−	±	0	1	2	3	4	5	6	7	8	9
ケ	−	±	0	1	2	3	4	5	6	7	8	9
コ	−	±	0	1	2	3	4	5	6	7	8	9
サ	−	±	0	1	2	3	4	5	6	7	8	9
シ	−	±	0	1	2	3	4	5	6	7	8	9
ス	−	±	0	1	2	3	4	5	6	7	8	9
セ	−	±	0	1	2	3	4	5	6	7	8	9
ソ	−	±	0	1	2	3	4	5	6	7	8	9
タ	−	±	0	1	2	3	4	5	6	7	8	9
チ	−	±	0	1	2	3	4	5	6	7	8	9
ツ	−	±	0	1	2	3	4	5	6	7	8	9
テ	−	±	0	1	2	3	4	5	6	7	8	9
ト	−	±	0	1	2	3	4	5	6	7	8	9
ナ	−	±	0	1	2	3	4	5	6	7	8	9
ニ	−	±	0	1	2	3	4	5	6	7	8	9
ヌ	−	±	0	1	2	3	4	5	6	7	8	9
ネ	−	±	0	1	2	3	4	5	6	7	8	9
ノ	−	±	0	1	2	3	4	5	6	7	8	9
ハ	−	±	0	1	2	3	4	5	6	7	8	9
ヒ	−	±	0	1	2	3	4	5	6	7	8	9
フ	−	±	0	1	2	3	4	5	6	7	8	9
ヘ	−	±	0	1	2	3	4	5	6	7	8	9
ホ	−	±	0	1	2	3	4	5	6	7	8	9

2

	解答欄											
	−	±	0	1	2	3	4	5	6	7	8	9
ア	−	±	0	1	2	3	4	5	6	7	8	9
イ	−	±	0	1	2	3	4	5	6	7	8	9
ウ	−	±	0	1	2	3	4	5	6	7	8	9
エ	−	±	0	1	2	3	4	5	6	7	8	9
オ	−	±	0	1	2	3	4	5	6	7	8	9
カ	−	±	0	1	2	3	4	5	6	7	8	9
キ	−	±	0	1	2	3	4	5	6	7	8	9
ク	−	±	0	1	2	3	4	5	6	7	8	9
ケ	−	±	0	1	2	3	4	5	6	7	8	9
コ	−	±	0	1	2	3	4	5	6	7	8	9
サ	−	±	0	1	2	3	4	5	6	7	8	9
シ	−	±	0	1	2	3	4	5	6	7	8	9
ス	−	±	0	1	2	3	4	5	6	7	8	9
セ	−	±	0	1	2	3	4	5	6	7	8	9
ソ	−	±	0	1	2	3	4	5	6	7	8	9
タ	−	±	0	1	2	3	4	5	6	7	8	9
チ	−	±	0	1	2	3	4	5	6	7	8	9
ツ	−	±	0	1	2	3	4	5	6	7	8	9
テ	−	±	0	1	2	3	4	5	6	7	8	9
ト	−	±	0	1	2	3	4	5	6	7	8	9
ナ	−	±	0	1	2	3	4	5	6	7	8	9
ニ	−	±	0	1	2	3	4	5	6	7	8	9
ヌ	−	±	0	1	2	3	4	5	6	7	8	9
ネ	−	±	0	1	2	3	4	5	6	7	8	9
ノ	−	±	0	1	2	3	4	5	6	7	8	9
ハ	−	±	0	1	2	3	4	5	6	7	8	9
ヒ	−	±	0	1	2	3	4	5	6	7	8	9
フ	−	±	0	1	2	3	4	5	6	7	8	9
ヘ	−	±	0	1	2	3	4	5	6	7	8	9
ホ	−	±	0	1	2	3	4	5	6	7	8	9

3

	解答欄											
	−	±	0	1	2	3	4	5	6	7	8	9
ア	−	±	0	1	2	3	4	5	6	7	8	9
イ	−	±	0	1	2	3	4	5	6	7	8	9
ウ	−	±	0	1	2	3	4	5	6	7	8	9
エ	−	±	0	1	2	3	4	5	6	7	8	9
オ	−	±	0	1	2	3	4	5	6	7	8	9
カ	−	±	0	1	2	3	4	5	6	7	8	9
キ	−	±	0	1	2	3	4	5	6	7	8	9
ク	−	±	0	1	2	3	4	5	6	7	8	9
ケ	−	±	0	1	2	3	4	5	6	7	8	9
コ	−	±	0	1	2	3	4	5	6	7	8	9
サ	−	±	0	1	2	3	4	5	6	7	8	9
シ	−	±	0	1	2	3	4	5	6	7	8	9
ス	−	±	0	1	2	3	4	5	6	7	8	9
セ	−	±	0	1	2	3	4	5	6	7	8	9
ソ	−	±	0	1	2	3	4	5	6	7	8	9
タ	−	±	0	1	2	3	4	5	6	7	8	9
チ	−	±	0	1	2	3	4	5	6	7	8	9
ツ	−	±	0	1	2	3	4	5	6	7	8	9
テ	−	±	0	1	2	3	4	5	6	7	8	9
ト	−	±	0	1	2	3	4	5	6	7	8	9
ナ	−	±	0	1	2	3	4	5	6	7	8	9
ニ	−	±	0	1	2	3	4	5	6	7	8	9
ヌ	−	±	0	1	2	3	4	5	6	7	8	9
ネ	−	±	0	1	2	3	4	5	6	7	8	9
ノ	−	±	0	1	2	3	4	5	6	7	8	9
ハ	−	±	0	1	2	3	4	5	6	7	8	9
ヒ	−	±	0	1	2	3	4	5	6	7	8	9
フ	−	±	0	1	2	3	4	5	6	7	8	9
ヘ	−	±	0	1	2	3	4	5	6	7	8	9
ホ	−	±	0	1	2	3	4	5	6	7	8	9

数 学 ① 2023 本試 解答用紙 第2面

注意事項1 問題番号 1 2 3 の解答欄は，この用紙の第1面にあります。

4

	解答欄											
	−	±	0	1	2	3	4	5	6	7	8	9
ア	⊖	±	⓪	①	②	③	④	⑤	⑥	⑦	⑧	⑨
イ	⊖	±	⓪	①	②	③	④	⑤	⑥	⑦	⑧	⑨
ウ	⊖	±	⓪	①	②	③	④	⑤	⑥	⑦	⑧	⑨
エ	⊖	±	⓪	①	②	③	④	⑤	⑥	⑦	⑧	⑨
オ	⊖	±	⓪	①	②	③	④	⑤	⑥	⑦	⑧	⑨
カ	⊖	±	⓪	①	②	③	④	⑤	⑥	⑦	⑧	⑨
キ	⊖	±	⓪	①	②	③	④	⑤	⑥	⑦	⑧	⑨
ク	⊖	±	⓪	①	②	③	④	⑤	⑥	⑦	⑧	⑨
ケ	⊖	±	⓪	①	②	③	④	⑤	⑥	⑦	⑧	⑨
コ	⊖	±	⓪	①	②	③	④	⑤	⑥	⑦	⑧	⑨
サ	⊖	±	⓪	①	②	③	④	⑤	⑥	⑦	⑧	⑨
シ	⊖	±	⓪	①	②	③	④	⑤	⑥	⑦	⑧	⑨
ス	⊖	±	⓪	①	②	③	④	⑤	⑥	⑦	⑧	⑨
セ	⊖	±	⓪	①	②	③	④	⑤	⑥	⑦	⑧	⑨
ソ	⊖	±	⓪	①	②	③	④	⑤	⑥	⑦	⑧	⑨
タ	⊖	±	⓪	①	②	③	④	⑤	⑥	⑦	⑧	⑨
チ	⊖	±	⓪	①	②	③	④	⑤	⑥	⑦	⑧	⑨
ツ	⊖	±	⓪	①	②	③	④	⑤	⑥	⑦	⑧	⑨
テ	⊖	±	⓪	①	②	③	④	⑤	⑥	⑦	⑧	⑨
ト	⊖	±	⓪	①	②	③	④	⑤	⑥	⑦	⑧	⑨
ナ	⊖	±	⓪	①	②	③	④	⑤	⑥	⑦	⑧	⑨
ニ	⊖	±	⓪	①	②	③	④	⑤	⑥	⑦	⑧	⑨
ヌ	⊖	±	⓪	①	②	③	④	⑤	⑥	⑦	⑧	⑨
ネ	⊖	±	⓪	①	②	③	④	⑤	⑥	⑦	⑧	⑨
ノ	⊖	±	⓪	①	②	③	④	⑤	⑥	⑦	⑧	⑨
ハ	⊖	±	⓪	①	②	③	④	⑤	⑥	⑦	⑧	⑨
ヒ	⊖	±	⓪	①	②	③	④	⑤	⑥	⑦	⑧	⑨
フ	⊖	±	⓪	①	②	③	④	⑤	⑥	⑦	⑧	⑨
ヘ	⊖	±	⓪	①	②	③	④	⑤	⑥	⑦	⑧	⑨
ホ	⊖	±	⓪	①	②	③	④	⑤	⑥	⑦	⑧	⑨

5

	解答欄											
	−	±	0	1	2	3	4	5	6	7	8	9
ア	⊖	±	⓪	①	②	③	④	⑤	⑥	⑦	⑧	⑨
イ	⊖	±	⓪	①	②	③	④	⑤	⑥	⑦	⑧	⑨
ウ	⊖	±	⓪	①	②	③	④	⑤	⑥	⑦	⑧	⑨
エ	⊖	±	⓪	①	②	③	④	⑤	⑥	⑦	⑧	⑨
オ	⊖	±	⓪	①	②	③	④	⑤	⑥	⑦	⑧	⑨
カ	⊖	±	⓪	①	②	③	④	⑤	⑥	⑦	⑧	⑨
キ	⊖	±	⓪	①	②	③	④	⑤	⑥	⑦	⑧	⑨
ク	⊖	±	⓪	①	②	③	④	⑤	⑥	⑦	⑧	⑨
ケ	⊖	±	⓪	①	②	③	④	⑤	⑥	⑦	⑧	⑨
コ	⊖	±	⓪	①	②	③	④	⑤	⑥	⑦	⑧	⑨
サ	⊖	±	⓪	①	②	③	④	⑤	⑥	⑦	⑧	⑨
シ	⊖	±	⓪	①	②	③	④	⑤	⑥	⑦	⑧	⑨
ス	⊖	±	⓪	①	②	③	④	⑤	⑥	⑦	⑧	⑨
セ	⊖	±	⓪	①	②	③	④	⑤	⑥	⑦	⑧	⑨
ソ	⊖	±	⓪	①	②	③	④	⑤	⑥	⑦	⑧	⑨
タ	⊖	±	⓪	①	②	③	④	⑤	⑥	⑦	⑧	⑨
チ	⊖	±	⓪	①	②	③	④	⑤	⑥	⑦	⑧	⑨
ツ	⊖	±	⓪	①	②	③	④	⑤	⑥	⑦	⑧	⑨
テ	⊖	±	⓪	①	②	③	④	⑤	⑥	⑦	⑧	⑨
ト	⊖	±	⓪	①	②	③	④	⑤	⑥	⑦	⑧	⑨
ナ	⊖	±	⓪	①	②	③	④	⑤	⑥	⑦	⑧	⑨
ニ	⊖	±	⓪	①	②	③	④	⑤	⑥	⑦	⑧	⑨
ヌ	⊖	±	⓪	①	②	③	④	⑤	⑥	⑦	⑧	⑨
ネ	⊖	±	⓪	①	②	③	④	⑤	⑥	⑦	⑧	⑨
ノ	⊖	±	⓪	①	②	③	④	⑤	⑥	⑦	⑧	⑨
ハ	⊖	±	⓪	①	②	③	④	⑤	⑥	⑦	⑧	⑨
ヒ	⊖	±	⓪	①	②	③	④	⑤	⑥	⑦	⑧	⑨
フ	⊖	±	⓪	①	②	③	④	⑤	⑥	⑦	⑧	⑨
ヘ	⊖	±	⓪	①	②	③	④	⑤	⑥	⑦	⑧	⑨
ホ	⊖	±	⓪	①	②	③	④	⑤	⑥	⑦	⑧	⑨

Z-KAI

2025年用

共通テスト 実戦模試

③ 数学Ⅰ・A

解答・解説編

Z会編集部 編

学習診断サイトのご案内[※1]

『実戦模試』シリーズ（試作問題・過去問を除く）では，以下のことができます。

- マークシートをスマホで撮影して自動採点
- 自分の得点と，本サイト登録者平均点との比較
- 登録者のランキング表示（総合・志望大別）
- Ｚ会編集部からの直前対策用アドバイス

手順

①本書を解いて，以下のサイトにアクセス（スマホ・PC 対応）

Z会共通テスト学習診断　検索

二次元コード

https://service.zkai.co.jp/books/k-test/

②購入者パスワード **02862** を入力し，ログイン

③必要事項を入力（志望校・ニックネーム・ログインパスワード）[※2]

④スマホ・タブレットでマークシートを撮影　→**自動採点**[※3]，**アドバイス Get！**

※1　学習診断サイトは 2025 年 5 月 30 日まで利用できます。

※2　ID・パスワードは次回ログイン時に必要になりますので、必ず記録して保管してください。

※3　スマホ・タブレットをお持ちでない場合は事前に自己採点をお願いします。

目次

模試　第１回

模試　第２回

模試　第３回

模試　第４回

模試　第５回

大学入学共通テスト　試作問題

大学入学共通テスト　2024 本試

大学入学共通テスト　2023 本試

模試 第1回

解　　答

問題番号(配点)	解答記号	正解	配点	自己採点
第1問 (30)	ア	②	2	
	イ	①	2	
	ウ	3	3	
	エ	4	3	
	$\cos\angle\mathrm{CAB} = \dfrac{\text{オ}}{\text{カ}}$	$\cos\angle\mathrm{CAB} = \dfrac{3}{4}$	2	
	$\dfrac{\text{キク}\sqrt{\text{ケ}}}{\text{コ}}$	$\dfrac{15\sqrt{7}}{4}$	3	
	$\dfrac{\sqrt{\text{サ}}}{\text{シ}}$	$\dfrac{\sqrt{7}}{2}$	3	
	ス 倍	3 倍	2	
	$\dfrac{\text{セ}\sqrt{\text{ソタ}}}{\text{チ}}$	$\dfrac{3\sqrt{42}}{7}$	3	
	$\dfrac{\text{ツ}\sqrt{\text{テト}}}{\text{ナニ}}$	$\dfrac{3\sqrt{42}}{28}$	3	
	$\dfrac{\sqrt{\text{ヌ}}}{\text{ネ}}$	$\dfrac{\sqrt{5}}{2}$	4	
第2問 (30)	$x+y=$ ア	$x+y=4$	2	
	$S=$ イ x^2+ ウ x	$S=-x^2+4x$	2	
	エ	①	2	
	$z+w=$ オ	$z+w=2$	2	
	$T=$ カ z^2- キ $z+$ ク	$T=2z^2-4z+4$	2	
	ケ	④	2	
	コ	④	3	
	サ	③	3	
	シ	⑤	3	
	ス	③	3	
	セ	①	3	
	ソ	④	3	

問題番号(配点)	解答記号	正解	配点	自己採点
第3問 (20)	ア	②	2	
	イ	②	2	
	ウ	⓪	2	
	エ	①	2	
	オ	⓪	2	
	カ	①	2	
	キ	⓪	2	
	ク	②	3	
	ケ	②	3	
第4問 (20)	$\frac{ア}{イウ}$	$\frac{1}{25}$	1	
	$\frac{エ}{オカ}$	$\frac{9}{25}$	1	
	$\frac{キ}{クケ}$	$\frac{1}{30}$	1	
	$\frac{コサ}{シス}$	$\frac{11}{30}$	1	
	$\frac{セ}{ソ}$ 本	$\frac{2}{5}$ 本	2	
	タ	⓪	1	
	チ	②	1	
	ツ	①	3	
	テ	①	3	
	ト	⓪	3	
	ナ	②	3	

(注) 第1問～第4問はすべて必答で，計4問を解答。
なお，上記以外のものについても得点を与えることがある。正解欄に※があるものは，解答の順序は問わない。

第1問小計		第2問小計		第3問小計		第4問小計		合計点	/100

第１問

〔1〕

(1)　$|x-1|$ について

$$|x-1|=\begin{cases} x-1 & (x \geqq 1) \\ -x+1 & (x<1) \end{cases}$$

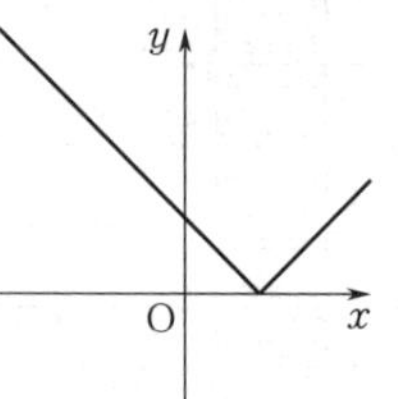
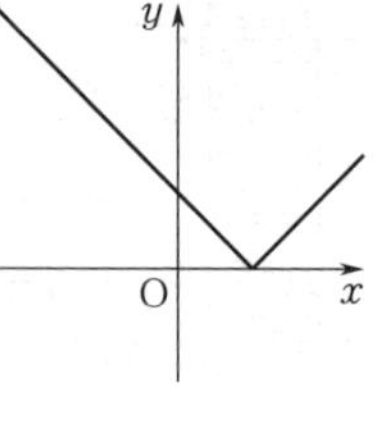

であるから，$y=|x-1|$ のグラフの概形は右の図のようになる。　⇨ ②

(2)　$|x-2|$ について

$$|x-2|=\begin{cases} x-2 & (x \geqq 2) \\ -x+2 & (x<2) \end{cases}$$

より

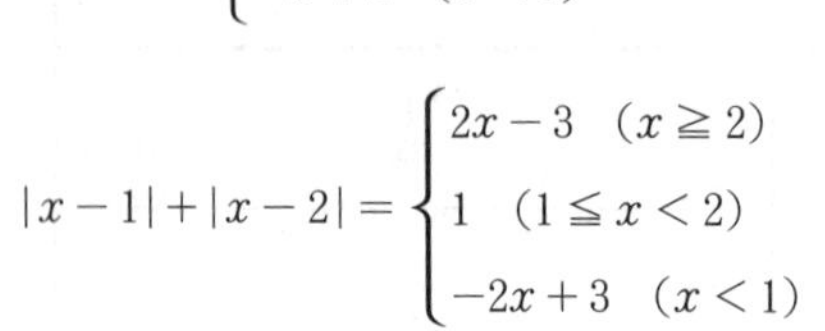

$$|x-1|+|x-2|=\begin{cases} 2x-3 & (x \geqq 2) \\ 1 & (1 \leqq x<2) \\ -2x+3 & (x<1) \end{cases}$$

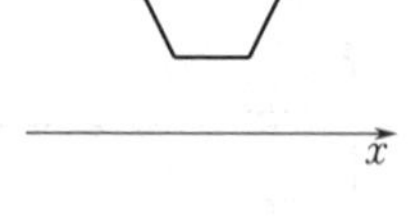

◀ $x \geqq 2$ のとき
　$(x-1)+(x-2)$
$1 \leqq x<2$ のとき
　$(x-1)+(-x+2)$
$x<1$ のとき
　$(-x+1)+(-x+2)$

であるから，$y=|x-1|+|x-2|$ のグラフの概形は右の図のようになる。　⇨ ①

よって，$y=|x-1|+|x-2|$ は $1 \leqq x \leqq 2$ において最小値 1 をとる。

また，同様に，$y=|x|+|x-3|$ も $0 \leqq x \leqq 3$ において定数となり，このとき最小値をとる。

$$x+(-x+3)=3$$

より，最小値は **3** である。

◀ $x>3$ のとき
　$x+(x-3)$
$=2x-3$
$x<0$ のとき
　$-x+(-x+3)$
$=-2x+3$

(3)　二つの関数 $f(x)$ と $g(x)$ がともに最小値をとるような x の値があれば，$f(x)+g(x)$ もそのとき最小値をとる。

(2)より，$y=|x-1|+|x-2|$ は $1 \leqq x \leqq 2$ のとき最小値をとり，$y=|x|+|x-3|$ は $0 \leqq x \leqq 3$ のとき最小値をとるから，これらは，$1 \leqq x \leqq 2$ のとき，ともに最小値をとる。

よって

$$\begin{aligned} y &= |x|+|x-1|+|x-2|+|x-3| \\ &= (|x-1|+|x-2|)+(|x|+|x-3|) \end{aligned}$$

は，$1 \leqq x \leqq 2$ において最小値

$$1+3=\mathbf{4}$$

をとる。

〔2〕

(1)　△ABC において，余弦定理より

$$\mathbf{\cos\angle CAB}=\frac{5^2+6^2-4^2}{2\cdot5\cdot6}=\frac{\mathbf{3}}{\mathbf{4}}$$

◀ $\cos\angle CAB=\dfrac{AB^2+CA^2-BC^2}{2AB\cdot CA}$

である。

$$\sin^2\angle CAB=1-\left(\frac{3}{4}\right)^2=\frac{7}{16}$$

◀ $\sin^2\angle CAB=1-\cos^2\angle CAB$

であり，$\sin\angle CAB>0$ であるから

$$\sin\angle CAB=\frac{\sqrt{7}}{4}$$

である。よって，△ABC の面積を S とすると

$$S=\frac{1}{2}\cdot5\cdot6\cdot\frac{\sqrt{7}}{4}=\frac{\mathbf{15\sqrt{7}}}{\mathbf{4}}$$

◀ $S=\dfrac{1}{2}AB\cdot AC\sin\angle CAB$

$\triangle$ABC の内接円の半径を r，中心を O とすると

$$S = \triangle\text{OAB} + \triangle\text{OBC} + \triangle\text{OCA}$$
$$= \frac{1}{2}(\text{AB} + \text{BC} + \text{CA})\cdot r$$

が成り立つ。

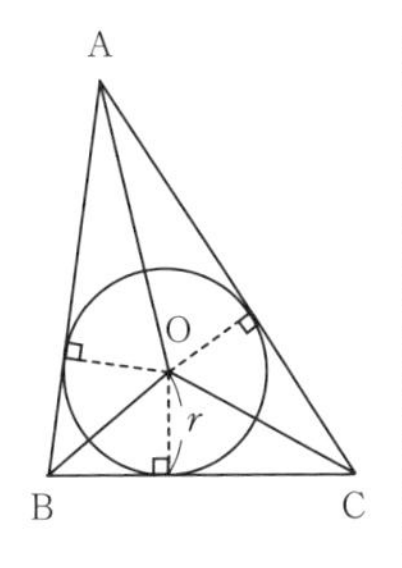

したがって

$$\frac{15\sqrt{7}}{4} = \frac{1}{2}(5+4+6)\cdot r$$

より

$$r = \boldsymbol{\frac{\sqrt{7}}{2}}$$

(2) この直方体の 3 辺の長さを x，y，z とすると，体積は

$$xyz$$

である。また，四面体 PQRS は，この直方体から，右の図の斜線で示した四面体を四つ切り落としてできる図形である。

したがって，四面体 PQRS の体積は

$$xyz - \left(\frac{1}{3}\cdot\frac{1}{2}xy\cdot z\right)\cdot 4 = \frac{1}{3}xyz$$

であるから，この直方体の体積は四面体 PQRS の体積の **3** 倍である。

◀斜線で示した四面体を，底面積 $\frac{1}{2}xy$，高さ z の三角錐とみた。

そして

$$\text{PQ} = 5,\ \text{QR} = 4,\ \text{RP} = 6$$

とすると，四面体 PQRS の各辺は，この直方体の面の対角線であるから，三平方の定理より

$$x^2 + z^2 = 5^2 \quad \cdots\cdots ①$$
$$x^2 + y^2 = 4^2 \quad \cdots\cdots ②$$
$$y^2 + z^2 = 6^2 \quad \cdots\cdots ③$$

を満たす。(① + ② + ③) ÷ 2 より

$$x^2 + y^2 + z^2 = \frac{77}{2} \quad \cdots\cdots ④$$

④ − ③ より

$$x^2 = \frac{5}{2} \quad \text{すなわち} \quad x = \frac{\sqrt{10}}{2}$$

④ − ① より

$$y^2 = \frac{27}{2} \quad \text{すなわち} \quad y = \frac{3\sqrt{6}}{2}$$

④ − ② より

$$z^2 = \frac{45}{2} \quad \text{すなわち} \quad z = \frac{3\sqrt{10}}{2}$$

したがって，四面体 PQRS の体積を V とおくと

$$V = \frac{1}{3}xyz = \frac{1}{3}\cdot\frac{\sqrt{10}}{2}\cdot\frac{3\sqrt{6}}{2}\cdot\frac{3\sqrt{10}}{2} = \frac{15\sqrt{6}}{4}$$

であり，点 P から面 QRS に下ろした垂線の長さを h とおくと

$$V = \frac{1}{3}Sh \quad \cdots\cdots ⑤$$

が成り立つ。(1)より，$S = \frac{15\sqrt{7}}{4}$ であるから

$$\frac{15\sqrt{6}}{4} = \frac{1}{3}\cdot\frac{15\sqrt{7}}{4}\cdot h$$

となり

$$h = \frac{3\sqrt{6}}{\sqrt{7}} = \boldsymbol{\frac{3\sqrt{42}}{7}}$$

そして，四面体 PQRS に内接する球の半径を R，中心を O′ とすると

$$V=(\text{四面体 O′PQR})+(\text{四面体 O′PRS})+(\text{四面体 O′PSQ})+(\text{四面体 O′QRS})$$

であり，△PQR，△PRS，△PSQ，△QRS を各四面体の底面とみると，高さはどれも R であるから

$$V=\frac{1}{3}SR+\frac{1}{3}SR+\frac{1}{3}SR+\frac{1}{3}SR$$
$$=\frac{4}{3}SR \quad \cdots\cdots ⑥$$

◀△PQR, △PRS, △PSQ, △QRS は，すべて △ABC と合同な三角形である。

が成り立つ。

よって

$$\frac{15\sqrt{6}}{4}=\frac{4}{3}\cdot\frac{15\sqrt{7}}{4}\cdot R$$

であるから

$$R=\frac{3\sqrt{6}}{4\sqrt{7}}=\mathbf{\frac{3\sqrt{42}}{28}}$$

(3)　⑤，⑥より

$$\frac{1}{3}Sh=\frac{4}{3}SR \quad \text{すなわち} \quad R=\frac{1}{4}h$$

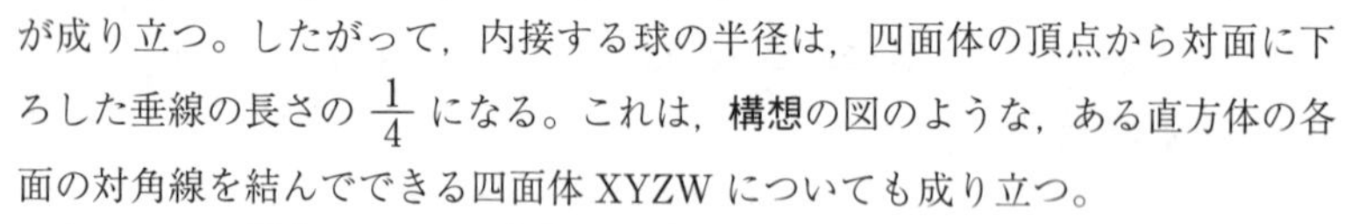
が成り立つ。したがって，内接する球の半径は，四面体の頂点から対面に下ろした垂線の長さの $\frac{1}{4}$ になる。これは，**構想**の図のような，ある直方体の各面の対角線を結んでできる四面体 XYZW についても成り立つ。

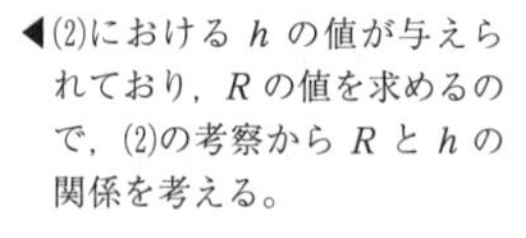
◀(2)における h の値が与えられており，R の値を求めるので，(2)の考察から R と h の関係を考える。

よって，四面体 XYZW に内接する球の半径は

$$\frac{1}{4}\cdot 2\sqrt{5}=\mathbf{\frac{\sqrt{5}}{2}}$$

◀$h=2\sqrt{5}$ のとき。

第2問

〔1〕

(1)　つくられる長方形の周の長さは 8 であるから

$$2x+2y=8$$

よって

$$\mathbf{x+y=4}$$

したがって

$$\mathbf{S}=xy=x(4-x)$$
$$=\mathbf{-x^2+4x}$$
$$=-(x-2)^2+4$$

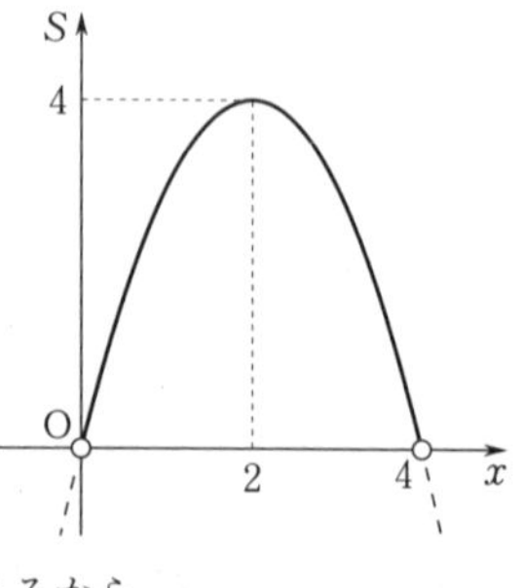

であり，$x>0$ かつ $y=4-x>0$ より

$$0<x<4$$

であるから，S のとり得る値の範囲は

$$\mathbf{0<S\leqq 4} \qquad ⇨①$$

(2)　つくられる二つの正方形の周の長さの和は 8 であるから

$$4z+4w=8$$

よって

$$\mathbf{z+w=2}$$

したがって

$$\mathbf{T}=z^2+w^2=z^2+(2-z)^2$$
$$=\mathbf{2z^2-4z+4}$$
$$=2(z-1)^2+2$$

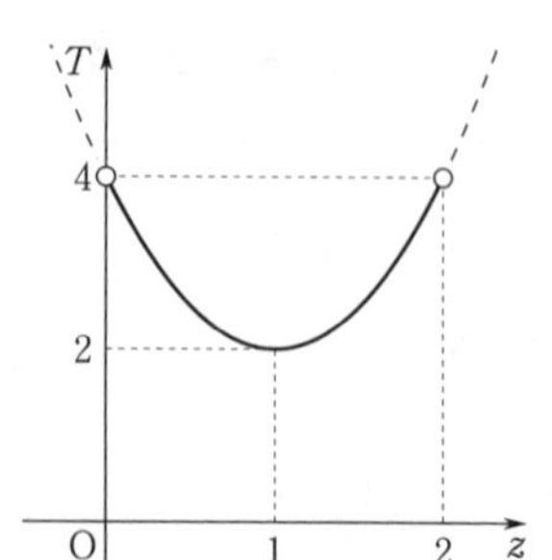

であり，$z>0$ かつ $w=2-z>0$ より

$0 < z < 2$

であるから，T のとり得る値の範囲は

$2 \leqq T < 4$ ⇨ ④

(3) (1)，(2)より

$0 < S \leqq 4$，$2 \leqq T < 4$

であり，S と T は互いに独立に変化できる。

(I) たとえば $S = 1$，$T = 3$ のように，$S > T$ とはならないことがあるから，(I)は**誤り**。

(II) (B)の方法でどのように二つの正方形をつくっても，(A)の方法で正方形をつくると，S は最大となり

$S = 4 > T$

となるから，(II)は**正しい**。

◀(A)の方法において，$x = 2$ のとき，$y = 4 - 2 = 2$ であるから，できる長方形は正方形である。

(III) (B)の方法でどのように二つの正方形をつくっても，(A)の方法で $0 < S < 2$ を満たす長方形をつくると

$S < 2 \leqq T$

となるから，(III)は**正しい**。

以上より，(I)，(II)，(III)の正誤の組合せとして正しいものは ④ である。

〔2〕

(1) 横の長さ，縦の長さの標準偏差はそれぞれ 5.71，5.68 で，共分散は 12.52 だから，相関係数は

$$\frac{12.52}{5.71 \times 5.68} = \frac{12.52}{32.4328} = 0.386\cdots$$

となるから，相関係数に最も近い値は **0.39** である。 ⇨ ③

◀横と縦の長さの標準偏差をそれぞれ s_c，s_r，共分散を s_{cr} とすると，相関係数 r は

$r = \frac{s_{cr}}{s_c s_r}$

である。

(2) 直線 ℓ の近くに分布している 9 個の点からなるデータには強い正の相関が見られるから，相関係数に最も近い値は **0.94** である。 ⇨ ⑤

(3) 生徒 1，3，4，6，9，13，14，16，17 の 9 人のデータは，直線 m の近くに分布している 9 個の点からなるから，強い正の相関が見られる。

よって，相関係数は 1 に近い値であり，(2)より相関係数に最も近い値は $\boldsymbol{k} = 0.94$ である。 ⇨ ③

◀データ点の分布が右上がりの直線の近くに分布しているとき，強い正の相関があるといい，相関係数は 1 に近い値をとるが，これは右上がりの直線（ここでは，ℓ と m）の傾きの大きさとは関係がない。

(4) 横の長さを x，縦の長さを y とする。

⓪ 面積は xy であるが，図 2 より面積の最小値は 28，最大値は 400 であり，面積がおよそ同じとは言えないから，誤り。

① 直線 ℓ の傾きは

$$\frac{15-4}{25-7} = \frac{11}{18}$$

であり，ℓ の方程式は $y = \frac{11}{18}x$ と近似できるから，ℓ の近くに分布している 9 個の点からなるデータについては，およそ

(長い辺) : (短い辺) = (横の長さ) : (縦の長さ) = 18 : 11

また，直線 m の傾きは

$$\frac{25-7}{16-5} = \frac{18}{11}$$

であり，m の方程式は $y = \frac{18}{11}x$ と近似できるから，m の近くに分布している 9 個の点からなるデータについては，およそ

(長い辺) : (短い辺) = (縦の長さ) : (横の長さ) = 18 : 11

である。よって，どれも長い辺の長さと短い辺の長さの比はおよそ同じであるから，**正しい**。

② 直線 ℓ の近くに分布している 9 個の点からなるデータについては横型であるから，誤り。

③ 直線 m の近くに分布している 9 個の点からなるデータについては縦型であるから，誤り。

以上より，読み取れることとして正しいものは ① である。

(5) (4)より「バランスがよいと感じる長方形」について

$$(\text{長い辺}):(\text{短い辺}) = 18:11 \fallingdotseq 1.636:1 \quad \cdots\cdots ①$$

ここで，$\dfrac{(\text{長い辺})}{(\text{短い辺})}$ の値を求めると，次の表のようになる。

⓪	①	②	③	④
1.78	1	1.42	2.11	1.65

よって，①に最も近い値は ④ であるから，図 2 から読み取れる「バランスがよいと感じる長方形」に最も近いものは ④ である。

◀「バランスのよいと感じる長方形」の縦と横の比は直線 ℓ の近くに分布している点と，直線 m の近くに分布している点のいずれかの場合であるが，(4)で読み取った通り，長い辺と短い辺の長さの比がおよそ同じなので，「縦と横の比」ではなく，「長い辺と短い辺の比」を考える。

第3問

(1) 内心は，三角形の**三つの内角の二等分線の交点**である。 ⇨ ②

(2) 垂心の定義より

$$\angle HPC = 90^\circ,\ \angle CQH = 90^\circ$$

よって，四角形 HPCQ において，対角線 CH をはさんで向かい合う二つの角がそれぞれ 90° であるから，**2 点 P，Q は線分 CH を直径とする円周上にある**。

⇨ ②

4 点 H，P，C，Q は同一円周上にあるから，これらによってつくられる角が等しいことをいうには，**円周角の定理**を利用する。 ⇨ ⓪

円周角の定理より

$\angle HPQ = \boldsymbol{\angle HCQ}$ ⇨ ①

$\angle HQP = \boldsymbol{\angle HCP}$ ⇨ ⓪

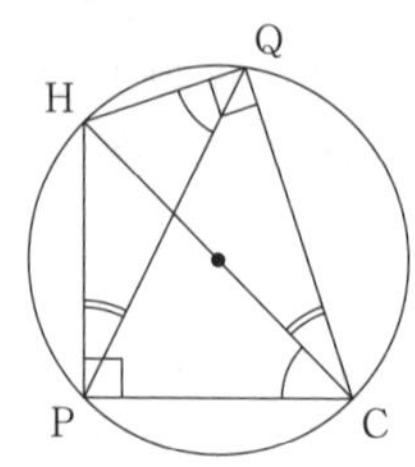

(3) 四角形 ABSC は平行四辺形であるから

$$AC = BS$$

また，四角形 CAUB は平行四辺形であるから

$$AC = UB$$

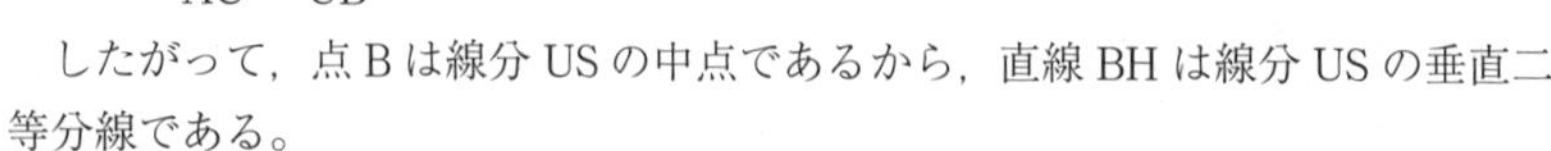

したがって，点 B は線分 US の中点であるから，直線 BH は線分 US の垂直二等分線である。

同様に，直線 CH は線分 ST の垂直二等分線であり，直線 AH は線分 TU の垂直二等分線である。

よって，点 H は △STU の 3 辺の垂直二等分線の交点であるから，△STU の**外心**である。 ⇨ ①

また，点 A，B，C はそれぞれ線分 TU，US，ST の中点であるから，直線 AS，BT，CU は △STU の三つの中線である。

したがって，これらは 1 点で交わり，その点は △STU の重心である。

四角形 ABSC，四角形 BCTA，四角形 CAUB は平行四辺形であるから，線分 AS は線分 BC を，線分 BT は線分 CA を，線分 CU は線分 AB をそれぞれ 2 等分する。すなわち，直線 AS，BT，CU は △ABC の三つの中線でもあるから，これらの交点は △ABC の**重心**でもある。 ⇨ ⓪

△STU の重心を X とすると，点 X は線分 SA，TB，UC をそれぞれ 2 : 1 に

内分する。

△ABC の重心も X であるから，△STU を点 X のまわりに 180° 回転移動し，さらに点 X を中心に $\frac{1}{2}$ 倍に縮小すると，△ABC と重なる。 ⇨ ②

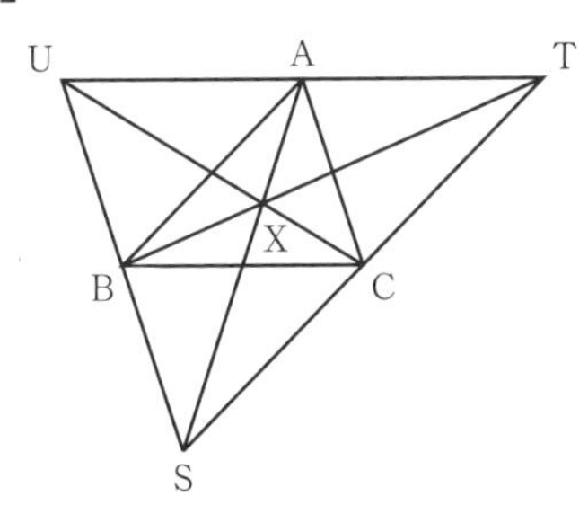

点 H は △STU の外心である。先の考察より，△STU を点 X のまわりに 180° 回転移動し，$\frac{1}{2}$ 倍に縮小すると △ABC と重なるから，この移動により，△STU の外心 H は △ABC の外心 O に移る。

すなわち，**3 点 H，X，O は一直線上にあり，点 X は線分 OH を 1：2 に内分する点である。** ⇨ ②

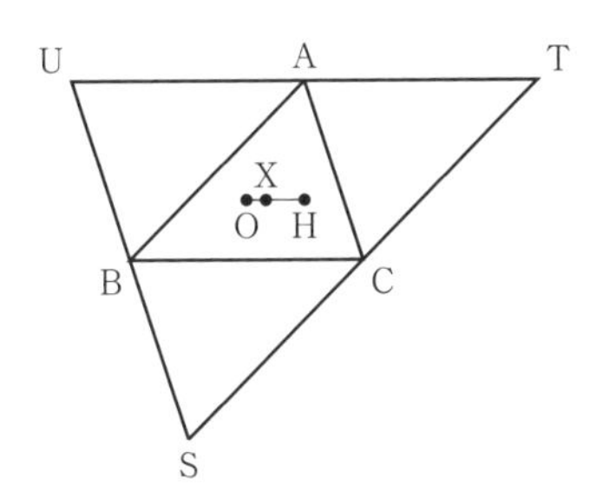

第４問

(1)(i) くじを引いたあと，引いたくじは箱 A に戻すとき，箱 A にはつねに当たりくじが 5 本，はずれくじが 20 本入っているから，くじを 1 本引くとき，当たりくじを引く確率はつねに $\frac{1}{5}$ である。

◀ $\frac{5}{20+5}=\frac{5}{25}=\frac{1}{5}$

よって，くじを 2 回引くとき，2 回とも当たりくじを引く確率は

$$\frac{1}{5}\cdot\frac{1}{5}=\mathbf{\frac{1}{25}}$$

また，少なくとも 1 回当たりくじを引く事象は，2 回ともはずれくじを引く事象の余事象であるから，その確率は

$$1-\frac{4}{5}\cdot\frac{4}{5}=\mathbf{\frac{9}{25}}$$

◀くじを 1 本引くとき，はずれくじを引く確率は $1-\frac{1}{5}=\frac{4}{5}$

(ii) くじを引いたあと，引いたくじは箱 A に戻さないとき，1 回目に当たりくじを引くと，2 回目を引く前の箱 A には当たりくじが 4 本，はずれくじが 20 本入っている。

よって，2 回とも当たりくじを引く確率 p_1 は

$$p_1=\frac{1}{5}\cdot\frac{1}{6}=\mathbf{\frac{1}{30}} \quad \cdots\cdots ①$$

◀ $\frac{4}{20+4}=\frac{4}{24}=\frac{1}{6}$

また，少なくとも 1 回当たりくじを引く事象は，2 回ともはずれくじを引く事象の余事象であるから，その確率 q_1 は

$$q_1=1-\frac{4}{5}\cdot\frac{19}{24}=\mathbf{\frac{11}{30}} \quad \cdots\cdots ②$$

◀1 回目がはずれのとき，箱の中は，当たりくじが 5 本，はずれくじが 19 本入っている。

次に，当たりくじを引く本数の期待値 m_1 を計算する。

ちょうど1回当たりくじを引く確率 r_1 は，1回目に当たりを引く場合と2回目に当たりを引く場合があるから

$$r_1=\frac{1}{5}\cdot\frac{20}{24}+\frac{4}{5}\cdot\frac{5}{24}=\frac{40}{120}=\frac{1}{3}$$

◀ $r_1=q_1-p_1$ で求めてもよい。

当たりくじの本数	2	1	0	計
確率	$\frac{1}{30}$	$\frac{1}{3}$	$\frac{19}{30}$	1

◀2本ともはずれとなる確率は $1-p_1-q_1$

よって

$$m_1=2\cdot\frac{1}{30}+1\cdot\frac{1}{3}=\mathbf{\frac{2}{5}}$$

別解

本問の設定において，当たりくじを引く回数は最大2回であることに着目すると，次のように考えることもできる。

m_1

$=2\times$(当たりくじを2回引く確率)$+1\times$(当たりくじを1回引く確率)

$=$(当たりくじを2回引く確率)

$+\{$(当たりくじを2回引く確率)$+$(当たりくじを1回引く確率)$\}$

と変形でき

$\{$(当たりくじを2回引く確率)$+$(当たりくじを1回引く確率)$\}$

は少なくとも1回当たりくじを引く確率 q_1 に他ならない。したがって

$$m_1=p_1+q_1=\frac{2}{5}$$

◀ $\frac{1}{30}+\frac{11}{30}=\frac{12}{30}=\frac{2}{5}$

を得る。

(iii) くじを引いたあと，引いたくじは箱Bに戻さないとき，1回目に当たりくじを引くと，2回目を引く前の箱Bには当たりくじが9本，はずれくじが40本入っているから，2回とも当たりくじを引く確率 p_2 は

$$p_2=\frac{1}{5}\cdot\frac{9}{49}\quad\cdots\cdots③$$

ここで，$\frac{1}{6}<\frac{9}{49}$ であるから，①，③より

◀ $\frac{49}{6\cdot49}<\frac{9\cdot6}{6\cdot49}$

$\mathbf{p_1<p_2}$ ⇨ ⓪

また，1回目にはずれくじを引くと，2回目を引く前の箱Bには当たりくじが10本，はずれくじが39本入っているから，少なくとも1回当たりくじを引く確率 q_2 は

$$q_2=1-\frac{4}{5}\cdot\frac{39}{49}\quad\cdots\cdots④$$

◀余事象の考え方。

ここで，$\frac{19}{24}<\frac{39}{49}$ であるから，②，④より

◀ $\frac{19\cdot49}{24\cdot49}=\frac{931}{24\cdot49}$　$\frac{39\cdot24}{24\cdot49}=\frac{936}{24\cdot49}$

$\mathbf{q_1>q_2}$ ⇨ ②

次に，当たりくじを引く本数の期待値 m_2 を計算する。

ちょうど1回当たりくじを引く確率 r_2 は，1回目に当たりを引く場合と2回目に当たりを引く場合があるから

$$r_2=\frac{1}{5}\cdot\frac{40}{49}+\frac{4}{5}\cdot\frac{10}{49}=\frac{80}{5\cdot49}$$

◀ $r_2=q_2-p_2$ で求めてもよい。

◀後の計算のことを考え，約分せずに途中で計算を止めておくとラク。

当たりくじの本数	2	1	0	計
確率	$\frac{9}{5\cdot49}$	$\frac{80}{5\cdot49}$	$\frac{156}{5\cdot49}$	1

◀2本ともはずれとなる確率は $1-p_2-q_2$

$$m_2 = 2 \cdot \frac{9}{5 \cdot 49} + 1 \cdot \frac{80}{5 \cdot 49} = \frac{98}{5 \cdot 49} = \frac{2}{5}$$

を得る。すなわち

$$\boldsymbol{m_1 = m_2}$$ ⇨ ①

別解

(ii)と同様の理由により

$$m_2 = p_2 + q_2 = \frac{9}{5 \cdot 49} + \left(1 - \frac{156}{5 \cdot 49}\right) = \frac{2}{5}$$

と計算することもできる。

(2) $k = 15$ とすると，2 回とも当たりくじを引く確率は，箱 C では

$$\frac{k}{5k} \cdot \frac{k-1}{5k-1} = \frac{1}{5} \cdot \frac{k-1}{5k-1}$$

箱 D では

$$\frac{2k}{10k} \cdot \frac{2k-1}{10k-1} = \frac{1}{5} \cdot \frac{2k-1}{10k-1}$$

ここで

$$\frac{2k-1}{10k-1} - \frac{k-1}{5k-1} = \frac{4k}{(5k-1)(10k-1)} > 0$$

より

$$\frac{k-1}{5k-1} < \frac{2k-1}{10k-1}$$

であるから，**箱 C よりも箱 D の方が大きい**。 ⇨ ①

◀箱 C と箱 D の関係は，箱 A と箱 B の関係と同じく，当たりくじ，はずれくじの総数がそれぞれ倍になっているので，大小関係は箱 A と箱 B の場合と同じと予想する。
(1)の段階であっても計算量が多いので，文字でおいて処理するとよい。

また，少なくとも 1 回当たりくじを引く確率は，箱 C では

$$1 - \frac{4k}{5k} \cdot \frac{4k-1}{5k-1} = 1 - \frac{4}{5} \cdot \frac{4k-1}{5k-1}$$

箱 D では

$$1 - \frac{8k}{10k} \cdot \frac{8k-1}{10k-1} = 1 - \frac{4}{5} \cdot \frac{8k-1}{10k-1}$$

ここで

$$\frac{8k-1}{10k-1} - \frac{4k-1}{5k-1} = \frac{k}{(5k-1)(10k-1)} > 0$$

より

$$\frac{4k-1}{5k-1} < \frac{8k-1}{10k-1}$$

であるから，**箱 D よりも箱 C の方が大きい**。 ⇨ ⓪

次に，当たりくじを引く本数の期待値を計算する。

ちょうど 1 回当たりくじを引く確率は，箱 C では

$$\frac{1}{5} \cdot \frac{4k}{5k-1} + \frac{4}{5} \cdot \frac{k}{5k-1} = \frac{8k}{5(5k-1)}$$

箱 D では

$$\frac{1}{5} \cdot \frac{8k}{10k-1} + \frac{4}{5} \cdot \frac{2k}{10k-1} = \frac{16k}{5(10k-1)}$$

であるから，当たりくじを引く本数の期待値は，箱 C では

$$2 \cdot \frac{k-1}{5(5k-1)} + 1 \cdot \frac{8k}{5(5k-1)} = \frac{10k-2}{5(5k-1)} = \frac{2}{5}$$

箱 D では

$$2 \cdot \frac{2k-1}{5(10k-1)} + 1 \cdot \frac{16k}{5(10k-1)} = \frac{20k-2}{5(10k-1)} = \frac{2}{5}$$

であり，**箱 C と箱 D で等しい**。 ⇨ ②

研究

(2)の計算を改めて確認すると，k がどの値であっても不等号の向きは変わらないことがわかる。実際，$k = 5$ のとき，(1)(iii)の結果が得られるわけであり，このように数値ではなく文字でおいて計算することで一般的な状況が把握できる。

模試 第2回

解　答

問題番号(配点)	解答記号	正解	配点	自己採点
第1問 (30)	(ア$a-$イ)($x-$ウ)	$(2a-1)(x-2)$	2	
	$x=$ エ	$x=2$	2	
	オカ $\leqq x \leqq$ キ	$-2 \leqq x \leqq 2$	3	
	ク	⓪	3	
	BD $=\sqrt{\text{ケ}}$	$\mathrm{BD}=\sqrt{5}$	1	
	$\cos\angle\mathrm{ABD}=\dfrac{\sqrt{\text{コ}}}{\text{サ}}$	$\cos\angle\mathrm{ABD}=\dfrac{\sqrt{5}}{3}$	2	
	$\cos\angle\mathrm{CBD}=\dfrac{\sqrt{\text{シ}}}{\text{ス}}$	$\cos\angle\mathrm{CBD}=\dfrac{\sqrt{5}}{5}$	2	
	セ	⓪	1	
	ソ	①	3	
	AC′ $=$ タ	$\mathrm{AC'}=2$	2	
	BD $=\sqrt{\text{チ}}$	$\mathrm{BD}=\sqrt{7}$	2	
	$\cos\angle\mathrm{BAD}=\dfrac{\text{ツ}}{\text{テ}}$	$\cos\angle\mathrm{BAD}=\dfrac{1}{2}$	2	
	$\sqrt{\text{ト}}<\mathrm{BD}<$ ナ	$\sqrt{7}<\mathrm{BD}<3$	2	
	$\dfrac{\text{ニ}}{\text{ヌ}}<\cos\angle\mathrm{BAD}<\dfrac{\text{ネ}}{\text{ノ}}$	$\dfrac{1}{3}<\cos\angle\mathrm{BAD}<\dfrac{1}{2}$	3	
第2問 (30)	ア	①	3	
	イ	③	3	
	$\dfrac{\text{ウエ}}{\pi-\text{オ}}\leqq x\leqq$ カキ	$\dfrac{10}{\pi-2}\leqq x\leqq 20$	3	
	$\dfrac{\text{クケ}}{\pi}$ m	$\dfrac{50}{\pi}$ m	3	
	$\dfrac{\text{コサ}}{\pi}<x<\dfrac{\text{シス}}{\pi}$	$\dfrac{50}{\pi}<x<\dfrac{60}{\pi}$	3	
	セ，ソ	①，⑥※	各2	
	タ	③	2	
	チ	②	3	
	ツ	④	2	
	テ，ト，ナ，ニ	②，⑧，⑤，⓪	各1	

問題番号(配点)	解答記号	正解	配点	自己採点
第3問 (20)	ア	①	2	
	イ	③	2	
	ウ	⑤	2	
	エ	②	2	
	オ	②	2	
	カ	②	2	
	キ, ク, ケ	①, ②, ③※	各1	
	コ	①	2	
	サ	①	3	
第4問 (20)	$\frac{ア}{イ}$	$\frac{1}{3}$	1	
	$\frac{ウ}{エ}$	$\frac{1}{4}$	1	
	$\frac{オカ}{キ}$	$\frac{50}{3}$	2	
	$\frac{ク}{ケコ}$	$\frac{1}{36}$	2	
	$\frac{サ}{シス}$	$\frac{1}{10}$	2	
	$\frac{セ}{ソ}$	$\frac{1}{9}$	2	
	$\frac{タ}{チ}$	$\frac{4}{3}$	2	
	$\frac{ウ}{エ} \times \frac{タ}{チ}\left(\frac{オカ}{キ} - ツ\right)$	$\frac{1}{4} \times \frac{4}{3}\left(\frac{50}{3} - 5\right)$	3	
	$\frac{テトナ}{ニヌ}$	$\frac{557}{33}$	3	
	ネ	①	2	

(注) 第1問～第4問はすべて必答で，計4問を解答。
なお，上記以外のものについても得点を与えることがある。正解欄に※があるものは，解答の順序は問わない。

第1問小計		第2問小計		第3問小計		第4問小計		合計点	/100

第１問

〔1〕

(1) $$(2a-1)x-4a+2=(2a-1)x-2(2a-1)$$
$$=\mathbf{(2a-1)(x-2)}$$

よって，集合 A の要素 x の条件は

$$(2a-1)(x-2)\geqq 0$$

と書けるから，$x=2$ のとき，a の値に関係なく上の不等式は成り立つ。すなわち，$\boldsymbol{x=2}$ は a の値に関係なく，集合 A の要素である。

◀ $x=2$ のとき $(2a-1)(x-2)=0$

(2) $0<a<\dfrac{1}{2}$ のとき，$2a-1<0$ だから(1)より

$$A=\{x\mid x\leqq 2\}$$

と表せる。一方，集合 C の要素 x の条件は

$$a(x+2)\geqq 0$$

と書けるから，$0<a<\dfrac{1}{2}$ のとき

$$C=\{x\mid x\geqq -2\}$$

と表せる。

したがって，集合 $A\cap C$ の要素 x は

$$\boldsymbol{-2\leqq x\leqq 2}$$

を満たすすべての実数である。

◀
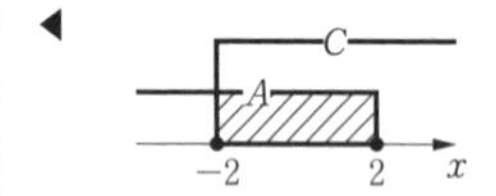

(3) $a<0$ のとき，(2)と同様に

$$A=\{x\mid x\leqq 2\}$$

よって

$$\overline{A}=\{x\mid x>2\}$$

であり，集合 B の要素 x の条件は

$$x>-\frac{1}{3}$$

と書けるから

$$\overline{B}=\left\{x\,\middle|\,x\leqq -\frac{1}{3}\right\}$$

よって

$$\overline{A}\cup\overline{B}=\left\{x\,\middle|\,x\leqq -\frac{1}{3}\ \text{または}\ x>2\right\}$$

一方，$a<0$ のとき

$$C=\{x\mid x\leqq -2\}$$

と表せるから

$$C\subset\left(\overline{A}\cup\overline{B}\right)$$

◀
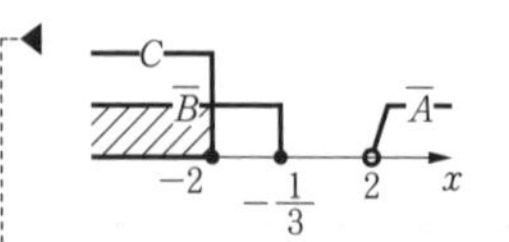

以上より，p は q であるための**必要条件であるが，十分条件ではない。**

⇨ ⓪

◀命題「p ならば q」は真だが，命題「q ならば p」は偽である。

〔2〕

(1) △ABD において，余弦定理より

$$\mathrm{BD}^2=\mathrm{AB}^2+\mathrm{AD}^2-2\mathrm{AB}\cdot\mathrm{AD}\cos\angle\mathrm{BAD}$$
$$=3^2+2^2-2\cdot 3\cdot 2\cdot\frac{2}{3}=5$$

よって

$$\mathbf{BD}=\sqrt{\mathbf{5}}$$

◀BD > 0 より。

また，△ABD において，余弦定理より

$$\cos\angle\mathbf{ABD}=\frac{\mathrm{AB}^2+\mathrm{BD}^2-\mathrm{AD}^2}{2\mathrm{AB}\cdot\mathrm{BD}}$$

$$= \frac{3^2 + (\sqrt{5})^2 - 2^2}{2 \cdot 3 \cdot \sqrt{5}}$$

$$= \frac{5}{3\sqrt{5}} = \boldsymbol{\frac{\sqrt{5}}{3}}$$

△BCD において，余弦定理より

$$\mathbf{cos\angle CBD} = \frac{BC^2 + BD^2 - CD^2}{2BC \cdot BD}$$

$$= \frac{1^2 + (\sqrt{5})^2 - 2^2}{2 \cdot 1 \cdot \sqrt{5}}$$

$$= \frac{2}{2\sqrt{5}} = \boldsymbol{\frac{\sqrt{5}}{5}}$$

よって，$\cos\angle ABD > \cos\angle CBD$ より

∠ABD < ∠CBD ⇨ ⓪

◀$0° < \theta_1 < \theta_2 < 180°$ のとき $\cos\theta_1 > \cos\theta_2$

であるから，四角形 ABCD には，点 C が直線 BD に関して点 A と**反対側にあるもののみが存在する**。 ⇨ ①

◀点 C が直線 BD に関して点 A と同じ側にある場合

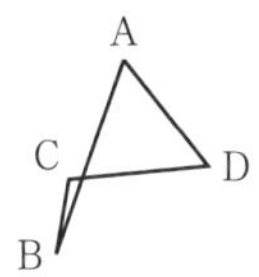

のようになり，図形 ABCD は四角形ではなくなる。

別解

BD $= \sqrt{5}$ を求めたあと

$$BD^2 + DA^2 = (\sqrt{5})^2 + 2^2 = 9$$
$$= AB^2$$

であることに気づけば，三平方の定理の逆より，△ABD は ∠BDA が 90° の直角三角形であるから

$$\cos\angle ABD = \frac{BD}{AB} = \frac{\sqrt{5}}{3}$$

と求めることができる。

(2) 点 C′ は直線 BD に関して点 C と対称な点であるから

$$BC' = BC = 1$$

よって

$$\mathbf{AC'} = AB - BC' = \mathbf{2}$$

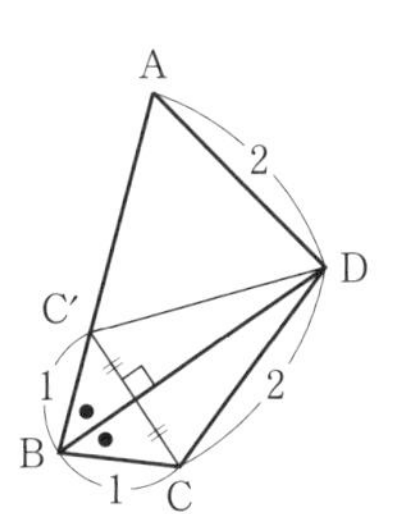

△ABD において，余弦定理より

$$\cos\angle ABD = \frac{3^2 + BD^2 - 2^2}{2 \cdot 3 \cdot BD} = \frac{BD^2 + 5}{6BD}$$

△CBD において，余弦定理より

$$\cos\angle CBD = \frac{1^2 + BD^2 - 2^2}{2 \cdot 1 \cdot BD} = \frac{BD^2 - 3}{2BD}$$

∠ABD = ∠CBD より

$$\cos\angle ABD = \cos\angle CBD$$

であるから

$$\frac{BD^2 + 5}{6BD} = \frac{BD^2 - 3}{2BD}$$

$$BD^2 + 5 = 3(BD^2 - 3)$$

$$BD^2 = 7$$

したがって

$$\mathbf{BD} = \boldsymbol{\sqrt{7}}$$

よって，△ABD において，余弦定理より

$$\mathbf{cos\angle BAD} = \frac{AB^2 + AD^2 - BD^2}{2AB \cdot AD}$$

$$= \frac{3^2 + 2^2 - (\sqrt{7})^2}{2 \cdot 3 \cdot 2}$$

$$= \boldsymbol{\frac{1}{2}}$$

別解

点 C′ は直線 BD に関して点 C と対称な点であるから

$$C'D = CD = 2$$

である。よって，△AC′D は 1 辺の長さが 2 の正三角形であるから

$$\cos\angle BAD = \cos 60^\circ = \frac{1}{2}$$

と求めることもできる。

(3) BD $= x$ とおく。△ABD において，余弦定理より

$$x^2 = AB^2 + AD^2 - 2AB\cdot AD\cos\angle BAD$$
$$= 3^2 + 2^2 - 2\cdot 3\cdot 2\cos\angle BAD$$
$$= 13 - 12\cos\angle BAD$$

△BCD において，三角形の成立条件より

$$x < BC + CD = 3$$

であるから

$$x^2 < 9$$

したがって

$$13 - 12\cos\angle BAD < 9$$

より

$$\cos\angle BAD > \frac{1}{3} \quad \cdots\cdots ①$$

また，△ABD，△CBD において，余弦定理より

$$\cos\angle ABD = \frac{3^2 + x^2 - 2^2}{2\cdot 3\cdot x} = \frac{x^2 + 5}{6x}$$

$$\cos\angle CBD = \frac{1^2 + x^2 - 2^2}{2\cdot 1\cdot x} = \frac{x^2 - 3}{2x}$$

四角形 ABCD において，点 C が直線 BD に関して点 A と同じ側にあるものと反対側にあるものの 2 通りが存在するのは

$$\angle ABD > \angle CBD$$

すなわち

$$\cos\angle ABD < \cos\angle CBD$$

となるときであるから

$$\frac{x^2 + 5}{6x} < \frac{x^2 - 3}{2x}$$
$$x^2 + 5 < 3(x^2 - 3)$$
$$x^2 > 7$$

したがって

$$x > \sqrt{7}$$

よって，BD の長さのとり得る値の範囲は

$$\boldsymbol{\sqrt{7} < BD < 3}$$

(2)より，$x = \sqrt{7}$ のとき，$\cos\angle BAD = \frac{1}{2}$ であり

$$\cos\angle BAD = \frac{13 - x^2}{12}$$

より，x の値が大きくなるにつれて，cos∠BAD の値は小さくなる。

したがって

$$\cos\angle BAD < \frac{1}{2} \quad \cdots\cdots ②$$

よって，①，②より，求める cos∠BAD の値の範囲は

$$\boldsymbol{\frac{1}{3} < \cos\angle BAD < \frac{1}{2}}$$

第2問

〔1〕

(1) 長方形部分の縦の長さが $2x$ m，横の長さが y m であるから，その面積 S は

$$\boldsymbol{S = 2xy} \quad \cdots\cdots \text{①}$$ ⇨ ①

また，トラックは，内側が半径 x m の半円二つと長方形を合わせた形で，周の長さが 200 m であるから

$$2\pi x + 2y = 200$$

より

$$\boldsymbol{y = 100 - \pi x} \quad \cdots\cdots \text{②}$$ ⇨ ③

(2) まず，辺の長さは正であるから

$$x > 0,\ 100 - \pi x > 0$$

より

$$0 < x < \frac{100}{\pi}$$

長方形の縦の長さについて

$$2x \leqq 40$$
$$x \leqq 20$$

長方形部分と二つの半円部分を合わせた横の長さについて

$$2x + y \leqq 90$$
$$2x + (100 - \pi x) \leqq 90$$
$$(\pi - 2)x \geqq 10$$

よって

$$x \geqq \frac{10}{\pi - 2}$$

$0 < \dfrac{10}{\pi - 2} < 20 < \dfrac{100}{\pi}$ であるから，以上より，x のとり得る値の範囲は

$$\boldsymbol{\frac{10}{\pi - 2} \leqq x \leqq 20} \quad \cdots\cdots \text{③}$$

①，②より y を消去すると

$$S = 2x(100 - \pi x) = -2\pi\left(x - \frac{50}{\pi}\right)^2 + \frac{5000}{\pi}$$

よって，③の範囲で S が最大となるのは，$x = \boldsymbol{\dfrac{50}{\pi}}$ のときである。

◀ $\dfrac{50}{\pi} - \dfrac{10}{\pi - 2}$
$= \dfrac{40\left(\pi - \frac{5}{2}\right)}{\pi(\pi - 2)}$
また
$20 - \dfrac{50}{\pi}$
$= \dfrac{20\left(\pi - \frac{5}{2}\right)}{\pi}$
したがって，$\pi > 3$ より
$\dfrac{10}{\pi - 2} < \dfrac{50}{\pi} < 20$

(3) トラックのうち曲線部分の長さの合計は，1 周の半分 100 m よりも長くなるようにするから

$$2\pi x > 100$$
$$x > \frac{50}{\pi}$$

トラック内側の長方形部分の面積は，その最大値の 96 % よりも大きくなるようにするから

$$2x(100 - \pi x) > \frac{5000}{\pi} \cdot \frac{96}{100}$$
$$(\pi x)^2 - 100\pi x + 2400 < 0$$
$$(\pi x - 40)(\pi x - 60) < 0$$

よって

$$\frac{40}{\pi} < x < \frac{60}{\pi}$$

$\dfrac{10}{\pi - 2} < \dfrac{40}{\pi} < \dfrac{50}{\pi} < \dfrac{60}{\pi} < 20$ より

$$\boldsymbol{\frac{50}{\pi} < x < \frac{60}{\pi}}$$

◀ $\dfrac{40}{\pi} - \dfrac{10}{\pi - 2}$
$= \dfrac{30\left(\pi - \frac{8}{3}\right)}{\pi(\pi - 2)}$
また
$20 - \dfrac{60}{\pi}$
$= \dfrac{20(\pi - 3)}{\pi}$

〔2〕

(1)

⓪ 図1より，盗塁数が最多な大学は，図2より，送りバント数は最少であるから，正しい。

① 図5より，得点が最少な大学は，出塁率が最小ではないので，**正しくない。**

② 図3より，得点が最多な大学は，打率が最大であるから，正しい。

③ 図4より，得点が150点以上の4大学はすべて，長打率が0.36以上なので，正しい。

④ 図3より，打率が0.26以下の7大学はすべて，得点が150点以下なので，正しい。

⑤ 図1より，盗塁数が100以上なのは，2大学あるが，図6より，どちらも三振率が0.20以下なので，正しい。

⑥ 図2より，送りバント数が130以上なのは3大学あるが，図6より，そのうち1大学が三振率が0.20より大きいので，**正しくない。**

よって，読み取れることとして正しくないものは ① と ⑥ である。

◀散布図はすべて得点と各種の打撃データのものであるから，得点以外のデータどうしの関係性は得点を介して考察する。

(2)

⓪ G大学はF大学よりもOPSが高いのに，得点は少ないので，正しくない。

① 図7からOPSが最も高い大学はわかるが，各選手のOPSについてはわからないので，正しくない。

② OPSが最も低いのはK大学であるが，各選手のOPSについては図7からはわからないので，正しくない。

③ 得点が100点以下なのは7大学あり，すべてOPSは0.68以下であるから，**正しい。**

④ E大学はOPSが0.68以下であるが，得点は100点より多いので，正しくない。

よって，読み取れることとして正しいものは ③ である。

(3) 得点，OPS，OPSを100倍した値，それぞれを変量 x，y，Y とおく。

各大学の得点を x_{A}，x_{B}，$\cdots$，x_{K}，x_{Z} とし，OPSを y_{A}，y_{B}，$\cdots$，y_{K}，y_{Z} とし，OPSを100倍した値を Y_{A}，Y_{B}，$\cdots$，Y_{K}，Y_{Z} とする。

また，x，y，Y について，平均値をそれぞれ $\overline{x}$，$\overline{y}$，$\overline{Y}$，標準偏差をそれぞれ s_x，s_y，s_Y とする。$Y=100y$ であるから

$$\begin{aligned}\overline{Y}&=\frac{100y_{\mathrm{A}}+100y_{\mathrm{B}}+\cdots+100y_{\mathrm{K}}+100y_{\mathrm{Z}}}{12}\\&=100\cdot\frac{y_{\mathrm{A}}+y_{\mathrm{B}}+\cdots+y_{\mathrm{K}}+y_{\mathrm{Z}}}{12}\\&=100\overline{y}\end{aligned}$$

これより

$$Y-\overline{Y}=100y-100\overline{y}=100(y-\overline{y})$$

となるので，x と Y の共分散 s について，x と y の共分散を s_{xy} とすると

$$\begin{aligned}s=\frac{1}{12}\{&(x_{\mathrm{A}}-\overline{x})(Y_{\mathrm{A}}-\overline{Y})+\cdots+(x_{\mathrm{K}}-\overline{x})(Y_{\mathrm{K}}-\overline{Y})\\&+(x_{\mathrm{Z}}-\overline{x})(Y_{\mathrm{Z}}-\overline{Y})\}\\=\frac{1}{12}\{&100(x_{\mathrm{A}}-\overline{x})(y_{\mathrm{A}}-\overline{y})+\cdots+100(x_{\mathrm{K}}-\overline{x})(y_{\mathrm{K}}-\overline{y})\\&+100(x_{\mathrm{Z}}-\overline{x})(y_{\mathrm{Z}}-\overline{y})\}\\=100&s_{xy}\end{aligned}$$

◀x と y の共分散は x の偏差と y の偏差の積の平均値である。

また

$$s_Y = \sqrt{\frac{\left(Y_A-\overline{Y}\right)^2+\cdots+\left(Y_K-\overline{Y}\right)^2+\left(Y_Z-\overline{Y}\right)^2}{12}}$$
$$= 100\sqrt{\frac{\left(y_A-\overline{y}\right)^2+\cdots+\left(y_K-\overline{y}\right)^2+\left(y_Z-\overline{y}\right)^2}{12}}$$
$$= 100s_y$$

であるから，x と Y の相関係数 r' は

$$r' = \frac{s}{s_x s_Y} = \frac{100s_{xy}}{s_x \cdot 100s_y} = \frac{s_{xy}}{s_x s_y} = r$$

よって

$$\boldsymbol{\frac{r'}{r} = 1}$$ ⇨ ②

である。

(4)　a さん，…，i さんの OPS をそれぞれ a，…，i とおく。図 8 より

最大値：0.81　　第 3 四分位数：0.71

中央値：0.67　　第 1 四分位数：0.62

最小値：0.55

これより

$a = \mathbf{0.81}$，$e = \mathbf{0.67}$

である。また

$$\frac{b+c}{2} = 0.71,\quad \frac{g+h}{2} = 0.62$$

であるから，$c = 0.70$，$h = 0.61$ より

$b = \mathbf{0.72}$，$g = \mathbf{0.63}$

である。9 人の平均値はちょうど 0.67 であるから，9 人の偏差の和は

$$(0.81-0.67)+(0.72-0.67)+(0.70-0.67)+(d-0.67)$$
$$+(0.67-0.67)+(0.65-0.67)+(0.63-0.67)+(0.61-0.67)$$
$$+(0.55-0.67)$$
$$= 0.14+0.05+0.03+(d-0.67)-0.02-0.04-0.06-0.12$$
$$= d-0.69$$

これが 0 になることより

$d = \mathbf{0.69}$

である。よって，次の表のようになる。

選手	d	e	c	a	b	f	g	h	i
OPS	④	②	0.70	⑧	⑤	0.65	⓪	0.61	0.55

第3問

(1)(i)　問題の図において，$\angle \mathbf{PA'C} = \angle \mathbf{PB'C}$ であるから，円周角の定理の逆より，4 点 P，A′，B′，C は同じ円周上にある。 ⇨ ①

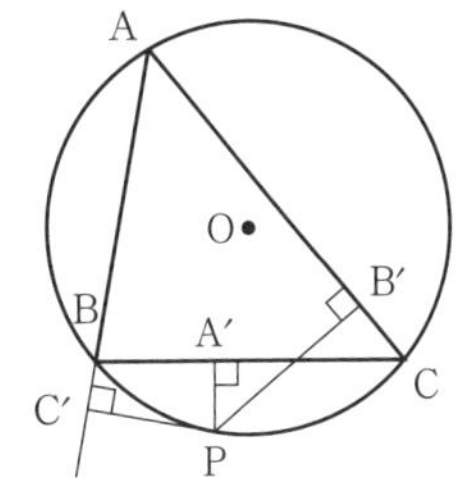

◀ ④も成り立つが，図からは示せていない。

よって

$\angle B'A'P = 180° - \angle ACP$

また，4 点 P，A′，B，C′ は同じ円周上にあるから

$\angle C'A'P = \angle C'BP = 180° - \angle ABP$

◀ $\angle PA'B + \angle BC'P = 180°$ より，四角形 PA′BC′ は円に内接する。

4 点 P，A，B，C は同じ円周上にあるから

$\angle ABP + \angle ACP = 180°$

以上より

$$\angle B'A'P + \angle C'A'P = (180^\circ - \angle ACP) + (180^\circ - \angle ABP)$$
$$= 360^\circ - (\angle ABP + \angle ACP)$$
$$= \mathbf{180^\circ}$$ ⇨ ③

(ii)　直線 PA に関して点 C と点 O が反対側にあるとき，(i)と同様に，4 点 P, A′, C, B′ は同じ円周上にあるから

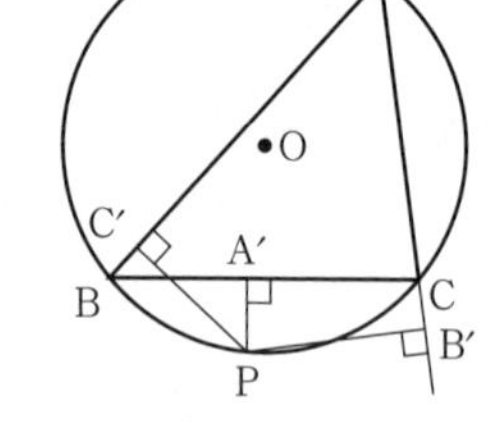

$\boldsymbol{\angle B'A'P} = \angle B'CP = \mathbf{180^\circ - \angle ACP}$ ⇨ ⑤

また，4 点 P, A′, C′, B は同じ円周上にあるから

$\boldsymbol{\angle C'A'P = 180^\circ - \angle ABP}$ ⇨ ②

4 点 P, A, B, C は同じ円周上にあるから

$\angle ABP + \angle ACP = 180^\circ$

よって

$$\angle B'A'P + \angle C'A'P = (180^\circ - \angle ACP) + (180^\circ - \angle ABP)$$
$$= 360^\circ - (\angle ABP + \angle ACP)$$
$$= 180^\circ$$

であるから，3 点 A′, B′, C′ は一直線上にある。

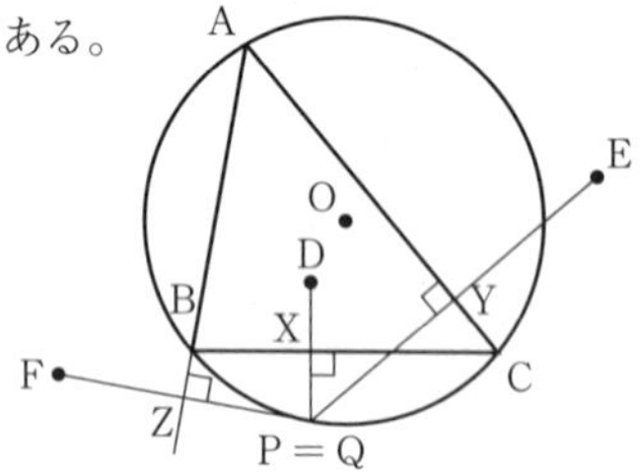

(2)(i)　PD, PE, PF はそれぞれ直線 BC, CA, AB と垂直であるから，**点 Q が点 P と一致する**ときには，**問題**の点 Q, X, Y, Z はそれぞれ**定理 A** の点 P, A′, B′, C′ に対応し，3 点 X, Y, Z は一直線上にあることがいえる。 ⇨ ②

(ii)　(i)より，**定理 A** は**問題**の一部である。よって，**定理 A が証明できたからといって問題が解決できたことにはならないが，問題が解決できれば，定理 A は証明できたことになる。** ⇨ ②

(iii)　点 P と点 Q が一致しないときについて，点 Y が辺 CA 上にあり，点 Z が線分 AB の点 B の方の延長上（点 B を除く）にあるときを考える。点 P と点 E は直線 CA に関して対称であるから

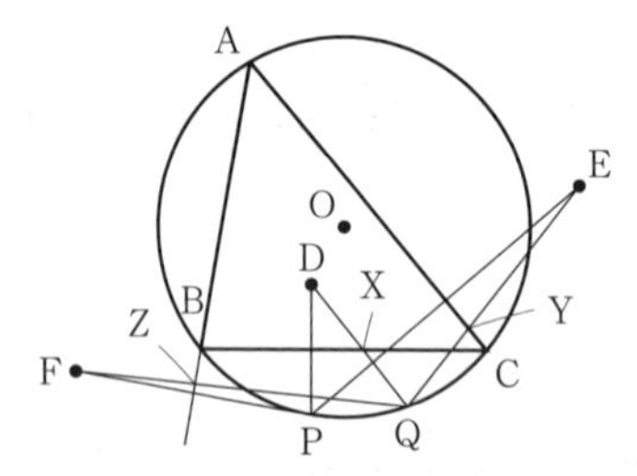

$\angle ECA = \angle PCA$

4 点 P, A, B, C は同じ円周上にあるから，ある内角とその対角の外角は等しい。よって

$\angle PCA = \angle PBZ$

点 P と点 F は直線 AB に関して対称であるから

$\angle PBZ = \angle FBZ$

よって

$\boldsymbol{\angle ECA = \angle ACP = \angle PBZ = \angle FBZ}$ ⇨ ③，②，①

また，4 点 Q, A, B, C は同じ円周上にあるから，ある内角とその対角の外角は等しい。よって

$\angle QCA = \angle QBZ$

より

$$\boldsymbol{\angle QCE} = \angle QCA + \angle ECA$$
$$= \angle QBZ + \angle FBZ$$
$$= \boldsymbol{\angle FBQ}$$ ⇨ ①

点 A, B から直線 FQ に下ろした垂線をそれぞれ AG, BH とすると, △AGZ ∽ △BHZ であるから, 線分 FQ を底辺とする三角形に着目して

$$\frac{\mathbf{AZ}}{\mathbf{ZB}}=\frac{\mathrm{AG}}{\mathrm{BH}}=\frac{\triangle\mathbf{AFQ}}{\triangle\mathbf{BFQ}}$$ ⇨ ①

3 点 X, Y, Z が一直線上にあることを証明しておこう。

(証明)

点 Z が半直線 AB 上, 点 Y が辺 CA 上にあり, 2 点 P, Q が一致しないときを考える。

上と同様に ∠QAF, ∠QBD と大きさの等しい角を考えると

$$\angle\mathrm{QAF}=\angle\mathrm{QCD}$$
$$\angle\mathrm{QBD}=\angle\mathrm{QAE}$$

であり, 線分の長さの比を三角形の面積を用いて表すと

$$\frac{\mathrm{BX}}{\mathrm{XC}}=\frac{\triangle\mathrm{BDQ}}{\triangle\mathrm{CDQ}},\quad \frac{\mathrm{CY}}{\mathrm{YA}}=\frac{\triangle\mathrm{CEQ}}{\triangle\mathrm{AEQ}}$$

よって

$$\begin{aligned}\frac{\mathrm{AZ}}{\mathrm{ZB}}\cdot\frac{\mathrm{BX}}{\mathrm{XC}}\cdot\frac{\mathrm{CY}}{\mathrm{YA}}&=\frac{\triangle\mathrm{AFQ}}{\triangle\mathrm{BFQ}}\cdot\frac{\triangle\mathrm{BDQ}}{\triangle\mathrm{CDQ}}\cdot\frac{\triangle\mathrm{CEQ}}{\triangle\mathrm{AEQ}}\\&=\frac{\triangle\mathrm{AFQ}}{\triangle\mathrm{CDQ}}\cdot\frac{\triangle\mathrm{BDQ}}{\triangle\mathrm{AEQ}}\cdot\frac{\triangle\mathrm{CEQ}}{\triangle\mathrm{BFQ}}\\&=\frac{\mathrm{AF}\cdot\mathrm{AQ}}{\mathrm{CD}\cdot\mathrm{CQ}}\cdot\frac{\mathrm{BD}\cdot\mathrm{BQ}}{\mathrm{AE}\cdot\mathrm{AQ}}\cdot\frac{\mathrm{CE}\cdot\mathrm{CQ}}{\mathrm{BF}\cdot\mathrm{BQ}}\\&=\frac{\mathrm{AP}\cdot\mathrm{AQ}}{\mathrm{CP}\cdot\mathrm{CQ}}\cdot\frac{\mathrm{BP}\cdot\mathrm{BQ}}{\mathrm{AP}\cdot\mathrm{AQ}}\cdot\frac{\mathrm{CP}\cdot\mathrm{CQ}}{\mathrm{BP}\cdot\mathrm{BQ}}\\&=1\end{aligned}$$

◀ ∠QAF = ∠QCD より
$\sin\angle\mathrm{QAF}=\sin\angle\mathrm{QCD}$
であるから
$$\frac{\triangle\mathrm{AFQ}}{\triangle\mathrm{CDQ}}=\frac{\frac{1}{2}\cdot\mathrm{AF}\cdot\mathrm{AQ}\cdot\sin\angle\mathrm{QAF}}{\frac{1}{2}\cdot\mathrm{CD}\cdot\mathrm{CQ}\cdot\sin\angle\mathrm{QCD}}=\frac{\mathrm{AF}\cdot\mathrm{AQ}}{\mathrm{CD}\cdot\mathrm{CQ}}$$
他の三角形についても同様に考えられる。

であるから, **定理 B** より, 3 点 X, Y, Z は一直線上にある。2 点 P, Q が一致しない限り, 点 Z が半直線 AB 上, 点 Y が辺 CA 上にあるとき以外にもこの議論は成り立つ。

また, 2 点 P, Q が一致するときは, (i)より, 3 点 X, Y, Z は一直線上にある。

(証明終)

研究

定理 A は「シムソンの定理」と呼ばれている。また, **問題**はシムソンの定理の拡張を考えたもので,「清宮の定理」と呼ばれている。

第4問

(1) 花子さんの確率の設定に基づいて, 全体に対するそれぞれの面積の割合を確率として計算する。

A, B, C, D, E は, 半径の等しい扇形であるから, それぞれの確率は分母は 360, 分子は各図形の中心角の大きさである。

◀ A, B, C, D, E のいずれかに矢が刺さる確率が 1 であることと, 円は中心角 360° の扇形とみなせることによる。

よって, 先攻の得点が 0 点になる（すなわち, 先攻の矢が E に刺さる）確率は

$$\frac{60}{360}=\frac{1}{6}$$

であり, 先攻の得点が 10 点になる（すなわち, 先攻の矢が A に刺さる）確率は

$$\frac{120}{360}=\frac{\mathbf{1}}{\mathbf{3}}$$

であり, 先攻の得点が 20 点になる（すなわち, 先攻の矢が B に刺さる）確率は

$$\frac{90}{360}=\frac{\mathbf{1}}{\mathbf{4}}$$

である。同様に先攻が 30 点, 40 点を得る確率はそれぞれ

$$\frac{60}{360}=\frac{1}{6},\quad \frac{30}{360}=\frac{1}{12}$$

である。以上より，先攻の期待値は

$$0\cdot\frac{1}{6}+10\cdot\frac{1}{3}+20\cdot\frac{1}{4}+30\cdot\frac{1}{6}+40\cdot\frac{1}{12}=\mathbf{\frac{50}{3}}\ (点)$$

である。

(2)　先攻の得点が 20 点のとき，残された図形は中心角 $360^\circ-90^\circ=270^\circ$ の扇形であるから，後攻が 40 点を取る確率は $\frac{30}{270}=\frac{1}{9}$ である。

よって，先攻の得点が 20 点で，後攻の得点が 40 点となる確率は

$$\frac{1}{4}\cdot\frac{1}{9}=\mathbf{\frac{1}{36}}$$

である。他の場合についても同様に考えることで，後攻の得点が 40 点になる確率を計算することができる。

後攻の得点が 40 点になる確率は，先攻の得点が 0 点のときは，図形が円のままであることと，先攻の得点が 40 点のとき，後攻の得点が 40 点になる確率は 0 であることに注意すると

$$\frac{1}{3}\cdot\frac{30}{360-120}+\frac{1}{36}+\frac{1}{6}\cdot\frac{30}{360-60}+\frac{1}{6}\cdot\frac{30}{360}$$
$$=\frac{1}{3}\cdot\frac{1}{8}+\frac{1}{36}+\frac{1}{6}\cdot\frac{1}{10}+\frac{1}{6}\cdot\frac{1}{12}=\mathbf{\frac{1}{10}}$$

である。これまでの結果より，先攻の得点が 20 点のときに，後攻の得点が 40 点になる条件付き確率は

$$\frac{30}{360-90}=\mathbf{\frac{1}{9}}$$

である。

先攻の得点が 20 点のときについて考える。後攻の得点が 20 点となる条件付き確率は 0 であるが，そのほかの後攻の得点が 0 点，10 点，30 点，40 点となるそれぞれの条件付き確率は，矢の刺さる場所が円（中心角 360° の扇形とみる）から，中心角 270° の扇形に変わったので，それぞれ $\frac{360}{270}=\mathbf{\frac{4}{3}}$ 倍になる。

ここで，先攻の得点の期待値は $\frac{50}{3}$ 点であり，この中から 20 点の場合を除くと

$$\frac{50}{3}-20\cdot\frac{1}{4}=\frac{50}{3}-5\ (点)$$

となるので，先攻の得点が 20 点のときの後攻の得点の期待値は

$$\frac{1}{4}\cdot\frac{4}{3}\left(\frac{50}{3}-\mathbf{5}\right)=\frac{1}{3}\left(\frac{50}{3}-5\right)\ (点)$$

である。同様に考えると，先攻の得点の期待値を X 点とおくと，先攻の得点が 0 点のとき，後攻が矢を投げる際の図形は円のままなので，先攻の得点が 0 点のときの後攻の得点の期待値は $\frac{X}{6}$ （点）である。

先攻の得点が 10 点のとき，後攻が矢を投げる際の図形は中心角 240° の扇形であり，後攻は 10 点を取ることはないので，先攻の得点が 10 点のときの後攻の得点の期待値は

$$\frac{1}{3}\cdot\frac{360}{240}\left(X-10\cdot\frac{1}{3}\right)=\frac{1}{2}\left(X-\frac{10}{3}\right)\ (点)$$

である。先攻の得点が 30 点のとき，後攻が矢を投げる際の図形は中心角 300° の扇形であり，後攻は 30 点を取ることはないので，先攻の得点が 30 点のときの後攻の得点の期待値は

$$\frac{1}{6}\cdot\frac{360}{300}\left(X-30\cdot\frac{1}{6}\right)=\frac{X-5}{5}\ (点)$$

である。先攻の得点が 40 点のとき，後攻が矢を投げる際の図形は中心角 330° の扇形であり，後攻は 40 点を取ることはないので，先攻の得点が 40 点のときの後攻の得点の期待値は

◀期待値の定義に沿って計算する。次のような表を作ることも有効である。

得点	確率
0	$\frac{1}{6}$
10	$\frac{1}{3}$
20	$\frac{1}{4}$
30	$\frac{1}{6}$
40	$\frac{1}{12}$

◀先攻の得点が 20 点となる確率は $\frac{1}{4}$。

◀確率の和の法則による。それぞれ先攻の得点が 10 点，20 点，30 点，0 点のときに，後攻の得点が 40 点になる確率は互いに排反であり，後攻の得点が 40 点になるのはこれらの場合に限る。

◀A を先攻の得点が 20 点となる事象，B を後攻の得点が 40 点となる事象とすると，求める条件付き確率は

$$P_A(B)=\frac{P(A\cap B)}{P(A)}$$
$$=\frac{1}{36}\div\frac{1}{4}$$

としてもよい。

◀ $360^\circ-120^\circ=240^\circ$

◀先攻の得点が 20 点のときと同様に考える。

◀ $360^\circ-60^\circ=300^\circ$

◀ $360^\circ-30^\circ=330^\circ$

$$\frac{1}{12}\cdot\frac{360}{330}\left(X-40\cdot\frac{1}{12}\right)=\frac{1}{11}\left(X-\frac{10}{3}\right)\ (点)$$

である。よって，後攻の得点の期待値は

$$\frac{X}{6}+\frac{1}{2}\left(X-\frac{10}{3}\right)+\frac{X-5}{3}+\frac{X-5}{5}+\frac{1}{11}\left(X-\frac{10}{3}\right)$$

$$=\frac{71}{55}X-\frac{51}{11}=\mathbf{\frac{557}{33}}\ (点)$$

◀先攻の得点が 0 点，10 点，20 点，30 点，40 点のときの後攻の得点の期待値の和。

◀(1)より，$X=\frac{50}{3}$

である。これと先攻の得点の期待値 $X=\frac{550}{33}$ を比較すると，後攻の得点の期待値の方が先攻の得点の期待値より高いので，**後攻の方が有利である。** ⇨ ①

研究

先攻の得点の期待値と後攻の得点の期待値を比較することを目標としているわけであるが，ここでは後攻の得点の期待値をどのように計算するかが問題となっている。

後攻の得点は，先攻が矢を投げた結果の影響を受けるため，後攻が各得点を得る確率を計算するのはかなり手間がかかる（実際，後攻の得点が 40 点になる確率を計算するだけでも手間に感じたはずだ）。後攻の得点の期待値を定義どおりに計算しようとすれば，後攻の得点が 40 点になる確率と同様に，後攻の得点が 10 点になる確率，20 点になる確率，30 点になる確率を計算する必要がある。なお，後攻の得点が 0 点になる確率も計算できるが，期待値の計算には影響しないので，計算する必要はない。

花子さんのアイデアはこの計算を回避するための工夫であり，発想としては次の通りである。先攻の得点と後攻の得点について次の表を作る。ここで，表の各数値は先攻の得点と後攻の得点が表に対応する組合せになる確率を表す。

後攻＼先攻	0	10	20	30	40
0	$\frac{1}{6}\times\frac{1}{6}$	$\frac{1}{3}\times\frac{1}{4}$	$\frac{1}{4}\times\frac{2}{9}$	$\frac{1}{6}\times\frac{1}{5}$	$\frac{1}{12}\times\frac{2}{11}$
10	$\frac{1}{6}\times\frac{1}{3}$	0	$\frac{1}{4}\times\frac{4}{9}$	$\frac{1}{6}\times\frac{2}{5}$	$\frac{1}{12}\times\frac{4}{11}$
20	$\frac{1}{6}\times\frac{1}{4}$	$\frac{1}{3}\times\frac{3}{8}$	0	$\frac{1}{6}\times\frac{3}{10}$	$\frac{1}{12}\times\frac{3}{11}$
30	$\frac{1}{6}\times\frac{1}{6}$	$\frac{1}{3}\times\frac{1}{4}$	$\frac{1}{4}\times\frac{2}{9}$	0	$\frac{1}{12}\times\frac{2}{11}$
40	$\frac{1}{6}\times\frac{1}{12}$	$\frac{1}{3}\times\frac{1}{8}$	$\frac{1}{4}\times\frac{1}{9}$	$\frac{1}{6}\times\frac{1}{10}$	0

期待値の定義に基づいて計算する方法は，この表において，それぞれの行ごとに確率の和を求めてから，得点を掛けて和を計算するものであり，花子さんのアイデアは，得点と確率の積をそれぞれの列ごとに計算して，あとから足し合わせる方法である。行ごとにみるよりも列ごとにみた方が共通している部分が多いため，計算がラクになるというわけだ。

模試 第3回

解　　答

問題番号(配点)	解答記号	正解	配点	自己採点
第1問 (30)	$a+b=$ ア $\sqrt{\text{イ}}$	$a+b=2\sqrt{2}$	2	
	$ab=\dfrac{\text{ウ}}{\text{エ}}$	$ab=\dfrac{1}{2}$	2	
	$a^2+b^2=$ オ	$a^2+b^2=7$	3	
	カ	②	3	
	EB＝ キ $\sqrt{\text{ク}}$	$\mathrm{EB}=4\sqrt{2}$	2	
	BC＝ $\sqrt{\text{ケコ}}$	$\mathrm{BC}=\sqrt{93}$	2	
	サ $\sqrt{\text{シ}}$	$7\sqrt{3}$	2	
	ス	①	2	
	$\mathrm{BC}^2+\mathrm{ED}^2=$ セソタ	$\mathrm{BC}^2+\mathrm{ED}^2=130$	2	
	チ	③	3	
	ツ	③	3	
	テ	①	2	
	ト	②	2	
第2問 (30)	ア	②	2	
	イ	⓪	2	
	ウ	②	2	
	エ	②	3	
	オ	③	3	
	$b=$ カキ	$b=-2$	3	
	ク	①	1	
	ケ	④	1	
	コ	⑦	1	
	サシス	138	2	
	セ 点以上 ソ 点以下	⓪ 点以下 ⑤ 点以上	3	
	タ 点以上	⑥ 点以上	3	
	$X=$ チツ . テ	$X=16.5$	2	
	ト, ナ	①, ⓪	2	

問題番号(配点)	解答記号	正解	配点	自己採点
第3問 (20)	ア	③	2	
	イ	①	1	
	ウ	⑥	2	
	∠BXC = エオカ°	∠BXC = **120**°	2	
	∠BYC = キク°	∠BYC = **60**°	2	
	ケ	①	2	
	コ	⑦	3	
	サ	⓪	3	
	シ	⓪	3	
第4問 (20)	ア 通り	**6** 通り	2	
	イ 通り	**3** 通り	2	
	ウ	④	2	
	エ 通り	**2** 通り	2	
	オ 通り	**6** 通り	2	
	カ/キ	$\frac{1}{3}$	2	
	ク	①	3	
	ケ	⑥	3	
	コ	⑥	2	

(注) 第1問～第4問はすべて必答で，計4問を解答。
なお，上記以外のものについても得点を与えることがある。正解欄に※があるものは，解答の順序は問わない。

第1問小計		第2問小計		第3問小計		第4問小計		合計点	/100

第１問

〔1〕

(1)　$a=\dfrac{1}{2\sqrt{2}-\sqrt{6}}$ の分母を有理化して

$$a=\frac{2\sqrt{2}+\sqrt{6}}{(2\sqrt{2}-\sqrt{6})(2\sqrt{2}+\sqrt{6})}=\frac{2\sqrt{2}+\sqrt{6}}{2}$$

$b=\dfrac{1}{2\sqrt{2}+\sqrt{6}}$ の分母を有理化して

$$b=\frac{2\sqrt{2}-\sqrt{6}}{(2\sqrt{2}+\sqrt{6})(2\sqrt{2}-\sqrt{6})}=\frac{2\sqrt{2}-\sqrt{6}}{2}$$

であるから

$$\boldsymbol{a+b}=\frac{(2\sqrt{2}+\sqrt{6})+(2\sqrt{2}-\sqrt{6})}{2}=\mathbf{2\sqrt{2}}$$

$$\boldsymbol{ab}=\frac{(2\sqrt{2}+\sqrt{6})(2\sqrt{2}-\sqrt{6})}{4}=\mathbf{\frac{1}{2}}$$

したがって

$$\boldsymbol{a^2+b^2}=(a+b)^2-2ab=(2\sqrt{2})^2-2\cdot\frac{1}{2}=\mathbf{7}$$

(2)　(1)より

$$a=\frac{2\sqrt{2}+\sqrt{6}}{2}=\sqrt{2}+\frac{\sqrt{6}}{2}>1$$

また，与えられた b の分母について

$$2\sqrt{2}+\sqrt{6}>1$$

より

$$0<b<1$$

であるから，$M=\{x \mid 0<x<1\}$ より

$\boldsymbol{a\notin M}$ **かつ** $\boldsymbol{b\in M}$　⇨ ②

〔2〕

(1)　△AEB は AE ＝ AB ＝ 4 の直角二等辺三角形であるから

$$\mathbf{EB}=\sqrt{2}\mathrm{AB}=\mathbf{4\sqrt{2}}$$

また，△ABC において余弦定理より

$$\mathrm{BC}^2=7^2+4^2-2\cdot7\cdot4\cos120^\circ$$
$$=49+16-56\cdot\left(-\frac{1}{2}\right)=93$$

◀ $\mathrm{BC}^2=b^2+c^2-2bc\cos\theta$

よって，BC ＞ 0 より

$$\mathbf{BC}=\mathbf{\sqrt{93}}$$

そして

$$\triangle\mathrm{ABC}=\frac{1}{2}\cdot7\cdot4\sin120^\circ$$
$$=\mathbf{7\sqrt{3}}$$

◀△ABC の面積は $\dfrac{1}{2}bc\sin\theta$

(2)(i)　余弦定理より

$$\mathrm{BC}^2=7^2+4^2-2\cdot7\cdot4\cos\theta$$
$$=65-56\cos\theta \quad \cdots\cdots ①$$
$$\mathrm{ED}^2=65-56\cos(180^\circ-\theta)$$
$$=65+56\cos\theta \quad \cdots\cdots ②$$

◀AE ＝ AB，AD ＝ AC，$\angle\mathrm{DAE}=180^\circ-\theta$ より，①の θ を $180^\circ-\theta$ にすればよい。

であるから

$0^\circ<\theta<90^\circ$ のとき $\mathrm{BC}^2<\mathrm{ED}^2$

$\theta=90^\circ$ のとき $\mathrm{BC}^2=\mathrm{ED}^2$

$90^\circ<\theta<180^\circ$ のとき $\mathrm{BC}^2>\mathrm{ED}^2$

BC ＞ 0，ED ＞ 0 より

◀$0^\circ<\theta<90^\circ$ のとき $\cos\theta>0$
$\theta=90^\circ$ のとき $\cos\theta=0$
$90^\circ<\theta<180^\circ$ のとき $\cos\theta<0$
より。

$0^\circ < \theta < 90^\circ$ のとき BC < ED

$\theta = 90^\circ$ のとき BC = ED

$90^\circ < \theta < 180^\circ$ のとき BC > ED ⇨ ①

また，①，②より，θ の値によらず

$$\mathbf{BC^2 + ED^2} = (65-56\cos\theta)+(65+56\cos\theta) = \mathbf{130}$$

ここで

$$\mathrm{BC}^2 + \mathrm{ED}^2 = \frac{1}{2}\{(\mathrm{BC}+\mathrm{ED})^2 + (\mathrm{BC}-\mathrm{ED})^2\}$$

であることを用いると

$$\frac{1}{2}\{(\mathrm{BC}+\mathrm{ED})^2 + (\mathrm{BC}-\mathrm{ED})^2\} = 130$$

$$(\mathrm{BC}+\mathrm{ED})^2 = 260 - (\mathrm{BC}-\mathrm{ED})^2$$

より，BC + ED の値が最大となるのは

$$\mathrm{BC} - \mathrm{ED} = 0$$

のとき，すなわち

$$\mathrm{BC} = \mathrm{ED}$$

より

$\theta = 90^\circ$ ⇨ ③

のときである。

(ii) △ABC の面積は

$$\triangle\mathrm{ABC} = \frac{1}{2}\cdot 7\cdot 4\sin\theta = 14\sin\theta$$

$0^\circ < \theta < 180^\circ$ より $0 < \sin\theta \leqq 1$ であり，△ABC の面積が最大となるのは

$$\sin\theta = 1$$

のとき，すなわち

$\theta = 90^\circ$ ⇨ ③

のときである。

(3) まず，$\theta = 90^\circ$ のとき，(2)(i)と同様に

$$\mathrm{BC} = \mathrm{ED}$$

このとき，3 点 E，A，C は一直線上にあり，∠BEA = ∠DCA = 45° より錯角が等しいから

$$\mathrm{EB} /\!/ \mathrm{DC}$$

したがって，四角形 EBCD は等脚台形であるから，命題「p ならば q」は真である。

一方，$b = c$ とすると，対称性より

$$\mathrm{ED} /\!/ \mathrm{BC},\ \mathrm{EB} = \mathrm{DC}$$

となり，θ の値によらず，四角形 EBCD は等脚台形である。よって，$\theta = 90^\circ$ とはいえないから，命題「q ならば p」は偽である。

したがって，p は q であるための**十分条件であるが，必要条件ではない。** ⇨ ①

次に，b，c がどのような値であっても，△ABC の面積が最大となるのは，(2)(ii)と同様に $\theta = 90^\circ$ のときであり，そのときに限る。

したがって，p は r であるための**必要十分条件である。** ⇨ ②

◀①の代わりに
$\mathrm{BC}^2 = b^2 + c^2 - 2bc\cos\theta$
②の代わりに
$\mathrm{ED}^2 = b^2 + c^2 + 2bc\cos\theta$
として，(2)(i)と同様に考察できる。

◀
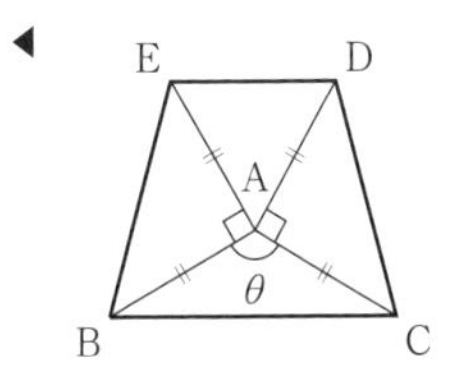

◀ $\triangle\mathrm{ABC} = \frac{1}{2}bc\sin\theta$
として，(2)(ii)と同様に考察できる。

第2問

〔1〕

$f(x)=ax^2+bx+c$ とおく。

(1) 図1のグラフは，下に凸の放物線であるから

$a>0$

図1のグラフと y 軸の共有点は $y>0$ の部分にあるから

$c>0$

◀ $f(0)>0$ より。

また，$f(x)$ は

$$f(x)=a\left(x+\frac{b}{2a}\right)^2-\frac{b^2-4ac}{4a} \quad \cdots\cdots ①$$

と変形できるから，軸の方程式は

$$x=-\frac{b}{2a}$$

図1のグラフの軸は $x>0$ の部分にあるから，$a>0$ より

$b<0$

◀ $-\frac{b}{2a}>0$ の両辺に $-2a<0$ をかけて $b<0$ が得られる。

以上より

$a>0$, $b<0$, $c>0$ ⇨ ②，⓪，②

(2) 図1の状態の b の値を b_1 とすると，(1)より，$b_1<0$ である。b を $b<b_1$ を満たすように変化させる。

グラフの頂点の y 座標 Y は，①より

$$Y=-\frac{b^2-4ac}{4a}$$
$$=-\frac{1}{4a}b^2+c$$

◀ $a>0$ より，$-\frac{1}{4a}<0$ であるから，$Y=g(b)$ のグラフは上に凸の放物線になる。

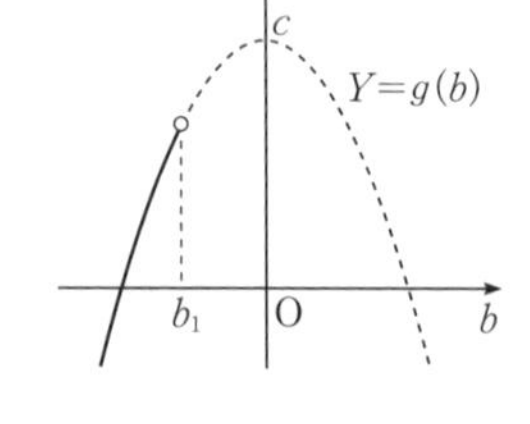

これを $g(b)$ とおくと，$b<b_1(<0)$ における $Y=g(b)$ のグラフは，右の図の実線部分のようになる。グラフより，$b<b_1$ において

$g(b)<g(b_1)$

がつねに成り立つから，図1の状態から b の値のみを減少させると，画面に表示される放物線の頂点の y 座標は，**図1の放物線の頂点の y 座標よりも小さくなり続ける。** ⇨ ②

(3) 図1の状態の a の値を a_1 とすると，(1)より，$a_1>0$ である。a を $a<a_1$ を満たすように変化させる。

(i) $a=0$ のとき，$y=ax^2+bx+c$ のグラフは直線 $y=bx+c$ である。この直線は傾きが b であり，(1)より $b<0$ であるから，x 軸との共有点の個数は1個である。

(ii) $a<0$ のとき，$y=ax^2+bx+c$ のグラフは上に凸の放物線である。(1)より $c>0$ であるから，y 軸との共有点の y 座標は正である。よって，$y=ax^2+bx+c$ のグラフと x 軸は，$x>0$ の範囲と $x<0$ の範囲にそれぞれ1個，合わせて2個の共有点をもつ。

(iii) $0<a<a_1$ のとき，$y=ax^2+bx+c$ のグラフは下に凸の放物線である。一般に，放物線と x 軸の共有点の個数は0個，1個，2個のいずれかであることから，共有点の個数が3個以上になることはない。

(1)〜(3)と図1の $y=ax^2+bx+c$ のグラフと x 軸の共有点の個数は0個であることから，$y=ax^2+bx+c$ のグラフと x 軸の共有点の個数は**0個のときと1個のときと2個のときがあり，3個以上になることはない。** ⇨ ③

(4) 問題の条件は，(2)の $g(b)$ を用いて $g(b)=g(b+4)$ と表せるから

$$-\frac{1}{4a}b^2+c=-\frac{1}{4a}(b+4)^2+c$$
$$b^2=(b+4)^2$$

よって，図 1 における b の値は

$$\boldsymbol{b=-2}$$

◀$Y=g(b)$ のグラフが Y 軸について対称であることから
$$\frac{b+(b+4)}{2}=0$$
$$b=-2$$
と求めてもよい。

〔2〕

(1) 表 1 より

$$Q_1=\frac{2213+2232}{2}=\mathbf{2222.5}$$
$$Q_2=\frac{2297+2304}{2}=\mathbf{2300.5}$$
$$Q_3=\frac{2385+2388}{2}=\mathbf{2386.5}$$
⇨ ①，④，⑦

◀A クラスの点のデータの大きさは 32 であるから，第 1 四分位数 Q_1 は小さい方から 8 番目と 9 番目の平均，中央値 Q_2 は小さい方から 16 番目と 17 番目の平均，第 3 四分位数は小さい方から 24 番目と 25 番目の平均である。

である。したがって，A クラスの点の四分位範囲は

$$Q_3-Q_1=2386.5-2222.5=164$$

となるから，外れ値となる範囲は

$2222.5-1.5\times164=1976.5$ (以下)

$2386.5+1.5\times164=2632.5$ (以上)

◀外れ値の条件を満たす値の範囲を調べる。

である。A クラスの点において，1976.5 以下の値は 1 番目と 2 番目の二つあるから，外れ値の個数が四つであることと合わせて，2632.5 以上の値はちょうど二つあり，それは 31 番目と 32 番目である。したがって，30 番目の値は外れ値でないから

◀A クラスの点全体の外れ値が四つであることから，どの値が外れ値であるかを確認する。

(30 番目の値) <2632.5　すなわち　(30 番目の値) $\leqq 2632$

◀30 番目の値は整数であることに注意しよう。

である。次に，A クラスの点の外れ値である 1 番目，2 番目，31 番目，32 番目の四つの値を A クラスの点から除外した 28 個のデータにおいて

第 1 四分位数：$\dfrac{2232+2253}{2}=2242.5$

第 3 四分位数：$\dfrac{2376+2385}{2}=2380.5$

四分位範囲：$2380.5-2242.5=\mathbf{138}$

◀A クラスの点の 3 番目から 30 番目までのデータについて考えるので，第 1 四分位数は A クラスの点全体の 9 番目と 10 番目の平均，第 3 四分位数は 23 番目と 24 番目の平均である。

である。したがって，A クラスの点から四つの外れ値を除いた 28 個のデータに対して，改めて外れ値となる範囲を調べると

$2242.5-1.5\times138=2035.5$ (以下)

$2380.5+1.5\times138=2587.5$ (以上)

である。1 番目，2 番目，31 番目，32 番目を A クラスの点から除外した 28 個のデータにおいて，2035.5 以下の値は存在しないので，2587.5 以上のデータがちょうど一つ存在する。それは A クラスの点全体の 30 番目のデータである。したがって

(30 番目の値) $\geqq 2587.5$　すなわち　(30 番目の値) $\geqq 2588$

である。以上より，30 番目の値について

2588 $\leqq$ (30 番目の値) $\leqq$ **2632**　⇨ ⓪，⑤

を満たす。

31 番目のデータについては，A クラスの点全体の外れ値であるという条件から

(31 番目の値) $\geqq 2632.5$　すなわち　(31 番目の値) $\geqq$ **2633**　⇨ ⑥

◀31 番目の値は整数である。

である。

(2)(i) I_i，x_i $(i=1,\ 2,\ 3,\ 4)$ の定め方から

$$x_1=4,\ x_2=11,\ x_3=13,\ x_4=4$$

なので，x_1，x_2，x_3，x_4 の平均は 8 であるから

◀B クラスの点の 32 個のデータは I_1, I_2, I_3, I_4 のいずれかに分類されるので，$x_1+x_2+x_3+x_4=32$ が成り立つ。

$$X=\frac{1}{4}\left\{(4-8)^2+(11-8)^2+(13-8)^2+(4-8)^2\right\}=\mathbf{16.5}$$

である。

(ii) **実験結果**によると，$Z \geqq 16.25$ となる割合が 4.3% であり，$Z \geqq 16.5$ となる割合はこの値より小さいから，$Y \geqq 16.5$ となる確率は 5% より**小さい**。よって，**方針**に従うと，B クラスにおいて，どの人も，合計点が I_1，I_2，I_3，I_4 の範囲に入る割合はすべて等しく $\frac{1}{4}$ であるという仮説は**誤っていると判断され**，翌年クラス替えを行うことになる。　⇨ ①，⓪

◀ $Z \geqq 16.5$ を満たすならば，$Z \geqq 16.25$ が成り立つことに注意。

◀「研究」参照。

研究

表の出る確率が p の硬貨を 10 回投げて表が 6 回出たとしても，$p=0.6$ であるとは限らないように，テストの結果は必ずしも「真の成績」を表すとは限らない (当てずっぽうで，たまたま当たった問題もあるだろう)。したがって，A クラスの点と B クラスの点の分布が異なるからといって，A クラスと B クラスの「真の成績分布」が異なるとは言えない。

そこで，B クラスにおいて，どの人も，合計点が I_1，I_2，I_3，I_4 の範囲に入る割合はすべて等しく $\frac{1}{4}$ であるという仮説を立てて，この仮説が正しいとき，人数配分 x_1，x_2，x_3，x_4 の分散 X が 16.5 になることがよく起こり得ることなのかを調べようと考えたわけである。その結果，$X=16.5$ となることはほとんど起こり得ないことであることがわかったので，仮説は誤りであり，二つのクラスの成績分布は異なると判断した。

研究

B クラスの点の四分位数 $Q_1'=2252.5$，$Q_2'=2305$，$Q_3'=2356$ を用いて，A クラスの点のデータを分類してみよう。正の整数全体を次の四つの範囲

$J_1=\{x \mid x \text{ は整数で，} 1 \leqq x < Q_1'\}$

$J_2=\{x \mid x \text{ は整数で，} Q_1' \leqq x < Q_2'\}$

$J_3=\{x \mid x \text{ は整数で，} Q_2' \leqq x < Q_3'\}$

$J_4=\{x \mid x \text{ は整数で，} Q_3' \leqq x\}$

に分ける。A クラスの点のうち，J_1，J_2，J_3，J_4 の範囲に入る人数をそれぞれ j_1，j_2，j_3，j_4 とすると

$j_1=9$，$j_2=8$，$j_3=4$，$j_4=11$

である。したがって，分散 X' は

$$X'=\frac{1}{4}\left\{(9-8)^2+(8-8)^2+(4-8)^2+(11-8)^2\right\}=6.5$$

となる。**実験結果**によると，$Z \geqq 7.50$ となる割合は 29.0% であるから，$Z \geqq 6.50$ となる割合は 29.0% より大きい。そこで，**方針**と同様に考えると，これは起こり得ることとみなせる。したがって，A クラスにおいて，どの人も，合計点が J_1，J_2，J_3，J_4 の範囲に入る割合はすべて $\frac{1}{4}$ であるという仮説は誤っているとは判断できない。

◀ $Q_1'=\frac{2249+2256}{2}$

$Q_2'=\frac{2302+2308}{2}$

$Q_3'=\frac{2353+2359}{2}$

これは(2)(ii)の結論とは異なる。しかし，「誤っているとは判断できない」ということは，「誤っていると判断するだけの証拠がない」ということであり，必ずしも「正しく判断できる」ということではない。したがって，A クラスの点と B クラスの点を入れ替えて得られた結果は，(2)(ii)の結果と矛盾しているわけではない。結局，二つの考察を総合して，A クラスと B クラスの成績分布は異なると判断することになる。

第3問

(1)　△ABC の面積は

$$\triangle ABC = \frac{1}{2}ar + \frac{1}{2}br + \frac{1}{2}cr$$

$$= \boldsymbol{\frac{1}{2}(a+b+c)r}$$　⇨ ③

◀ △ABC
= △XBC + △XCA + △XAB

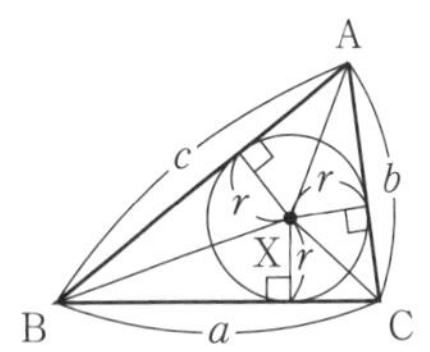

△BYC の面積は，YP ⊥ BC より

$$\triangle BYC = \frac{1}{2}BC \cdot YP$$

$$= \boldsymbol{\frac{1}{2}ar'}$$　⇨ ①

よって，四角形 ABYC の面積は

$$\triangle ABC + \triangle BYC = \frac{1}{2}(a+b+c)r + \frac{1}{2}ar'$$

また，四角形 ABYC の面積は，YQ ⊥ AB，YR ⊥ AC より

◀

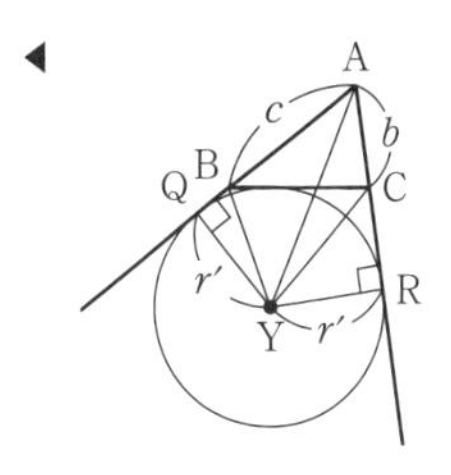

$$\triangle ABY + \triangle ACY = \frac{1}{2}cr' + \frac{1}{2}br'$$

$$= \frac{1}{2}(b+c)r'$$

と表すこともできるから

$$\frac{1}{2}(a+b+c)r + \frac{1}{2}ar' = \frac{1}{2}(b+c)r'$$

$$r(a+b+c) = r'(-a+b+c)$$

よって

$$\boldsymbol{r : r' = (-a+b+c) : (a+b+c)}$$　⇨ ⑥

(2)　点 X は ∠ABC の二等分線上にあり，∠BCA の二等分線上にもあるから

$$\angle XBC + \angle XCB = \frac{1}{2}(\angle ABC + \angle ACB)$$

$$= \frac{1}{2}(180^\circ - 60^\circ) = 60^\circ$$

△XBC の内角の和は 180° であるから

$$\boldsymbol{\angle BXC} = 180^\circ - 60^\circ = \boldsymbol{120^\circ}$$

点 Y は ∠CBQ の二等分線上にあるから

$$\angle XBY = \angle XBC + \angle CBY = \frac{1}{2}(\angle ABC + \angle CBQ)$$

$$= \frac{1}{2} \cdot 180^\circ = 90^\circ$$

同様に，点 Y は ∠BCR の二等分線上にもあるから

$$\angle XCY = 90^\circ$$

四角形 XBYC の内角の和は 360° であるから

$$\boldsymbol{\angle BYC} = 360^\circ - (\angle BXC + \angle XBY + \angle XCY)$$

$$= 360^\circ - (120^\circ + 90^\circ + 90^\circ)$$

$$= \boldsymbol{60^\circ}$$

(3)　2 円 O，O′ はともに半直線 AB，AC と接するから，**2 点 X，Y はともに ∠BAC の二等分線上にある。**　⇨ ①

◀ 2 直線からの距離が等しい点は，その 2 直線がなす角の二等分線上の点である。

よって，3 点 A，X，Y はこの順に一直線上にある。

X から直線 AB に下ろした垂線と AB の交点を E とすると，XE ∥ YQ より

$$AX : AY = XE : YQ = r : r'$$

◀ 平行線と比の関係より。

よって

$$AX : XY = r : (r' - r) = (-a+b+c) : \{(a+b+c) - (-a+b+c)\}$$

$$= (-a+b+c) : 2a$$

点 X は $\angle$ABC の二等分線と $\angle$CAB の二等分線の交点であることと，弧 CD に対する円周角の定理より

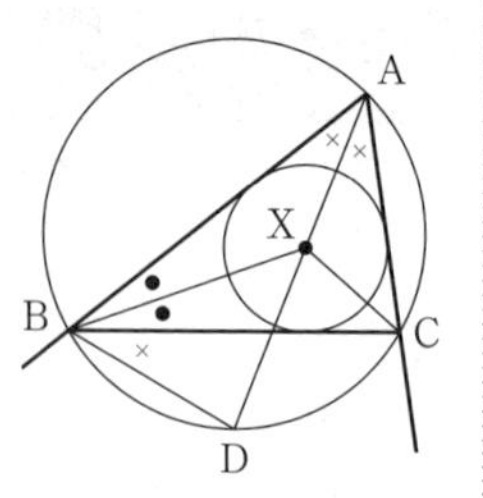

$$\begin{aligned}\angle \mathrm{XBD} &= \angle \mathrm{XBC} + \angle \mathrm{CBD}\\ &= \angle \mathrm{XBA} + \angle \mathrm{CAD}\\ &= \angle \mathrm{XBA} + \angle \mathrm{BAD}\\ &= \angle \mathrm{BXD}\end{aligned}$$

したがって，点 D は線分 XB の垂直二等分線上にある。

◀$\triangle$DBX は DB $=$ DX の二等辺三角形である。

同様に，点 D は線分 XC の垂直二等分線上にもあるから，$\triangle$XBC の外接円の中心である。(2)より，$\angle \mathrm{BXC} + \angle \mathrm{BYC} = 180^\circ$ であるから，4 点 X，B，Y，C は一つの円周上にある。よって，点 D は線分 XY の中点であるから

◀(2)の考察では
$\angle \mathrm{XBY} = \angle \mathrm{XCY} = 90^\circ$
も示しているので
$\angle \mathrm{XBY} + \angle \mathrm{XCY} = 180^\circ$
を利用してもよい。

◀線分 XY は $\triangle$XBC の外接円の直径であり，点 D は $\triangle$XBC の外接円の中心である。

$$\mathbf{AX : XD : DY} = (-a+b+c) : \frac{2a}{2} : \frac{2a}{2}$$

$$= \boldsymbol{(-a+b+c) : a : a} \quad ⇨ ⑦$$

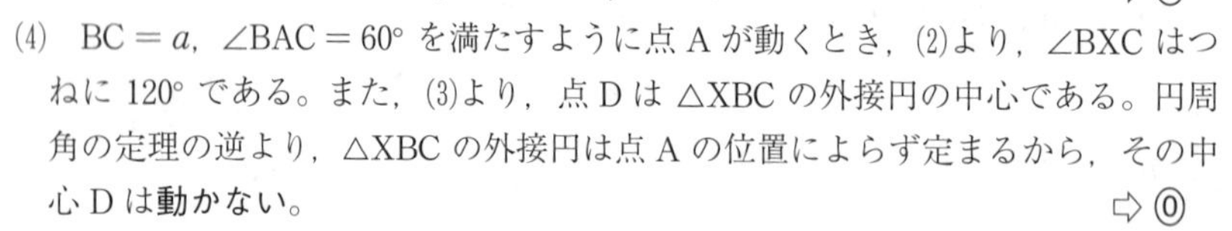

(4) BC $= a$，$\angle \mathrm{BAC} = 60^\circ$ を満たすように点 A が動くとき，(2)より，$\angle$BXC はつねに 120° である。また，(3)より，点 D は $\triangle$XBC の外接円の中心である。円周角の定理の逆より，$\triangle$XBC の外接円は点 A の位置によらず定まるから，その中心 D は**動かない**。 ⇨ ⓪

そして，2 点 X，Y はつねに D に関して対称であるから，それぞれの描く曲線の長さ ℓ，ℓ' は等しい。すなわち

$$\boldsymbol{\ell : \ell' = 1 : 1} \quad ⇨ ⓪$$

第4問

(1) 3 枚のカードの並べ方の総数は

$${}_3\mathrm{P}_3 = \mathbf{6}\ (\text{通り})$$

並べ方をすべて書き上げ，<最初の状態>と同じ位置にあるカードに下線を引くことで X の値を調べると，右の表のようになる。

並べ方	X
$\underline{1}\,\underline{2}\,\underline{3}$	3
$\underline{1}\,3\,2$	1
$2\,1\,\underline{3}$	1
$2\,3\,1$	0
$3\,1\,2$	0
$3\,\underline{2}\,1$	1

◀<最初の状態>と同じ位置にある 1 枚のカードの選び方は 3 通りあり，それぞれの場合に対し，残り 2 枚のカードの位置は 1 通りに定まるので，$X=1$ となるのは
$3\times1=3$ (通り)
としても求められる。

よって，$X=1$ となる並べ方は **3** 通りである。

また，X の期待値 $E(X)$ は

$$E(X) = 0\cdot\frac{2}{6} + 1\cdot\frac{3}{6} + 2\cdot0 + 3\cdot\frac{1}{6} = \mathbf{1} \quad ⇨ ④$$

(2) 4 のカードが一番右側になるカードの並べ方は，左から 1，2，3 番目に 1，2，3 のカードを並べる並べ方なので，(1)より 6 通りである。その中で，$Y=1$ となるのは，左から 1，2，3 番目に<最初の状態>と同じ位置にあるカードがないとき，すなわち，(1)の $X=0$ となる並べ方なので，**2** 通りである。

4 のカードが一番左かつ $Y=1$ のとき，4 のカードと 1 のカードは<最初の状態>と同じ位置になることはないので，<最初の状態>と同じ位置にあるカードは 2 または 3 である。

それぞれの場合で，カードの並べ方は

$$4\,\underline{2}\,1\,3,\quad 4\,1\,\underline{3}\,2$$

と 1 通りずつに定まるので，4 のカードが一番左かつ $Y=1$ となる並べ方は 2 通りである。

4 のカードが左から 2 番目，3 番目のときも同様に考えられるので，4 のカードが一番右側以外にあって，かつ $Y=1$ となる並べ方は

◀ $\underline{1}\,4\,2\,3$，$2\,4\,\underline{3}\,1$
$\underline{1}\,3\,4\,2$，$3\,\underline{2}\,4\,1$

$$2\times3 = \mathbf{6}\ (\text{通り})$$

並べ方の総数は ${}_4\mathrm{P}_4 = 24$ (通り) なので，$Y=1$ となる確率は

$$\frac{2+6}{24}=\boldsymbol{\frac{1}{3}}$$

$n=4$ のとき，4 のカードは一番右側となる。この状態で $Y=2$ となる並べ方は，(1)の $X=1$ となる並べ方に対応する。

◀4 は＜最初の状態＞と同じ位置であるから，1，2，3 の中で 1 枚だけ＜最初の状態＞と同じ位置にあるカードがあればよい。

よって，$n=4$ かつ $Y=2$ となる確率は

$$\boldsymbol{\frac{1}{4}\times P(X=1)}$$ ⇨ ①

◀$n=4$ となる確率が $\frac{1}{4}$。

$Y=0$ となる確率については，$n\leqq 3$ の場合を考える。

◀$n=4$ のときは，4 のカードが必ず＜最初の状態＞と同じ位置になるため $Y\geqq 1$ となる。

このとき，手順(iii)より，4 のカードは＜最初の状態＞と異なる場所に置かれることになる。また，もともと左から n 番目にあったカードは左から 4 番目に置かれることになるので，このカードも＜最初の状態＞と異なる場所に置かれることになる。したがって，「(i)の終了時における X の値」と「(iii)の終了時における Y の値」の関係は，変化しないか，1 減るかのいずれかである。

X が変化せず，$Y=0$ となるとき，(i)の終了時に $X=0$ となっている。この場合，(iii)で 4 以外のいずれのくじを引くので，確率 $\frac{3}{4}$ で $Y=0$ となる。

◀例えば，次のような場合である。

$$\underbrace{2\,3\,1}_{X=0}\,4 \xrightarrow{n=2} \underbrace{2\,4\,1\,3}_{Y=0}$$

X が 1 減って，$Y=0$ となるとき，(i)の終了時に $X=1$ となっている。この場合，＜最初の状態＞と同じ位置にあるカードがくじで選ばれたときに限るので，確率 $\frac{1}{4}$ で $Y=0$ となる。

◀例えば，次のような場合である。

$$\underbrace{1\,3\,2}_{X=1}\,4 \xrightarrow{n=1} \underbrace{4\,3\,2\,1}_{Y=0}$$

よって，$Y=0$ となる確率は

$$\boldsymbol{\frac{3}{4}P(X=0)+\frac{1}{4}P(X=1)}$$ ⇨ ⑥

(3)　以上の考察により，「(i)の終了時における X の値」と「(iii)の終了時における Y の値」について

・$Y=X+1$（$n=4$ の場合のみ）

・$Y=X$

・$Y=X-1$

のいずれかの関係が成り立つ。このことに注意して，$Y=0,\ 1,\ 2,\ 3,\ 4$ となる確率について整理すると，次の表のようになる。

	$Y=X+1$	$Y=X$	$Y=X-1$
$P(Y=0)$		$\frac{3}{4}P(X=0)$	$\frac{1}{4}P(X=1)$
$P(Y=1)$	$\frac{1}{4}P(X=0)$	$\frac{2}{4}P(X=1)$	$\frac{2}{4}P(X=2)$
$P(Y=2)$	$\frac{1}{4}P(X=1)$	$\frac{1}{4}P(X=2)$	$\frac{3}{4}P(X=3)$
$P(Y=3)$	$\frac{1}{4}P(X=2)$	$\frac{0}{4}P(X=3)$	
$P(Y=4)$	$\frac{1}{4}P(X=3)$		

◀$X=1$ のとき，(iii)によってできる並べ方における Y は 0，1，2 のいずれかになるので，表に現れる $P(X=1)$ の係数の和は 1 になる $\left(\text{実際，}\frac{1}{4}+\frac{2}{4}+\frac{1}{4}=1\right)$。他も同様。検算として確認しておくとよい。

◀$P(X=2)$ は 0 であるが，他と同じように表しておくと規則性が見えやすい。

これを用いて Y の期待値 $E(Y)$ を求めると

$$\begin{aligned}
E(Y)&=0\cdot P(Y=0)+1\cdot P(Y=1)+2\cdot P(Y=2)+3\cdot P(Y=3)+4\cdot P(Y=4)\\
&=0\cdot\left\{\frac{3}{4}P(X=0)+\frac{1}{4}P(X=1)\right\}\\
&\quad+1\cdot\left\{\frac{1}{4}P(X=0)+\frac{2}{4}P(X=1)+\frac{2}{4}P(X=2)\right\}\\
&\quad+2\cdot\left\{\frac{1}{4}P(X=1)+\frac{1}{4}P(X=2)+\frac{3}{4}P(X=3)\right\}\\
&\quad+3\cdot\left\{\frac{1}{4}P(X=2)+\frac{0}{4}P(X=3)\right\}+4\cdot\frac{1}{4}P(X=3)
\end{aligned}$$

◀$P(X=k)$ の形のまま変形していく。

$$= \frac{1}{4}P(X=0) + P(X=1) + \frac{7}{4}P(X=2) + \frac{10}{4}P(X=3)$$

$$= \frac{1}{4}\{P(X=0) + P(X=1) + P(X=2) + P(X=3)\}$$
$$+0\cdot P(X=0) + \frac{3}{4}P(X=1) + \frac{6}{4}P(X=2) + \frac{9}{4}P(X=3)$$

◀期待値 $E(X)$ を用いて表すことを目標に変形していく。

$$= \frac{1}{4}\cdot 1 + \frac{3}{4}\{0\cdot P(X=0)+1\cdot P(X=1)+2\cdot P(X=2)+3\cdot P(X=3)\}$$

◀全事象の確率は 1 である。

$$= \frac{1}{4} + \frac{3}{4}E(X)$$

(1)より $E(X)=1$ なので

$$E(Y) = \frac{1}{4} + \frac{3}{4} = 1$$

カードを追加する手順を，(2)と同様に次のように定める。

(I)　1 から 4 までの 4 枚のカードを無作為に並べ替える。

(II)　いったん 5 のカードを一番右端に置く。

(III)　1 から 5 までの番号が書かれたくじを無作為に引いて，くじの番号 n が 4 以下の場合は，左から n 番目のカードと 5 のカードの場所を入れ替える。$n=5$ の場合は何もしない。

このとき，「(I)の終了時における Y の値」と「(III)の終了時における Z の値」について

・$Z = Y+1$（$n=5$ の場合のみ）

・$Z = Y$

・$Z = Y-1$

のいずれかの関係が成り立つ。このことに注意して，$Z=0,\ 1,\ 2,\ 3,\ 4,\ 5$ となる確率について整理すると，次の表のようになる。

	$Z=Y+1$	$Z=Y$	$Z=Y-1$
$P(Z=0)$		$\frac{4}{5}P(Y=0)$	$\frac{1}{5}P(Y=1)$
$P(Z=1)$	$\frac{1}{5}P(Y=0)$	$\frac{3}{5}P(Y=1)$	$\frac{2}{5}P(Y=2)$
$P(Z=2)$	$\frac{1}{5}P(Y=1)$	$\frac{2}{5}P(Y=2)$	$\frac{3}{5}P(Y=3)$
$P(Z=3)$	$\frac{1}{5}P(Y=2)$	$\frac{1}{5}P(Y=3)$	$\frac{4}{5}P(Y=4)$
$P(Z=4)$	$\frac{1}{5}P(Y=3)$	$\frac{0}{5}P(Y=4)$	
$P(Z=5)$	$\frac{1}{5}P(Y=4)$		

これを用いて Z の期待値 $E(Z)$ を求めると

$$E(Z) = 0\cdot P(Z=0) + 1\cdot P(Z=1) + 2\cdot P(Z=2)$$
$$+3\cdot P(Z=3) + 4\cdot P(Z=4) + 5\cdot P(Z=5)$$

$$= \frac{1}{5}P(Y=0) + P(Y=1) + \frac{9}{5}P(Y=2)$$
$$+\frac{13}{5}P(Y=3) + \frac{17}{5}P(Y=4)$$

$$= \frac{1}{5}\{P(Y=0)+P(Y=1)+P(Y=2)+P(Y=3)+P(Y=4)\}$$
$$+\frac{4}{5}\{0\cdot P(Y=0) + 1\cdot P(Y=1) + 2\cdot P(Y=2)$$
$$+3\cdot P(Y=3) + 4\cdot P(Y=4)\}$$

◀期待値 $E(Y)$ を用いて表すことを目標に変形していく。

$$= \frac{1}{5} + \frac{4}{5}E(Y)$$

$E(Y)=1$ より

$$E(Z)=\frac{1}{5}+\frac{4}{5}=1$$

以上より，$\boldsymbol{E(X)=E(Y)=E(Z)=1}$ である。 ⇨ ⑥

別解

「数列」の知識が必要だが，次のように文字を用いて考えることもできる。

$k<0$，$4<k$ のとき $P(Y=k)=0$ であることを利用すれば，$k=0$，1，2，3，4，5 に対して

$$P(Z=k)=\frac{1}{5}P(Y=k-1)+\frac{4-k}{5}P(Y=k)+\frac{k+1}{5}P(Y=k+1)$$

と表すことができる。すると

$$\begin{aligned}E(Z)&=\sum_{k=0}^{5}kP(Z=k)\\&=\sum_{k=0}^{5}\frac{k}{5}P(Y=k-1)+\sum_{k=0}^{5}\frac{(4-k)k}{5}P(Y=k)\\&\qquad+\sum_{k=0}^{5}\frac{(k+1)k}{5}P(Y=k+1)\\&=\sum_{k=-1}^{4}\frac{k+1}{5}P(Y=k)+\sum_{k=0}^{5}\frac{(4-k)k}{5}P(Y=k)\\&\qquad+\sum_{k=1}^{6}\frac{k(k-1)}{5}P(Y=k)\\&=\sum_{k=0}^{4}\left\{\frac{k+1}{5}+\frac{(4-k)k}{5}+\frac{k(k-1)}{5}\right\}P(Y=k)\\&=\frac{1}{5}\sum_{k=0}^{4}P(Y=k)+\frac{4}{5}\sum_{k=0}^{4}kP(Y=k)\\&=\frac{1}{5}+\frac{4}{5}E(Y)\end{aligned}$$

◀ $P(Y=k)$ に揃えた。

◀ $P(Y=-1)$，$P(Y=5)$ などが 0 であることを利用する。

となり，$E(Y)=1$ より，「解答」と同じ結果を得る。

研究

一般に，$N=m$ のときの<最初の状態>と同じ位置にあるカードの枚数を V 枚，$N=m+1$ のときの<最初の状態>と同じ位置にあるカードの枚数を W 枚とすると

$$P(W=k)=\frac{1}{n}P(V=k-1)+\frac{n-1-k}{n}P(V=k)+\frac{k+1}{n}P(V=k+1)$$

と表すことができ，「別解」と同様に計算することで

$$\begin{aligned}E(W)&=\sum_{k=0}^{m+1}kP(W=k)\\&=\frac{1}{n}\sum_{k=0}^{m}P(V=k)+\frac{n-1}{n}\sum_{k=0}^{m}kP(V=k)\\&=\frac{1}{n}+\frac{n-1}{n}E(V)\end{aligned}$$

がいえる。すなわち，N の値にかかわらず，<最初の状態>と同じ位置にあるカードの枚数の期待値は 1 であることがわかる。

模試 第4回

解　　答

問題番号(配点)	解答記号	正解	配点	自己採点
第1問 (30)	$(a-$[ア]$)(a-$[イ]$)x-$[ウ]$(a-$[エ]$)$	$(a-1)(a-2)x-4(a-2)$	1	
	[オ]	①	3	
	[カ]	②	3	
	[キ]a^2-[クケ]$a+$[コサ]	$9a^2-31a+26$	3	
	[シ]	②	2	
	[ス]	①	2	
	[セ]	③	2	
	[ソタ]°	60°	2	
	∠CPB ＝ [チツ]°	∠CPB ＝ 60°	1	
	[テ]	④	2	
	[ト]	⓪	3	
	∠PAC ＝ [ナニ]°	∠PAC ＝ 90°	3	
	AP : CP ＝ 1 : [ヌ]	AP : CP ＝ 1 : 2	3	
第2問 (30)	[ア] 本	2 本	2	
	[イウエ] 本	370 本	2	
	[オカキクケ] 円	61050 円	2	
	[コ]	③	3	
	[サシス] 円	175 円	3	
	[セソタ] $\leqq P \leqq$ [チツテ]	$160 \leqq P \leqq 181$	3	
	[トナ] 点	18 点	1	
	[ニ]	⑦	2	
	[ヌ]	②	2	
	[ネ]	⑤	2	
	[ノ]	③	2	
	[ハ]	④	2	
	[ヒ].[フ]%	0.3%	2	
	[ヘ], [ホ]	⓪, ⓪	2	

問題番号(配点)	解答記号	正解	配点	自己採点
第3問 (20)	$\cos\angle\mathrm{ABC} = \frac{\boxed{ア}}{\boxed{イ}}$	$\cos\angle\mathrm{ABC} = \frac{1}{2}$	2	
	$\boxed{ウエ}\sqrt{\boxed{オ}}$	$10\sqrt{3}$	1	
	カ	①	2	
	$r = \sqrt{\boxed{キ}}$	$r = \sqrt{3}$	1	
	ク	③	3	
	ケ	⑤	3	
	$\boxed{コサ}r'$	$10r'$	3	
	$r' = \boxed{シ}\sqrt{\boxed{ス}}$	$r' = 2\sqrt{3}$	2	
	セ	⓪	3	
第4問 (20)	ア	③	2	
	$\frac{\boxed{イ}}{\boxed{ウ}}$	$\frac{3}{4}$	2	
	$\frac{\boxed{エ}}{\boxed{オ}}$	$\frac{2}{3}$	2	
	カキ 個	16 個	2	
	$\frac{\boxed{ク}}{\boxed{ケ}}$	$\frac{3}{8}$	3	
	$\frac{\boxed{コ}}{\boxed{サ}}$	$\frac{1}{8}$	3	
	$\frac{\boxed{シ}}{\boxed{ス}}$	$\frac{1}{3}$	3	
	セ	②	3	

(注) 第1問～第4問はすべて必答で，計4問を解答。
　なお，上記以外のものについても得点を与えることがある。正解欄に※があるものは，解答の順序は問わない。

第1問小計		第2問小計		第3問小計		第4問小計		合計点	/100

第１問

〔1〕

$f(x)$ を変形すると

$$f(x)=\boldsymbol{(a-1)(a-2)x-4(a-2)}$$

(1) $a=1$ のとき

$$f(x)=0\cdot(-1)\cdot x-4\cdot(1-2)=4$$

となるので，すべての x に対し $f(x)\neq 0$ である。よって，x の方程式 $f(x)=0$ は**実数解をもたない**。 ⇨ ①

$a=2$ のとき

$$f(x)=1\cdot 0\cdot x-4\cdot 0=0$$

となるので，すべての x に対し $f(x)=0$ である。よって，x の方程式 $f(x)=0$ は**すべての実数 x が解である**。 ⇨ ②

(2) $a<1$ のとき

$$a-1<0 \text{ かつ } a-2<0$$

ゆえに

$$(a-1)(a-2)>0$$

である。これより，関数 $y=f(x)$ はグラフの傾きが正である１次関数なので，最大値は

$$f(9)=(a^2-3a+2)\cdot 9-4a+8=\boldsymbol{9a^2-31a+26}$$

〔2〕

(1) 2 m は 2000 mm であるので

$$\tan\theta=\frac{14}{2000}=0.007$$

よって，三角比の表より，θ はおよそ $\boldsymbol{0.4^\circ}$ である。 ⇨ ②

したがって，A 宅の損害の度合いは **一部損** と判断できる。 ⇨ ①

(2) 題意のときの傾きを θ' とすると

$$\tan\theta'=\frac{\ell}{1000}$$

であるので，$15\leqq\ell\leqq 16$ より

$$\frac{15}{1000}\leqq\frac{\ell}{1000}\leqq\frac{16}{1000}$$

$$0.015\leqq\tan\theta'\leqq 0.016$$

したがって

$$0.8^\circ<\theta'<1.0^\circ$$

より，B 宅の損害の度合いは **大半損** と判断できる。 ⇨ ③

◀三角比の表より
$\tan 0.8^\circ<0.015$
$\tan 1.0^\circ>0.016$
であるから
$\tan 0.8^\circ<\tan\theta'<\tan 1.0^\circ$

〔3〕

(1) △ABC は正三角形であるから

$$\angle\text{CBA}=60^\circ$$

円周角の定理より

$$\boldsymbol{\angle\text{CPA}=\angle\text{CBA}=60^\circ}$$

◀弧 AC に対する円周角。

(2) (1)と同様に，円周角の定理より

$$\boldsymbol{\angle\text{CPB}}=\angle\text{CAB}=\boldsymbol{60^\circ}$$

◀弧 BC に対する円周角。

△PBC に余弦定理を用いると

$$\boldsymbol{\text{BC}^2}=\text{BP}^2+\text{CP}^2-2\text{BP}\cdot\text{CP}\cos 60^\circ$$

$$=\boldsymbol{\text{BP}^2+\text{CP}^2-\text{BP}\cdot\text{CP}}$$ ⇨ ④

と表せる。

同様に，△PCA に余弦定理を用いると

$$CA^2 = CP^2 + AP^2 - 2CP \cdot AP\cos 60^\circ$$
$$= CP^2 + AP^2 - CP \cdot AP$$
と表せる。

よって，$CA^2 = BC^2$ より

◀ CA = BC より。

$$CP^2 + AP^2 - CP \cdot AP = BP^2 + CP^2 - BP \cdot CP$$
$$AP^2 - BP^2 - CP \cdot AP + BP \cdot CP = 0$$
$$(AP - BP)(AP + BP) - CP(AP - BP) = 0$$
ゆえに
$$(AP - BP)(AP + BP - CP) = 0$$
が成り立つ。したがって

AP − BP = 0 または AP + BP − CP = 0

という関係式が得られる。 ⇨ ⓪

AP − BP = 0 すなわち AP = BP のとき
$$\angle APC = \angle BPC\ (= 60^\circ)$$
であるから
$$\angle PAB = \angle PBA = \frac{180^\circ - 120^\circ}{2} = 30^\circ$$

◀ ∠APB = ∠APC + ∠BPC = 120°

である。よって

$\boldsymbol{\angle PAC} = \angle PAB + \angle BAC = 30^\circ + 60^\circ = \boldsymbol{90^\circ}$

となるから，△PAC は ∠PAC = 90° の直角三角形であり，∠APC = 60° より

AP : CP = 1 : 2

したがって，AP = BP と CP = 2AP より
$$AP + BP - CP = 2AP - 2AP = 0$$
よって，点 P の位置によらず，AP + BP = CP である。

第2問

〔1〕

(1) 販売価格 P (円) に対応する売上本数 Q (本) を $(P,\ Q)$ とする。2015 年と 2018 年の状況を表す 2 点 (150, 400), (170, 360) を通る直線の傾きは
$$\frac{360 - 400}{170 - 150} = -\frac{40}{20} = -2$$
であるから，販売価格を 1 円上げるごとに，販売本数は **2** 本減ると予測される。

また，その直線の方程式は
$$Q = -2(P - 150) + 400$$
ゆえに
$$Q = -2P + 700 \quad \cdots\cdots ①$$
となる。①より，販売価格を $P = 165$ とすると，売上本数は

$Q = -2 \cdot 165 + 700 = \mathbf{370}$ （本）

であり，このときの売上総額は

$PQ = 165 \cdot 370 = \mathbf{61050}$ （円）

になると予測できる。

(2) 販売価格を $P = x + 150$ (円) とすると，①より販売本数は

$Q = -2(x + 150) + 700 = -2x + 400$ （本）

であるから，このときの売上総額は
$$y = PQ = (x + 150)(-2x + 400)$$

ゆえに

$$y = -2(x+150)(x-200) \text{（円）} \quad \cdots\cdots ②$$

と表せる。

よって，**y は x の 2 次関数として表され，そのグラフは上に凸の放物線になる。** ⇨ ③

◀ $-2(x+150)(x-200)$
$= -2x^2 + 100x + 60000$
であり，x^2 の係数は -2 である。

(3) ②の放物線は x 軸と 2 点 $(-150,\ 0)$，$(200,\ 0)$ で交わるから，この放物線の軸の方程式は

$$x = \frac{200-150}{2} = 25$$

である。すなわち，y は $x=25$ のとき最大となるから，売上総額を最大にするには，販売価格を

$$P = 25 + 150 = \mathbf{175} \text{（円）}$$

に設定すればよいと予測できる。

(4) 2019 年度の売上本数未満にならないようにする目標は，条件 $Q \geqq 338$ として表せる。

したがって，①より

$$-2P + 700 \geqq 338$$

$$P \leqq 181 \quad \cdots\cdots ③$$

また，売上総額を 60800 円以上にする目標は，条件 $y \geqq 60800$ として表せる。

したがって，②より

$$-2(x+150)(x-200) \geqq 60800$$

$$(x-10)(x-40) \leqq 0$$

◀ $x^2 - 50x + 400 \leqq 0$

ゆえに

$$10 \leqq x \leqq 40$$

が成り立つ。したがって，$P = x + 150$ より

$$160 \leqq P \leqq 190 \quad \cdots\cdots ④$$

③，④より，目標が達成できると予測される販売価格 P 円のとり得る値の範囲は

$$\mathbf{160 \leqq P \leqq 181}$$

〔2〕

(1) グループ A の 1 回目のテストの点数を a_1，a_2，…，a_{40}，グループ B の 1 回目のテストの点数を b_1，b_2，…，b_{40} とし，それぞれの平均を $\overline{a}$，$\overline{b}$ と表す。表 1 より

$$\overline{a} = \frac{a_1 + a_2 + \cdots + a_{40}}{40} = 17$$

$$\overline{b} = \frac{b_1 + b_2 + \cdots + b_{40}}{40} = 19$$

であるから，80 人の生徒全員の点数の平均 $\overline{x}$ は

$$\overline{x} = \frac{(a_1 + a_2 + \cdots + a_{40}) + (b_1 + b_2 + \cdots + b_{40})}{80}$$

$$= \frac{40\overline{a} + 40\overline{b}}{80} = \frac{17+19}{2}$$

$$= \mathbf{18} \text{（点）}$$

グループ A の 1 回目のテストの点数の分散を $s_a{}^2$，点数の 2 乗の平均を $\overline{a^2}$，グループ B の 1 回目のテストの点数の分散を $s_b{}^2$，点数の 2 乗の平均を $\overline{b^2}$ とすると，分散の性質より

$$s_a{}^2 = \overline{a^2} - (\overline{a})^2$$

$$s_b{}^2 = \overline{b^2} - (\overline{b})^2$$

が成り立つ。辺々加えると

$$s_a{}^2 + s_b{}^2 = \overline{a^2} + \overline{b^2} - (\overline{a})^2 - (\overline{b})^2$$

ここで，表1より，$s_a{}^2 = 97.85$，$s_b{}^2 = 100.45$，$\overline{a} = 17$，$\overline{b} = 19$ であるから

$$\overline{a^2} + \overline{b^2} = s_a{}^2 + s_b{}^2 + (\overline{a})^2 + (\overline{b})^2$$

$$= 97.85 + 100.45 + 17^2 + 19^2 = \mathbf{848.3}$$ ⇨ ⑦

これを利用すると，80人の生徒全員の1回目のテストの点数の分散 $s_x{}^2$ は

$$s_x{}^2 = \overline{x^2} - (\overline{x})^2$$

$$= \frac{\overline{a^2} + \overline{b^2}}{2} - 18^2$$

$$= 424.15 - 18^2 = \mathbf{100.15}$$ ⇨ ②

同様にして，80人の生徒全員の2回目のテストの点数の分散 $s_y{}^2$ は，グループAの各生徒の点数の2乗の平均と，グループBの各生徒の2乗の平均の和が1973.75なので

$$s_y{}^2 = \frac{1973.75}{2} - \left(\frac{34+24}{2}\right)^2 = 986.875 - 841 = 145.875$$

よって，分散が最も大きいのは ⑤ である。

◀「研究」参照。

◀生徒全員の1回目のテストの点数の2乗の平均を $\overline{x^2}$ とおく。

◀ $\overline{x} = \dfrac{\overline{a} + \overline{b}}{2}$ を導いた際の計算の真似をすれば $\overline{x^2} = \dfrac{\overline{a^2} + \overline{b^2}}{2}$ が成り立つことがわかる。

(2) 相関係数の絶対値は，散布図上の点が，ある直線上に並ぶ傾向が強いほど大きくなる。散布図から，グループA，グループB，全体について正の相関があることが読み取れるため，直線上に並ぶ傾向の強弱と相関係数の大小は一致する。グループAの点はグループBおよび全体と比べて，一直線上に並ぶ傾向が強いので，r_A は r_B と r のそれぞれより大きいことが見て取れる。

また，グループBと全体を比較すると，グループBのほうが，グループAの点がなくなる分，全体よりある直線上に並ぶ傾向が強いので，r_B は r より大きい。

これらの結果をまとめると $\boldsymbol{r < r_B < r_A}$ である。 ⇨ ③

(I) 散布図上で，原点を通る傾き1の直線より下に点があるため誤りである。

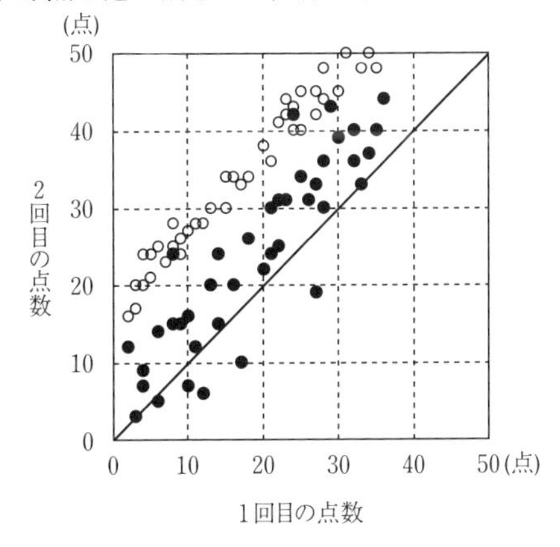

◀この散布図は，図1に原点を通る傾き1の直線を書き入れたものである。この直線の下側は1回目のテストの点数より，2回目のテストの点数が低いことを表す。

(II) グループBの1回目における最高点は36点程度であり，この生徒に対応する●よりも上側に●が存在しないため，グループBにおいて，1回目に最高点を取った生徒は，2回目においても最高点を取っており，正しい。

(III) 散布図上で，○はすべて(0, 10)を通る傾き1の直線より上にあるため正しい。

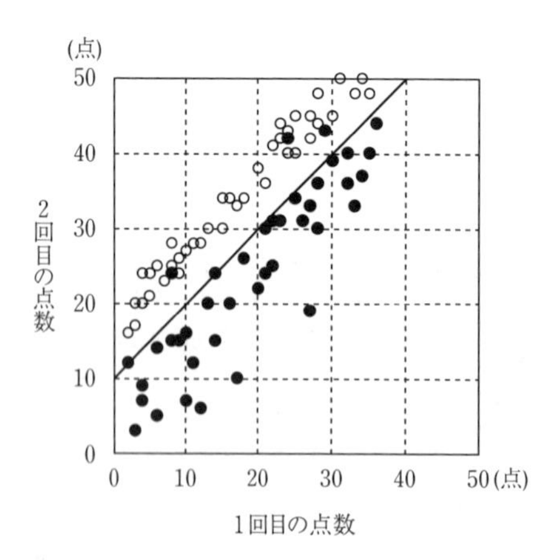

◀この散布図は，図1に(0, 10)を通る傾き1の直線を書き入れたものである。この直線の上側（直線を含む）は2回目のテストの点数のほうが1回目のテストの点数より10点以上高いことを表す。

以上より，(I)，(II)，(III)の正誤の組合せとして正しいものは ④ である。

(3) **実験結果**の表より，40枚の硬貨のうち29枚以上が表となった割合は

$$0.2 + 0.1 = \mathbf{0.3}\%$$

◀29枚と30枚の割合の和。

である。**方針**に従うと，グループAについて29人以上正解する確率は0.3%であり，5%より小さいので，グループAについて，各生徒は問題Xを $\frac{1}{2}$ の確率で正解するという仮説は，**誤っていると判断される。** ⇨ ⓪

グループBについても仮説が誤りかどうか調べると，40枚の硬貨のうち25枚以上が表となった割合は

$$3.7 + 2.1 + 1.1 + 0.5 + 0.2 + 0.1 = 7.7\%$$

◀25枚〜30枚の割合の合計。

であり，**方針**に従うと，25人以上が正解する確率は5%以上となるため，グループBについて，各生徒は問題Xを $\frac{1}{2}$ の確率で正解するという仮説は誤っているとは判断されない。

よって，**方針**より，復習によって問題Xの正解がわかるようになった生徒**はいるといえる。** ⇨ ⓪

研究

本問のように，二つのデータ（グループAとグループB）を合わせたものを考えるとき，「平均」については比較的考えやすいが，「分散」については考えるのが難しい。二つのデータの大きさは必ずしも等しいとは限らないとして状況を整理してみよう。

そのための準備として，改めて分散の性質を確認しておこう。x_1，x_2，…，x_n からなるデータ x について，その平均を

$$\overline{x} = \frac{x_1 + x_2 + \cdots + x_n}{n}$$

と表すこととする。x の分散 $s_x{}^2$ は

$$s_x{}^2 = \overline{\left(x - \overline{x}\right)^2} \quad \cdots\cdots ①$$

と定義される。このとき，二つの平均の性質

・定数 a，b に対して $\overline{ax+b} = a\overline{x} + b$ が成り立つ。

・$\overline{\left(\overline{x}\right)} = \overline{x}$ が成り立つ。

を用いると

$$s_x{}^2 = \overline{x^2 - 2\overline{x}x + \left(\overline{x}\right)^2} = \overline{x^2} - 2\overline{\left(\overline{x}\right)} \cdot \overline{x} + \left(\overline{x}\right)^2$$
$$= \overline{x^2} - \left(\overline{x}\right)^2 \quad \cdots\cdots ②$$

が成り立つ。分散を求める際は，①や②を用いることが多いので覚えておこう。

ここで，x_1，x_2，…，x_n からなるデータ x と y_1，y_2，…，y_m からなるデータ

y をまとめた x_1, x_2, …, x_n, y_1, y_2, …, y_m からなるデータ z について，z の分散を s^2 とする。n, m, $\overline{x}$, $\overline{y}$ および x の分散 ${s_x}^2$ と y の分散 ${s_y}^2$ を用いて，$\overline{z}$ や s^2 を表すことを考えてみよう。

まず，$\overline{z}$ について考える。平均の定義より

$$\begin{aligned}\overline{z} &= \frac{x_1+x_2+\cdots+x_n+y_1+y_2+\cdots+y_m}{n+m} \\ &= \frac{n\cdot\dfrac{x_1+x_2+\cdots+x_n}{n}+m\cdot\dfrac{y_1+y_2+\cdots+y_m}{m}}{n+m} \\ &= \frac{n\overline{x}+m\overline{y}}{n+m}\end{aligned}$$

が成り立つ。とくに $n=m$ の場合は

$$\overline{z} = \frac{\overline{x}+\overline{y}}{2}$$

となる。これは，二つのデータを合わせたデータの平均は，もとの二つのデータの「データの大きさを考慮した平均」として求めることができることを表している。

ところが，分散については同様に考えることはできない。実際

$$\overline{z^2} = \frac{n\overline{x^2}+m\overline{y^2}}{n+m},\quad \overline{z} = \frac{n\overline{x}+m\overline{y}}{n+m}$$

であるから，分散の性質 ② より

$$s^2 = \frac{n\overline{x^2}+m\overline{y^2}}{n+m} - \left(\frac{n\overline{x}+m\overline{y}}{n+m}\right)^2$$

となる。とくに $n=m$ のとき

$$\begin{aligned}s^2 &= \frac{\overline{x^2}+\overline{y^2}}{2} - \left(\frac{\overline{x}+\overline{y}}{2}\right)^2 \\ &= \frac{\overline{x^2}-(\overline{x})^2}{2} + \frac{\overline{y^2}-(\overline{y})^2}{2} + \frac{1}{4}\left\{(\overline{x})^2 - 2\overline{x}\cdot\overline{y} + (\overline{y})^2\right\} \\ &= \frac{{s_x}^2+{s_y}^2}{2} + \frac{1}{4}(\overline{x}-\overline{y})^2\end{aligned}$$

より，$\overline{x} \neq \overline{y}$ のとき，s^2 は ${s_x}^2$ と ${s_y}^2$ の平均とは一致しないことがわかる。

第3問

(1)(i)　$a=5$, $b=7$, $c=8$ のとき，△ABC において，余弦定理より

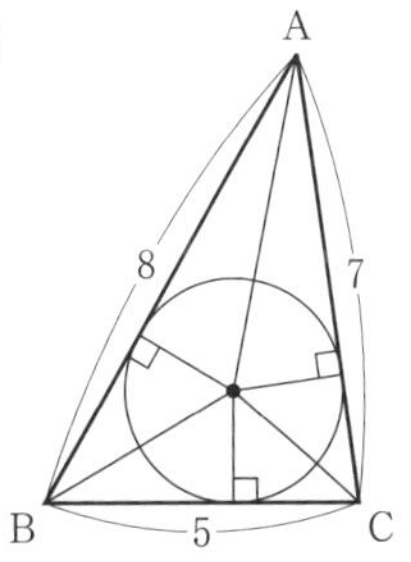

$$\begin{aligned}\mathbf{\cos\angle ABC} &= \frac{AB^2+BC^2-CA^2}{2AB\cdot BC} \\ &= \frac{8^2+5^2-7^2}{2\cdot 8\cdot 5} = \mathbf{\frac{1}{2}}\end{aligned}$$

したがって

$$\angle ABC = 60^\circ$$

よって，△ABC の面積は

$$\frac{1}{2}AB\cdot BC\sin\angle ABC = \frac{1}{2}\cdot 8\cdot 5\cdot\frac{\sqrt{3}}{2} = \mathbf{10\sqrt{3}}$$

△ABC の内接円 O の半径を r とすると，△ABC の面積は

$$\begin{aligned}\frac{1}{2}rBC+\frac{1}{2}rCA+\frac{1}{2}rAB &= \frac{1}{2}r(BC+CA+AB) \\ &= \mathbf{\frac{1}{2}r\ell}\end{aligned}$$

⇨ ①

と表せる。いま，$\ell=20$ であるから，r は

$$\frac{1}{2}r\cdot 20 = 10\sqrt{3}$$

よって

$$\mathbf{r=\sqrt{3}}$$

(ii)　円 O は △ABC の辺 BC，CA，AB と接する。また，円 O′ は △ABC の辺 BC，および辺 CA，AB の延長と接する。よって，円 O′ と(i)の円 O には，ともに**それぞれの中心から △ABC の三つの辺またはその延長に下ろした三本の垂線の長さが等しい**という性質がある。　⇨ ③

◀三本の垂線の長さは，それぞれの円の半径である。

円 O′ の半径を r'，△ABC の面積を S とすると，四角形 ARO′Q の面積は

$$\begin{aligned}(\text{四角形 ARO}'\text{Q}) &= \triangle\text{ABC} + (\text{四角形 BRO}'\text{P}) + (\text{四角形 CQO}'\text{P}) \\ &= S + 2\triangle\text{O}'\text{PB} + 2\triangle\text{O}'\text{PC} \\ &= S + 2\triangle\text{O}'\text{CB} = S + 2\cdot\frac{1}{2}\cdot 5r' \\ &= \boldsymbol{S + 5r'}\end{aligned}$$
⇨ ⑤

◀ $\triangle\text{O}'\text{PB} \equiv \triangle\text{O}'\text{RB}$
$\triangle\text{O}'\text{PC} \equiv \triangle\text{O}'\text{QC}$

一方

$$\begin{aligned}&(\text{四角形 ARO}'\text{Q}) \\ &= \triangle\text{ARO}' + \triangle\text{AQO}' \\ &= \frac{1}{2}r'(\text{AB}+\text{BR}) + \frac{1}{2}r'(\text{AC}+\text{CQ}) \\ &= \frac{1}{2}r'(\text{AB}+\text{PB}) + \frac{1}{2}r'(\text{AC}+\text{CP}) \\ &= \frac{1}{2}r'(\text{AB}+\text{BC}+\text{CA}) \\ &= \frac{1}{2}r'\cdot 20 = \boldsymbol{10r'}\end{aligned}$$

とも表せるから

$$S + 5r' = 10r' \quad \cdots\cdots\cdots\cdots\cdots\cdots\cdots ①$$

$$5r' = 10\sqrt{3}$$

◀(1)(i)より
$S = 10\sqrt{3}$

よって

$$\boldsymbol{r' = 2\sqrt{3}}$$

(2)　△ABC の外側にあり，△ABC の一辺と他の二つの辺の延長上の点において接する円を △ABC の傍接円とよぶ。(1)(ii)において，△ABC の傍接円が接する辺の長さを x，傍接円の半径を R とおくと，①より

$$S + xR = \frac{1}{2}R\ell$$

◀①について，左辺の $5r'$ は
$2\triangle\text{O}'\text{CB} = \text{BC}\cdot r'$
から求めており，右辺の $10r'$ は
$\frac{1}{2}r'(\text{AB}+\text{BC}+\text{CA})$
から求めている。そこで，BC を x とし，AB＋BC＋CA を ℓ とした式を考える。

したがって

$$R = \frac{2S}{\ell - 2x}$$

ここで，S と ℓ は定数であるから，x が大きければ大きいほど $\ell - 2x$ は小さく，R は大きい。いま，$a < b < c$ であるから

$$\boldsymbol{r_{\text{A}} < r_{\text{B}} < r_{\text{C}}}$$
⇨ ⓪

第4問

(1)(i)　1 枚の硬貨を投げるとき，表となる事象と裏となる事象は同様に確からしい。よって，2 枚の硬貨 X，Y を同時に投げる試行について，**この試行における根元事象は「2 枚とも表となる事象」，「2 枚とも裏となる事象」，「X のみが表となる事象」，「Y のみが表となる事象」の 4 個あり，これらは同様に確からしい。**　⇨ ③

◀
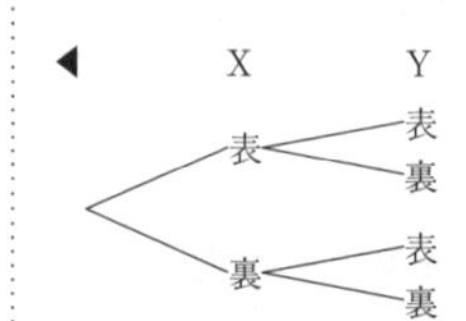

(ii)　X，Y のうち少なくとも一方が表となる事象は，同様に確からしい 4 個の根元事象のうち 3 個ある。よって，その確率は $\boldsymbol{\frac{3}{4}}$ である。

また，4 個ある根元事象のうち，表となった硬貨があるものは「2 枚とも表となる事象」，「X のみが表となる事象」，「Y のみが表となる事象」の 3 個あり，このうち，表となった硬貨がちょうど 1 枚であるものは「X のみが表と

なる事象」,「Y のみが表となる事象」の 2 個であるから，求める条件付き確率は $\mathbf{\frac{2}{3}}$ である。

(2)(i)　4 枚の硬貨を同時に投げ，正方形 ABCD の四つの頂点に 1 枚ずつ，硬貨の裏表を変えずに無作為に置く試行について，4 枚の硬貨を区別しないとき，同様に確からしい根元事象は四つの頂点 A，B，C，D のそれぞれについて，置かれた硬貨が表である事象と裏である事象の 2 個あるから

$$2^4 = \mathbf{16}\ (\text{個})$$

(ii)　(i)の 16 個のうち，ちょうど 2 枚の硬貨が表となっているものは，置かれた硬貨が表である頂点の選び方を考えて

$${}_4C_2 = \frac{4 \cdot 3}{2} = 6\ (\text{個})$$

あるから，事象 E_1 が起こる確率は

$$\frac{6}{16} = \mathbf{\frac{3}{8}}$$

次に，(i)の 16 個のうち，ちょうど 2 枚の硬貨が表となっており，かつ，正方形の隣り合う頂点に置かれた硬貨の裏表がすべて異なるものは「A と C に置かれた硬貨のみが表である」,「B と D に置かれた硬貨のみが表である」の 2 個であるから，事象 $E_1 \cap E_2$ が起こる確率は

$$\frac{2}{16} = \mathbf{\frac{1}{8}}$$

よって，事象 E_1 が起こったときに，事象 E_2 が起こる条件付き確率は

$$\frac{\frac{1}{8}}{\frac{3}{8}} = \mathbf{\frac{1}{3}}$$

◀(1)(ii)と同様に考えて，根源事象のうち，事象 E_1 は 6 個，事象 $E_1 \cap E_2$ は 2 個あることから

$$\frac{2}{6} = \frac{1}{3}$$

と考えてもよい。

(3)　(2)の事象における硬貨の裏表を(3)の事象における硬貨の種類（10 円硬貨か 5 円硬貨か）に対応させると，(2)において事象 E_1 が起こったときに，事象 E_2 が起こる条件付き確率は，(3)において正方形の隣り合う頂点に置かれた硬貨がすべて異なる確率と等しいことがわかる。

よって，確率が $\frac{1}{3}$ となるものは，**2 枚の 10 円硬貨が隣り合う頂点には置かれていない確率**である。　⇨ ②

◀(2)の最後では
「ちょうど 2 枚が表」
のときの条件付確率を求めた。(3)は
「ちょうど 2 枚が 10 円硬貨」
のときの確率を考えているので，E_2 における硬貨の裏表を，硬貨の種類に対応させればよい。

研究

(3)の ② 以外の選択肢について，確率を求めておく。

⓪ について，2 枚の 10 円硬貨のうち 1 枚だけ表になる確率と，2 枚の 5 円硬貨のうち 1 枚だけ表になる確率はどちらも $\frac{1}{2}$ である。よって，⓪ の確率は

$$\frac{1}{2} \times \frac{1}{2} = \frac{1}{4}$$

◀根源事象は，どちらも
（表，表），（表，裏）
（裏，表），（裏，裏）

2 枚の 10 円硬貨がともに表になる事象を A，2 枚の 10 円硬貨が隣り合う頂点には置かれていない事象を B とする。事象 X の確率を $P(X)$ と表す。

① の確率は，$P(A) = \frac{1}{4}$ である。

◀根源事象は
（表，表），（表，裏）
（裏，表），（裏，裏）

② の確率は，$P(B) = \frac{1}{3}$ である。

◀(3)より。

③ について，2 枚の 10 円硬貨と 2 枚の 5 円硬貨を同時に投げる試行を S，正方形 ABCD の四つの頂点に 1 枚ずつ，硬貨の裏表を変えずに無作為に置く試行を T とすると，試行 S と試行 T は独立である。

事象 A は試行 S で起き，事象 B は試行 T で起きるから，③ の確率は

$$P(A \cap B) = P(A) \times P(B) = \frac{1}{4} \times \frac{1}{3} = \frac{1}{12}$$

模試 第5回

解　答

問題番号（配点）	解 答 記 号	正 解	配点	自己採点
第1問（30）	$\boxed{\text{アイ}}$, $\boxed{\text{ウ}}$	−6, ③	各2	
	$\dfrac{\boxed{\text{エ}} - \sqrt{\boxed{\text{オ}}}}{\boxed{\text{カ}}}$	$\dfrac{\mathbf{3}-\sqrt{\mathbf{5}}}{\mathbf{2}}$	2	
	$\dfrac{\boxed{\text{キク}} + \sqrt{\boxed{\text{オ}}}}{\boxed{\text{カ}}}$	$\dfrac{\mathbf{-1}+\sqrt{\mathbf{5}}}{\mathbf{2}}$	1	
	$(a^2-3a)^2-2(a^2-3a)-3=\boxed{\text{ケ}}$	$(a^2-3a)^2-2(a^2-3a)-3=\mathbf{0}$	3	
	$\boxed{\text{コサ}}.\boxed{\text{シ}}$ m	**96.5** m	2	
	$\boxed{\text{ス}}$	②	2	
	$\boxed{\text{セ}}$	⓪	2	
	$\angle\mathrm{ACD}=\boxed{\text{ソタ}}^\circ$	$\angle\mathrm{ACD}=\mathbf{72}^\circ$	1	
	$\boxed{\text{チ}}$, $\boxed{\text{ツ}}$	⑤, ⑦	各2	
	$\cos 36^\circ-\cos 72^\circ=\dfrac{\boxed{\text{テ}}}{\boxed{\text{ト}}}$	$\cos 36^\circ-\cos 72^\circ=\dfrac{\mathbf{1}}{\mathbf{2}}$	2	
	$\theta=\boxed{\text{ナニ}}^\circ$	$\theta=\mathbf{20}^\circ$	2	
	$\dfrac{\boxed{\text{ヌ}}}{\boxed{\text{ネ}}}$	$\dfrac{\mathbf{1}}{\mathbf{2}}$	2	
	$\dfrac{\boxed{\text{ノ}}}{\boxed{\text{ハ}}}$	$\dfrac{\mathbf{1}}{\mathbf{2}}$	3	
第2問（30）	$\sqrt{\boxed{\text{アイ}}}$	$\sqrt{\mathbf{10}}$	1	
	$\boxed{\text{ウ}}\sqrt{\boxed{\text{エ}}}$	$\mathbf{3}\sqrt{\mathbf{3}}$	1	
	$\boxed{\text{オ}}\sqrt{\boxed{\text{カ}}}$	$\mathbf{9}\sqrt{\mathbf{2}}$	1	
	$\boxed{\text{キ}}t^2-\boxed{\text{ク}}t+\boxed{\text{ケコ}}$	$\mathbf{3}t^2-\mathbf{6}t+\mathbf{18}$	3	
	$\boxed{\text{サ}}\sqrt{\boxed{\text{シス}}}+\boxed{\text{セ}}$	$\mathbf{2}\sqrt{\mathbf{15}}+\mathbf{6}$	3	
	$\boxed{\text{ソ}}$, $\boxed{\text{タ}}$, $\boxed{\text{チ}}$	**1**, **2**, **0**	各2	
	$\boxed{\text{ツ}}.\boxed{\text{テ}}$	**2.0**	2	
	$\boxed{\text{ト}}$	**3**	2	
	$\boxed{\text{ナ}}.\boxed{\text{ニ}}$	**9.7**	2	
	$\boxed{\text{ヌ}}$	**2**	2	
	$\boxed{\text{ネ}}$	②	2	
	$\boxed{\text{ノ}}$	⓪	2	
	$\boxed{\text{ハ}}$	⓪	3	

問題番号(配点)	解答記号	正解	配点	自己採点
第3問 (20)	ア	⓪	2	
	イ	③	2	
	ウ	④	2	
	エ	①	2	
	オ	⓪	2	
	カ	④	2	
	キ	⓪	3	
	ク	①	3	
	$\frac{\mathrm{EH}}{\mathrm{HD}} = \frac{ケ}{コ}$	$\frac{\mathrm{EH}}{\mathrm{HD}} = \frac{2}{3}$	2	
第4問 (20)	アイ	70	2	
	ウエ	36	1	
	$\frac{オカ}{キク}$	$\frac{18}{35}$	2	
	$\frac{ケ}{コ}$	$\frac{4}{7}$	3	
	サ, シ	①, ③※	各2	
	ス	③	3	
	セ	②	2	
	ソ	⓪	3	

(注) 第1問～第4問はすべて必答で，計4問を解答。
なお，上記以外のものについても得点を与えることがある。正解欄に※があるものは，解答の順序は問わない。

第1問小計		第2問小計		第3問小計		第4問小計		合計点	/100

第1問

〔1〕

(1)　$-6 \leqq -5.5 < -5$ であるから，-5.5 の整数部分は $\mathbf{-6}$ であり

$$-5.5-(-6)=0.5$$

より，小数部分は **0.5** である。　⇨ ③

(2)　α，β は2次方程式 $x^2-x-1=0$ の2解であり，$\alpha<\beta$ のとき

$$\alpha=\frac{1-\sqrt{5}}{2},\ \beta=\frac{1+\sqrt{5}}{2}$$

◀ $x^2-x-1=0$ の解は
$x=\frac{-(-1)\pm\sqrt{(-1)^2-4\cdot1\cdot(-1)}}{2\cdot1}$
$=\frac{1\pm\sqrt{5}}{2}$

ここで，$2<\sqrt{5}<3$ より

$$-2<1-\sqrt{5}<-1,\ 3<1+\sqrt{5}<4$$

であるから

$$-1<\frac{1-\sqrt{5}}{2}<-\frac{1}{2},\ \frac{3}{2}<\frac{1+\sqrt{5}}{2}<2$$

したがって

$$-1<\alpha<0,\ 1<\beta<2$$

より，α の整数部分は -1，β の整数部分は1である。

よって，α の小数部分は

$$\alpha-(-1)=\boldsymbol{\frac{3-\sqrt{5}}{2}}$$

β の小数部分は

$$\beta-1=\boldsymbol{\frac{-1+\sqrt{5}}{2}}$$

である。

(3)　$a=\frac{3-\sqrt{5}}{2}$ のとき

◀求める式の形から，a^2-3a の値を求める方針で考える。

$$2a-3=-\sqrt{5}$$

両辺を2乗して

$$4a^2-12a+9=5$$

$$4a^2-12a=-4$$

したがって

$$a^2-3a=-1$$

よって

$$\boldsymbol{(a^2-3a)^2-2(a^2-3a)-3}=(-1)^2-2\cdot(-1)-3$$
$$=\mathbf{0}$$

〔2〕

(1)　地面からベランダの観測点Pまでの高さは

$$1.4+10\tan 84^\circ=1.4+10\times9.5144$$
$$=1.4+95.144=96.544$$
$$\fallingdotseq \mathbf{96.5\ (m)}$$

◀三角比の表より。

(2)(i)　観測点Pと東京スカイツリーの水平距離を x mとおくと，観測点Pから先端A，点Bへ測った仰角がそれぞれ 57°，35° なので

$$x\tan57^\circ-x\tan35^\circ=634-340$$

$$(1.5399-0.7002)x=294$$

◀三角比の表より
$\tan57^\circ=1.5399$
$\tan35^\circ=0.7002$

したがって

$$x=\frac{294}{0.8397}=350.12\cdots$$

よって，小数第1位を四捨五入して

$$x\fallingdotseq\mathbf{350}\ (\mathrm{m})$$

⇨ ②

(ii)　(i)より，$x>350$，$\tan 35^\circ>0.7$ であるから

$$x\tan 35^\circ>350\times 0.7=245$$

(1)より，観測点 P の地面からの高さが 96.5 m より高いので，点 B と花子さんが住むマンションが立地する地面の標高差 h_1 と，点 B と東京スカイツリーが立地する地面の標高差 h_2 について

$$h_1-h_2>(245+96.5)-340=1.5$$

よって，**東京スカイツリーが立地する地面の標高の方が，花子さんが住むマンションが立地する地面の標高よりも 1 m 以上高い。** ⇨ ⓪

〔3〕

(1)(i)　△ABC は BA = BC の二等辺三角形であるから

$\angle ACB=\angle CAB=36^\circ$ ……………… ①

∠DBC は △ABC の頂点 B における外角であるから

$$\angle DBC=\angle CAB+\angle ACB=72^\circ$$

△BCD は CB = CD の二等辺三角形であるから

$\angle BDC=\angle DBC=72^\circ$ ……………… ②

①，②より

$\boldsymbol{\angle ACD}=180^\circ-\angle CAB-\angle BDC$

$=\boldsymbol{72^\circ}$ ……………… ③

◀ ∠CAD = ∠CAB
∠ADC = ∠BDC

(ii)　△ABC は二等辺三角形であるから，線分 AC の中点を M とすると

$$\angle AMB=90^\circ$$

よって

$\boldsymbol{AC}=2AM=2AB\cos 36^\circ$

$=\boldsymbol{2\cos 36^\circ}$ ……… ④　　⇨ ⑤

また，△BCD は二等辺三角形であるから，線分 BD の中点を N とすると

$$\angle BNC=90^\circ$$

よって

$\boldsymbol{BD}=2BN=2BC\cos 72^\circ$

$=\boldsymbol{2\cos 72^\circ}$ ……… ⑤　　⇨ ⑦

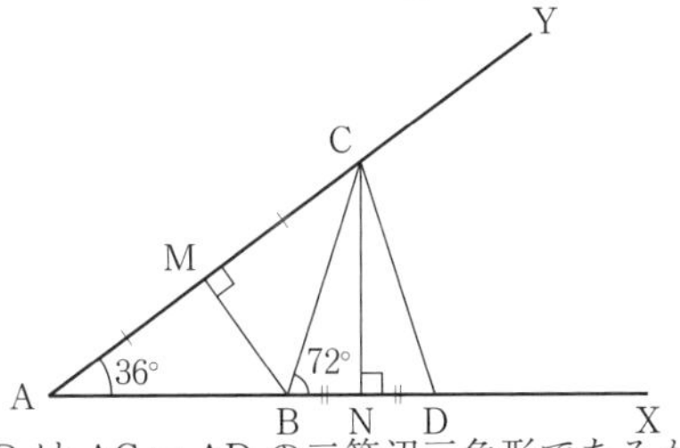

②，③より，△ACD は AC = AD の二等辺三角形であるから

$AC-BD=(AB+BD)-BD=AB$

$=1$

④，⑤より

$AC-BD=2\cos 36^\circ-2\cos 72^\circ$

$=2(\cos 36^\circ-\cos 72^\circ)$

したがって

$$2(\cos 36^\circ-\cos 72^\circ)=1$$

よって

$$\boldsymbol{\cos 36^\circ-\cos 72^\circ=\frac{1}{2}}$$

(2)　△ABC，△BCD，△CDE，△DEF はそれぞれ二等辺三角形であるから，(1)と同様に

$$\angle ACB = \angle CAB = \theta$$
$$\angle BDC = \angle DBC = 2\theta$$
$$\angle CED = \angle ECD = 3\theta$$
$$\angle DFE = \angle FDE = 4\theta$$

◀ $\angle DBC = \angle ACB + \angle CAB$
◀ $\angle ECD = \angle ADC + \angle CAD$
◀ $\angle FDE = \angle AED + \angle EAD$

△AFE は二等辺三角形であるから

$$\angle FEA = \angle EFA = 4\theta$$

であり

$$\angle FEA = \angle FED + \angle DEA = \angle FED + 3\theta$$

より

$$\angle FED = 4\theta - 3\theta = \theta$$

△EFD の内角の和は 180° であるから

$$\angle FED + \angle DFE + \angle FDE = 180^\circ$$
$$\theta + 4\theta + 4\theta = 180^\circ$$

よって

$$\boldsymbol{\theta = 20^\circ}$$

ここで，AB = 1 として(1)と同様に

$$AC = 2\cos 20^\circ$$
$$BD = 2\cos 40^\circ$$
$$CE = 2\cos 60^\circ$$
$$DF = 2\cos 80^\circ$$

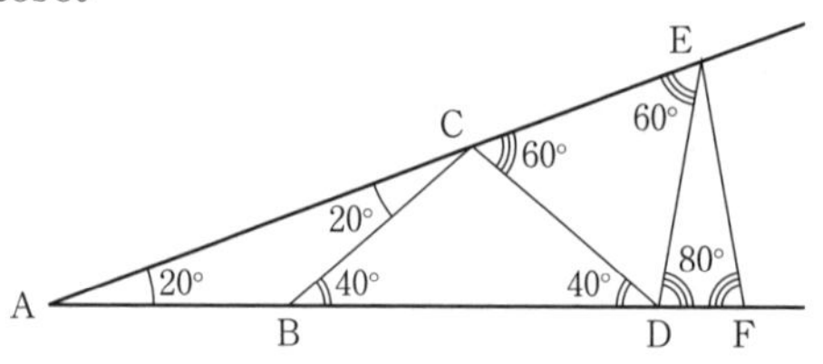

AE = AF より

$$AC + CE = AB + BD + DF$$
$$2\cos 20^\circ + 2\cos 60^\circ = 1 + 2\cos 40^\circ + 2\cos 80^\circ$$

よって

$$\boldsymbol{\cos 20^\circ - \cos 40^\circ + \cos 60^\circ - \cos 80^\circ = \frac{1}{2}}$$

(3)　次の図のように，$\angle XAY = \dfrac{180^\circ}{7}$（$= \alpha$ とおく）となる半直線 AX，AY を考え，半直線 AX 上に点 A に近い方から点 B，D を，半直線 AY 上に点 A に近い方から点 C，E を AB = BC = CD = DE = 1 となるようにとる。

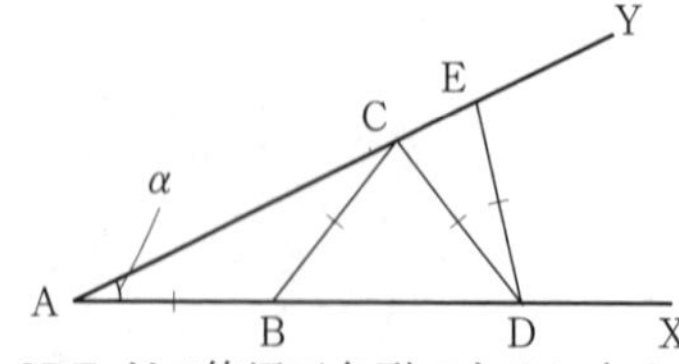

△ABC，△BCD，△CDE が二等辺三角形であることから，(1)と同様に

$$\angle ACB = \angle CAB = \alpha$$
$$\angle BDC = \angle DBC = 2\alpha$$
$$\angle CED = \angle ECD = 3\alpha$$

であり

$$\angle EDA = \angle EDC + \angle CDA$$
$$= (180^\circ - 3\alpha - 3\alpha) + 2\alpha$$
$$= 180^\circ - 4\alpha$$
$$= 3\alpha$$

より，$\triangle ADE$ は $AD = AE$ の二等辺三角形である。

ここで，(1)と同様に

$$AC = 2\cos\alpha,\ BD = 2\cos 2\alpha,\ CE = 2\cos 3\alpha$$

したがって

$$AC + CE = AB + BD$$
$$2\cos\alpha + 2\cos 3\alpha = 1 + 2\cos 2\alpha$$

より

$$\cos\alpha - \cos 2\alpha + \cos 3\alpha = \frac{1}{2}$$

よって

$$\mathbf{\cos\frac{180^\circ}{7} - \cos\frac{360^\circ}{7} + \cos\frac{540^\circ}{7} = \frac{1}{2}}$$

第2問

〔1〕

点Pが点Cに到着するのは6秒後であるから，点Qと点Rは6秒間で $6\sqrt{2}$ だけ移動する。したがって，点Qと点Rは毎秒 $\sqrt{2}$ の速さで移動する。

◀$\triangle ABC$ は $\angle ABC = 90^\circ$ の直角二等辺三角形であるから $AC = \sqrt{2}AB = 6$

(1)(i)　4秒後の $\triangle PAB$ において，余弦定理より

$$PB^2 = 4^2 + (3\sqrt{2})^2 - 2 \cdot 4 \cdot 3\sqrt{2}\cos 45^\circ$$
$$= 16 + 18 - 24 = 10$$

◀ $PB^2 = AP^2 + AB^2 - 2AP \cdot AB\cos\angle PAB$

$PB > 0$ より

$$\mathbf{PB = \sqrt{10}}$$

(ii)　3秒後に点Pは対角線ACの中点にあるから

$$BP = AP = 3$$

◀正方形の対角線は，それぞれの中点で交わる。

である。一方，点Qは毎秒 $\sqrt{2}$ の速さで移動することから，3秒後のBQの長さは $3\sqrt{2}$ である。直角三角形PBQに注目して

$$\mathbf{PQ} = \sqrt{3^2 + (3\sqrt{2})^2} = \mathbf{3\sqrt{3}}$$

(iii)　3秒後の $\triangle PQR$ は $PQ = PR = 3\sqrt{3}$，$QR = 6$ の二等辺三角形である。点PからQRへ垂線PIを下ろすと

$$PI = \sqrt{(3\sqrt{3})^2 - 3^2} = 3\sqrt{2}$$

したがって，$\triangle PQR$ の面積は

$$\frac{1}{2} \cdot 6 \cdot 3\sqrt{2} = \mathbf{9\sqrt{2}}$$

となる。

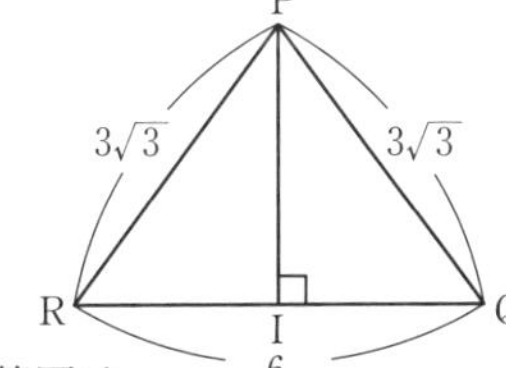

(2)　点Pは6秒後に点Cに到着するので，t の値の範囲は

$$0 \leqq t \leqq 6$$

である。t 秒後の $\triangle PAB$ において，余弦定理より

$$PB^2 = t^2 + (3\sqrt{2})^2 - 2 \cdot t \cdot 3\sqrt{2}\cos 45^\circ$$
$$= t^2 - 6t + 18$$

次に，$BQ = \sqrt{2}t$ であるから，直角三角形PBQに注目して

$$\mathbf{PQ^2} = PB^2 + BQ^2$$
$$= (t^2 - 6t + 18) + (\sqrt{2}t)^2$$
$$= \mathbf{3t^2 - 6t + 18}$$

(3)　$\triangle PQR$ は時刻 t によらず

$$\text{PQ}=\text{PR},\ \text{QR}=6\ (一定)$$

である。したがって，△PQR の周の長さが最小となるのは，PQ の長さが最小となるときである。

(2)より，$0 \leqq t \leqq 6$ の範囲において

$$\text{PQ}^2=3t^2-6t+18=3(t-1)^2+15$$

であるから，辺 PQ の長さは $t=1$ のとき最小値 $\sqrt{15}$ をとる。このとき，△PQR の周の長さも最小であり，その値は

$$\begin{aligned}\text{PQ}+\text{PR}+\text{QR}&=\sqrt{15}+\sqrt{15}+6\\&=\mathbf{2\sqrt{15}+6}\end{aligned}$$

(4) $f(t)=3t^2-6t+18$ とおき，$y=f(t)$ のグラフを利用して考える。$0 \leqq t \leqq 6$ における $y=f(t)$ のグラフは次のようになる。

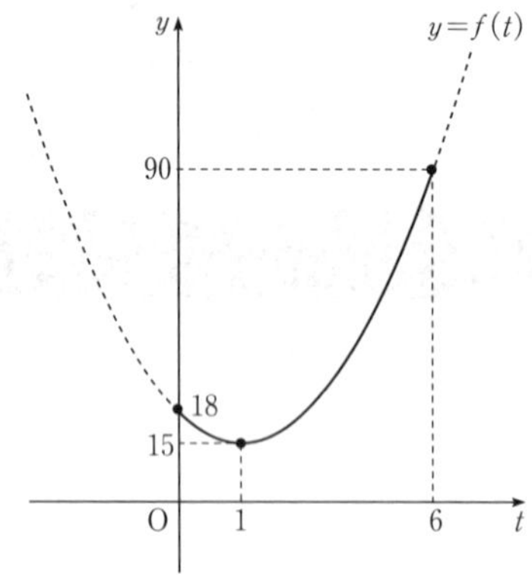

(i) 時刻 t によらず，PQ = PR，QR = 6 であるから，△PQR が正三角形になるのは PQ = 6 となるときである。つまり，$\text{PQ}^2=36$ より，$f(t)=36$ となる時刻 t が何回あるかを調べればよい。グラフより，$f(t)=36$ となる t は 1 回であるから，△PQR が正三角形となる回数は **1** 回である。

(ii) △PQR はつねに二等辺三角形であるから，題意を満たすのは △PQR が $\angle\text{QPR}=90°$ の直角二等辺三角形になるときである。つまり

$$\text{PQ}=\text{QR}\cdot\frac{1}{\sqrt{2}}=3\sqrt{2}$$

となるときである。このとき $\text{PQ}^2=18$ より，$f(t)=18$ となる時刻 t が何回あるかを調べればよい。グラフより，$f(t)=18$ となる t は 2 回であるから，△PQR が直角三角形となる回数は **2** 回である。

(iii) 点 P から QR へ垂線 PI を下ろすと，底辺 QR = 6，面積が 6 より，高さ PI = 2 である。

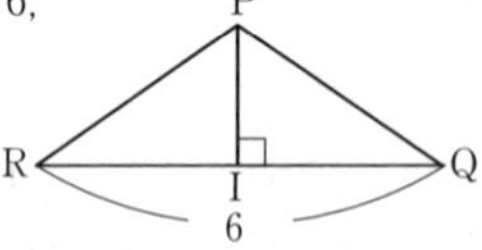

したがって，△PQR の面積が 6 であるとき

$$\text{PQ}^2=2^2+3^2=13$$

となる。つまり，$f(t)=13$ となる時刻 t が何回あるかを調べればよい。グラフより，$f(t)=13$ となる t は存在しないから，△PQR の面積が 6 となる回数は **0** 回である。

〔2〕

(1) 地域 A のデータにおいて

(第 1 四分位数) = 1.3 ◀小さい方から 10 番目

(中央値) = 2.0 ◀小さい方から 20 番目

(第 3 四分位数) = 3.3 ◀小さい方から 30 番目

であるから，四分位範囲は

(第 3 四分位数) − (第 1 四分位数) = 3.3 − 1.3 = **2.0**

である。したがって，外れ値の範囲は

1.3 − 1.5 × 2.0 = −1.7 以下

◀外れ値の定義による。

または

3.3 + 1.5 × 2.0 = 6.3 以上

であるから，外れ値は 6.4，7.3，8.7 の **3** 個である。

地域 B のデータにおいて

(第 1 四分位数) = 4.9

◀小さい方から 9 番目

(中央値) = $\dfrac{8.7 + 10.7}{2}$ = **9.7**

◀小さい方から 17 番目と 18 番目の平均

(第 3 四分位数) = 15.0

◀小さい方から 26 番目

であるから，四分位範囲は

(第 3 四分位数) − (第 1 四分位数) = 15.0 − 4.9 = 10.1

である。したがって，外れ値の範囲は

4.9 − 1.5 × 10.1 = −10.25 以下

または

15.0 + 1.5 × 10.1 = 30.15 以上

であるから，外れ値は 31.3 と 75.0 の **2** 個である。

(2) 地域 B のデータの第 1 四分位数は 4.9 であり，これは地域 A のデータの**第 3 四分位数 (3.3) より大きい**。 ⇨ ②

また，地域 B のデータの中央値は 9.7 であり，これは地域 A のデータの**中央値より大きい方の外れ値の範囲 (6.3 以上) にある**。 ⇨ ⓪

(3) 表 3 より，レベルの値を使うと，地域 A のデータについて

(第 1 四分位数) = 6

◀小さい方から 10 番目

(中央値) = 7

◀小さい方から 20 番目

(第 3 四分位数) = 8

◀小さい方から 30 番目

となるので，四分位範囲は 8 − 6 = 2 である。したがって，外れ値の範囲は

6 − 1.5 × 2 = 3 以下

8 + 1.5 × 2 = 11 以上

である。よって，レベルが 11 のデータ一つが外れ値である。

同様に，地域 B のデータについてレベルの値を使うと

(第 1 四分位数) = 9

◀小さい方から 9 番目

(中央値) = 11

◀小さい方から 17 番目と 18 番目の平均

(第 3 四分位数) = 12

◀小さい方から 26 番目

となるので，四分位範囲は 12 − 9 = 3 である。よって，外れ値の範囲は

9 − 1.5 × 3 = 4.5 以下

12 + 1.5 × 3 = 16.5 以上

であるから，外れ値は存在しない。

ここで，n が大きくなるにつれて，0.1×1.5^n の値も大きくなる。したがって，地域 A のレベルが 11 のデータは，地域 A において毛髪水銀濃度が最も高い人のデータが対応する。

以上より，**地域 A のデータに一つだけ外れ値が含まれ，その外れ値は地域 A における h の最大値**である。 ⇨ ⓪

研究

定義に従って，外れ値を探すことは難しくないが，見つかった外れ値をどのように扱うべきか，ということは簡単な問題ではなく，様々な観点からの考察

を必要とする。データを整理し直す，というのもその一つである。

(3)では，0.1×1.5^n を境目としてデータを分類した。0.1 や 1.5 という数字自体に意味があるわけではなく，ある数のべき乗の値を境目にしてデータを区切ることがポイントである。この方法は，生体に関するデータや，自然現象が関係するデータの場合によく用いられる（数学 B の内容と関連するが，この方法によって「正規分布」に近づく場合が多い）。

第3問

(1) **定理 A** について考える。

◀メネラウスの定理である。

△APA′ ∽ △BPB′ より

$$\frac{\mathbf{AP}}{\mathbf{PB}}=\frac{\mathbf{AA'}}{\mathbf{BB'}}$$ ⇨ ⓪

△BQB′ ∽ △CQC′ より

$$\frac{\mathbf{BQ}}{\mathbf{QC}}=\frac{\mathbf{BB'}}{\mathbf{CC'}}$$ ⇨ ③

△CRC′ ∽ △ARA′ より

$$\frac{\mathbf{CR}}{\mathbf{RA}}=\frac{\mathbf{CC'}}{\mathbf{AA'}}$$ ⇨ ④

次に，**定理 B** について考える。

◀チェバの定理である。

△OAC と △OBC において，辺 OC を底辺とみたときの高さの比に着目すると

$$\frac{\mathbf{AP}}{\mathbf{PB}}=\frac{\triangle\mathbf{OAC}}{\triangle\mathbf{OBC}}$$ ⇨ ①

△OBA と △OCA において，辺 OA を底辺とみたときの高さの比に着目すると

$$\frac{\mathbf{BQ}}{\mathbf{QC}}=\frac{\triangle\mathbf{OAB}}{\triangle\mathbf{OAC}}$$ ⇨ ⓪

△OCB と △OAB において，辺 OB を底辺とみたときの高さの比に着目すると

$$\frac{\mathbf{CR}}{\mathbf{RA}}=\frac{\triangle\mathbf{OBC}}{\triangle\mathbf{OAB}}$$ ⇨ ④

(2) 図 1 について，点 A，B，C から直線 ℓ に下ろした垂線と直線 ℓ の交点をそれぞれ A′，B′，C′ とする。

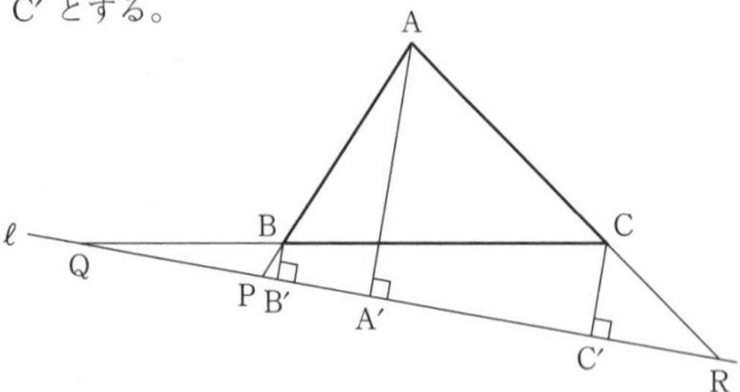

このとき，**定理 A** について考えたときと同様に

$$\frac{\mathrm{AP}}{\mathrm{PB}}=\frac{\mathrm{AA'}}{\mathrm{BB'}}$$

◀△APA′ ∽ △BPB′ より。

$$\frac{\mathrm{BQ}}{\mathrm{QC}}=\frac{\mathrm{BB'}}{\mathrm{CC'}}$$

◀△BQB′ ∽ △CQC′ より。

$$\frac{\mathrm{CR}}{\mathrm{RA}}=\frac{\mathrm{CC'}}{\mathrm{AA'}}$$

◀△CRC′ ∽ △ARA′ より。

が成り立つから，図 1 においても (*) は成り立つ。

よって，(a)は**正しい**。

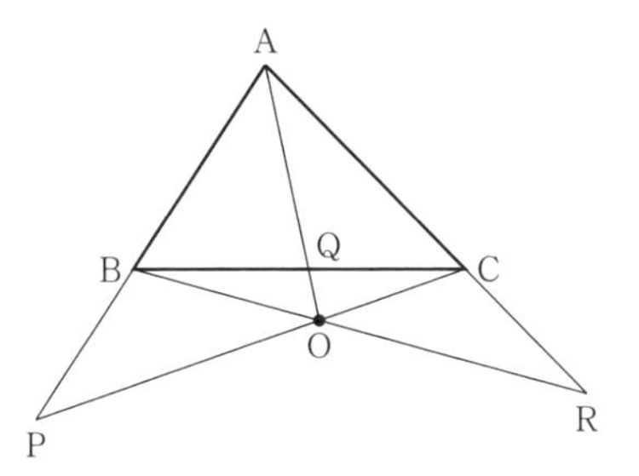

図 2 について，**定理 B** について考えたときと同様に

$$\frac{\mathrm{AP}}{\mathrm{PB}}=\frac{\triangle\mathrm{OAC}}{\triangle\mathrm{OBC}}$$

$$\frac{\mathrm{BQ}}{\mathrm{QC}}=\frac{\triangle\mathrm{OAB}}{\triangle\mathrm{OAC}}$$

$$\frac{\mathrm{CR}}{\mathrm{RA}}=\frac{\triangle\mathrm{OBC}}{\triangle\mathrm{OAB}}$$

◀辺 OC を底辺とみる。

◀辺 OA を底辺とみる。

◀辺 OB を底辺とみる。

が成り立つから，図 2 においても (∗) は成り立つ。

よって，(b)も正しい。 ⇨ ⓪

(3) **命題 X** について，点 A，B，C，D から直線 ℓ に下ろした垂線と直線 ℓ の交点をそれぞれ A′，B′，C′，D′ とする。

$\triangle\mathrm{APA'} \backsim \triangle\mathrm{BPB'}$ より

$$\frac{\mathrm{AP}}{\mathrm{PB}}=\frac{\mathrm{AA'}}{\mathrm{BB'}}$$

$\triangle\mathrm{BQB'} \backsim \triangle\mathrm{CQC'}$ より

$$\frac{\mathrm{BQ}}{\mathrm{QC}}=\frac{\mathrm{BB'}}{\mathrm{CC'}}$$

$\triangle\mathrm{CRC'} \backsim \triangle\mathrm{DRD'}$ より

$$\frac{\mathrm{CR}}{\mathrm{RD}}=\frac{\mathrm{CC'}}{\mathrm{DD'}}$$

$\triangle\mathrm{DSD'} \backsim \triangle\mathrm{ASA'}$ より

$$\frac{\mathrm{DS}}{\mathrm{SA}}=\frac{\mathrm{DD'}}{\mathrm{AA'}}$$

よって

$$\frac{\mathrm{AP}}{\mathrm{PB}}\cdot\frac{\mathrm{BQ}}{\mathrm{QC}}\cdot\frac{\mathrm{CR}}{\mathrm{RD}}\cdot\frac{\mathrm{DS}}{\mathrm{SA}}=\frac{\mathrm{AA'}}{\mathrm{BB'}}\cdot\frac{\mathrm{BB'}}{\mathrm{CC'}}\cdot\frac{\mathrm{CC'}}{\mathrm{DD'}}\cdot\frac{\mathrm{DD'}}{\mathrm{AA'}}=1$$

より，**命題 X** は**真**である。

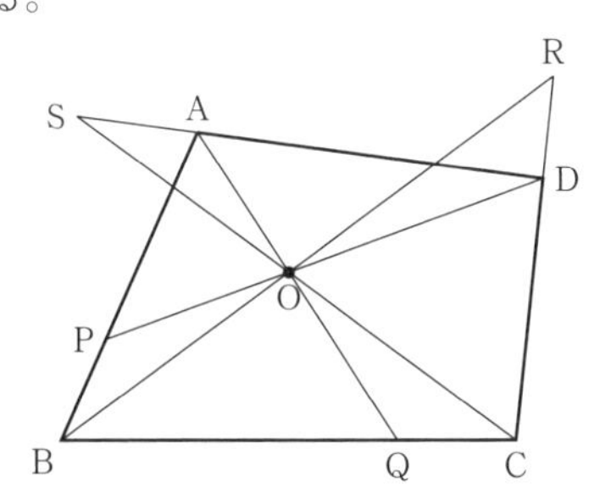

命題 Y の図において

$$\frac{\mathrm{AP}}{\mathrm{PB}}>1,\quad \frac{\mathrm{BQ}}{\mathrm{QC}}>1,\quad \frac{\mathrm{CR}}{\mathrm{RD}}>1,\quad \frac{\mathrm{DS}}{\mathrm{SA}}>1$$

より

$$\frac{\mathrm{AP}}{\mathrm{PB}}\cdot\frac{\mathrm{BQ}}{\mathrm{QC}}\cdot\frac{\mathrm{CR}}{\mathrm{RD}}\cdot\frac{\mathrm{DS}}{\mathrm{SA}}>1$$

であるから，**命題 Y** は**偽**である。 ⇨ ①

研究

定理 B について考えたときと同様に，△OAD と △OBD において，辺 OD を底辺とみたときの高さの比に着目すると

$$\frac{AP}{PB}=\frac{\triangle OAD}{\triangle OBD}$$

△OBA と △OCA において，辺 OA を底辺とみたときの高さの比に着目すると

$$\frac{BQ}{QC}=\frac{\triangle OBA}{\triangle OCA}$$

△OCB と △ODB において，辺 OB を底辺とみたときの高さの比に着目すると

$$\frac{CR}{RD}=\frac{\triangle OCB}{\triangle ODB}$$

△ODC と △OAC において，辺 OC を底辺とみたときの高さの比に着目すると

$$\frac{DS}{SA}=\frac{\triangle ODC}{\triangle OAC}$$

これらより積を計算しようとしても

$$\frac{AP}{PB}\cdot\frac{BQ}{QC}\cdot\frac{CR}{RD}\cdot\frac{DS}{SA}=\frac{\triangle OAD}{\triangle OBD}\cdot\frac{\triangle OBA}{\triangle OCA}\cdot\frac{\triangle OCB}{\triangle ODB}\cdot\frac{\triangle ODC}{\triangle OAC}$$

となり，**定理 B** について考えたときのようにうまく分母と分子を打ち消し合って計算を進めることはできない。

(4)

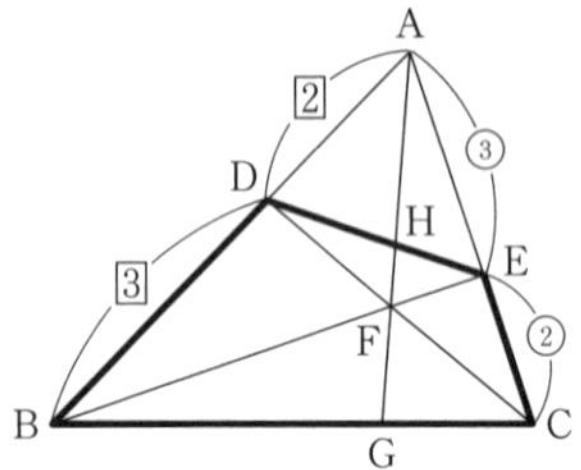

四角形 DBCE と直線 AG において，**命題 X** を用いると

$$\frac{DA}{AB}\cdot\frac{BG}{GC}\cdot\frac{CA}{AE}\cdot\frac{EH}{HD}=1 \quad \cdots\cdots ①$$

AD : DB = 2 : 3， AE : EC = 3 : 2 より

$$\frac{DA}{AB}=\frac{AD}{AD+DB}=\frac{2}{2+3}=\frac{2}{5}$$

$$\frac{CA}{AE}=\frac{AE+EC}{AE}=\frac{3+2}{3}=\frac{5}{3}$$

また，△ABC において，**定理 B** より

$$\frac{AD}{DB}\cdot\frac{BG}{GC}\cdot\frac{CE}{EA}=1$$

$$\frac{2}{3}\cdot\frac{BG}{GC}\cdot\frac{2}{3}=1$$

したがって

$$\frac{BG}{GC}=\frac{3}{2}\cdot\frac{3}{2}=\frac{9}{4}$$

これらを①に代入して

$$\frac{2}{5}\cdot\frac{9}{4}\cdot\frac{5}{3}\cdot\frac{EH}{HD}=1$$

よって

$$\mathbf{\frac{EH}{HD}}=\frac{5}{2}\cdot\frac{4}{9}\cdot\frac{3}{5}=\mathbf{\frac{2}{3}}$$

である。

第4問

図の右方向に隣の地点に進む事象を→，図の下方向に隣の地点に進む事象を↓と表す。

(1)　地点 1 から地点 25 まで移動する最短経路の数は，4 個の→と 4 個の↓を横一列に並べる並べ方の総数に等しい。よって

$$\frac{8!}{4!4!}=\mathbf{70}\ (\text{通り})$$

◀ p 個ある同じものと，q 個ある別の同じものを 1 列に並べる順列の総数は $\dfrac{(p+q)!}{p!q!}$ (通り)

(2)　地点 1 から地点 13 まで移動する最短経路は

$$\frac{4!}{2!2!}=6\ (\text{通り})$$

地点 13 から地点 25 まで移動する最短経路も 6 通りあるから，地点 13 を通る最短経路は

$$6\cdot 6=\mathbf{36}\ (\text{通り})$$

よって，地点 1 から地点 25 まで移動する人が地点 13 を通る確率は

$$\frac{36}{70}=\mathbf{\frac{18}{35}}$$

次に，地点 1 から地点 19 まで移動する最短経路は

$$\frac{6!}{3!3!}=20\ (\text{通り})$$

地点 19 から地点 25 まで移動する最短経路は 2 通りあるから，地点 19 を通る最短経路は

$$20\cdot 2\ (\text{通り})$$

よって，地点 1 から地点 25 まで移動する人が地点 19 を通る確率は

$$\frac{20\cdot 2}{70}=\mathbf{\frac{4}{7}}$$

(3)⓪；地点 1 から地点 2 まで移動する最短経路は 1 通りあり，地点 2 から地点 25 まで移動する最短経路は

$$\frac{7!}{3!4!}=35\ (\text{通り})$$

あるから

$$P(2)=\frac{1\cdot 35}{70}=\frac{7}{14}$$

一方，地点 1 から地点 10 まで移動する最短経路は

$$\frac{5!}{4!}=5\ (\text{通り})$$

あり，地点 10 から地点 25 まで移動する最短経路は 1 通りあるから

$$P(10)=\frac{5\cdot 1}{70}=\frac{1}{14}$$

よって，正しくない。

①；a 個の→と b 個の↓を横一列に並べる並べ方の総数は，b 個の→と a 個の↓を横一列に並べる並べ方の総数と等しいから，対称性より

$$P(3)=P(11)=P(15)=P(23)$$

よって，正しい。

◀ $P(k)$ は，地点 1 と地点 25 を通る直線および地点 5 と地点 21 を通る直線について対称になっている。

②；対称性より

$$P(2)=P(6)=P(20)=P(24)$$

よって，正しくない。

③；(2)より

$$P(19)>P(13)$$

また，対称性より，$P(19)=P(7)$ であるから

$$P(7)>P(13)$$

よって，正しい。

④；対称性より

$$P(8)=P(12)=P(14)=P(18)$$

よって，正しくない。

⑤；地点 1 から地点 9 まで移動する最短経路は

$$\frac{4!}{3!}=4\ (\text{通り})$$

あり，地点 9 から地点 25 まで移動する最短経路も 4 通りあるから

$$P(9)=\frac{4\cdot 4}{70}=\frac{8}{35}$$

一方

$$P(19)=\frac{4}{7}$$

よって，正しくない。 ⇨ ①，③

(4) (3)より

$$P(19)=P(7)>P(13)$$

また，地点 1 から地点 14 まで移動する最短経路は

$$\frac{5!}{3!2!}=10\ (\text{通り})$$

あり，地点 14 から地点 25 まで移動する最短経路は

$$\frac{3!}{2!}=3\ (\text{通り})$$

あるから

$$P(14)=\frac{10\cdot 3}{70}=\frac{3}{7}<P(19)$$

地点 1 から地点 15 まで移動する最短経路は

$$\frac{6!}{4!2!}=15\ (\text{通り})$$

あり，地点 15 から地点 25 まで移動する最短経路は 1 通りあるから

$$P(15)=\frac{15\cdot 1}{70}=\frac{3}{14}<P(19)$$

また，対称性より

$$P(20)=P(2)=\frac{1}{2}<P(19)$$

以上より，広告の効果が最も高いのは**地点 19** である。 ⇨ ③

(5) B 店の広告（地点 18 ）の効果が変わらないことから，通行止めになった道路は地点 18 を通る最短経路上にはない。一方，A 店の広告（地点 13 ）の効果が小さくなることから，通行止めになった道路は地点 13 を通る最短経路上にある。

以上より，地点 13 を通る最短経路上にあり，地点 18 を通る最短経路上にはない区間を選べばよい。すなわち，**地点 14 と地点 15 の間**が通行止めになると，B 店の広告の効果は変わらない一方で，A 店の広告の効果は小さくなる。 ⇨ ②

地点 15 から地点 25 まで移動する最短経路は 1 通りであることに注意して，選択肢の各地点のうち，その地点を通り，かつ地点 14 と地点 15 の間を通る最短経路の数を考える。

地点 1 から地点 7 まで移動する最短経路は 2 通り，地点 7 から地点 14 まで移動する最短経路は

$$\frac{3!}{2!}=3\ (\text{通り})$$

あるから，地点 7 を通る最短経路のうち，地点 14 と地点 15 の間を通るものの数は

$$2\cdot 3\cdot 1=6\ (\text{通り})$$

地点 1 から地点 13 まで移動する最短経路は 6 通り，地点 13 から地点 14 まで移動する最短経路は 1 通りあるから，地点 13 を通る最短経路のうち，地点 14 と地点 15 の間を通るものの数は

$$6 \cdot 1 = 6 \text{（通り）}$$

地点 1 から地点 14 まで移動する最短経路は 10 通りあるから，地点 14，地点 20 を通る最短経路のうち，地点 14 と地点 15 の間を通るものの数は

10 通り

また，地点 17 を通る最短経路のうち，地点 14 と地点 15 の間を通るものはない。

(4)より $P(7) > P(13)$，$P(7) > P(14)$，$P(7) > P(20)$ であるから，選択肢の各地点のうち，その地点を通り，かつ地点 14 と地点 15 の間を通らない最短経路の数が最も多くなるのは，地点 7 または地点 17 を選んだときである。

地点 7 を通る最短経路の数は，地点 19 を通る最短経路の数と等しく，(2)より

$$20 \cdot 2 = 40 \text{（通り）}$$

であるから，地点 14 と地点 15 の間が通行止めになったとき，最短経路は

$$40 - 6 = 34 \text{（通り）}$$

地点 17 を通る最短経路の数は，地点 9 を通る最短経路の数と等しく，(3)より

$$4 \cdot 4 = 16 \text{（通り）}$$

以上より，確率が最も高くなるのは**地点 7** に広告を出したときである。 ⇨ ⓪

試作問題

解　答

問題番号(配点)	解答記号	正解	配点	自己採点
第1問 (30)	(アx+イ)(x−ウ)	$(2x+5)(x-2)$	2	
	$x=\frac{-エ\pm\sqrt{オカ}}{キ}$	$x=\frac{-5\pm\sqrt{65}}{4}$	2	
	$\frac{5}{\alpha}=\frac{ク+\sqrt{ケコ}}{サ}$	$\frac{5}{\alpha}=\frac{5+\sqrt{65}}{2}$	2	
	シ	6	2	
	ス 個	3 個	2	
	$\sin A=\frac{セ}{ソ}$	$\sin A=\frac{4}{5}$	2	
	タチ	12	2	
	ツテ	12	2	
	ト	②	1	
	ナ	⓪	1	
	ニ	①	1	
	ヌ	③	3	
	ネ	②	2	
	ノ	②	2	
	ハ	⓪	2	
	ヒ	③	2	
第2問 (30)	ア	②	3	
	$z=イウx+\frac{エオ}{5}$	$z=-2x+\frac{44}{5}$	3	
	カ.キク $\leqq x\leqq 2.40$	$2.00\leqq x\leqq 2.40$	2	
	x＝ケ.コサ	$x=2.20$	3	
	シ.スセ	4.40	2	
	ソ	③	2	
	タチ	12	2	
	ツ	3	2	
	テ	②	2	
	ト と ナ	⓪ と ①※	2	
	ニ	⑥	3	
	ヌ.ネ%，ノ，ハ	5.8%，①，①	4	

問題番号(配点)	解答記号	正解	配点	自己採点
第3問 (20)	BD = $\frac{\text{ア}}{\text{イ}}$	BD = $\frac{3}{2}$	2	
	AD = $\frac{\text{ウ}\sqrt{\text{エ}}}{\text{オ}}$	AD = $\frac{3\sqrt{5}}{2}$	2	
	AE = カ$\sqrt{\text{キ}}$	AE = $2\sqrt{5}$	2	
	AP = $\sqrt{\text{ク}}\,r$	AP = $\sqrt{5}r$	2	
	PG = ケ − r	PG = $5 - r$	2	
	r = $\frac{\text{コ}}{\text{サ}}$	$r = \frac{5}{4}$	2	
	シ	1	2	
	AQ = $\sqrt{\text{ス}}$	AQ = $\sqrt{5}$	2	
	AH = $\frac{\text{セ}}{\text{ソ}}$	AH = $\frac{5}{2}$	2	
	タ	①	2	
第4問 (20)	$\frac{\text{ア}}{\text{イ}}$	$\frac{3}{8}$	2	
	$\frac{\text{ウ}}{\text{エ}}$	$\frac{4}{9}$	2	
	$\frac{\text{オ}}{\text{カ}}$	$\frac{3}{2}$	2	
	キ	1	2	
	$\frac{\text{クケ}}{\text{コサ}}$	$\frac{27}{59}$	2	
	シ	③	3	
	ス × $\frac{\text{オ}}{\text{カ}}$ + セ × キ	② × $\frac{3}{2}$ + ③ × 1	4	
	$\frac{\text{ソタ}}{\text{チツ}}$，テ	$\frac{75}{59}$，①	3	

（注）第1問～第4問はすべて必答で，計4問を解答。
なお，上記以外のものについても得点を与えることがある。正解欄に※があるものは，解答の順序は問わない。

第1問小計		第2問小計		第3問小計		第4問小計		合計点	/100

第１問

〔1〕

$$2x^2+(4c-3)x+2c^2-c-11=0 \quad \cdots\cdots ①$$

(1)　$c=1$ のとき，①の左辺を因数分解すると

$$2x^2+(4\cdot1-3)x+2\cdot1^2-1-11=2x^2+x-10$$
$$=\boldsymbol{(2x+5)(x-2)}$$

よって，①の解は

$$x=-\frac{5}{2},\ 2$$

(2)　$c=2$ のとき，①は

$$2x^2+(4\cdot2-3)x+2\cdot2^2-2-11=0$$
$$2x^2+5x-5=0$$

よって，①の解は，解の公式より

$$\boldsymbol{x}=\frac{-5\pm\sqrt{5^2-4\cdot2\cdot(-5)}}{2\cdot2}=\boldsymbol{\frac{-5\pm\sqrt{65}}{4}}$$

これより，大きい方の解は

$$\alpha=\frac{\sqrt{65}-5}{4}$$

よって

$$\boldsymbol{\frac{5}{\alpha}}=5\cdot\frac{4}{\sqrt{65}-5}=\frac{20(\sqrt{65}+5)}{(\sqrt{65}-5)(\sqrt{65}+5)}$$
$$=\frac{20(\sqrt{65}+5)}{65-25}$$
$$=\boldsymbol{\frac{5+\sqrt{65}}{2}}$$

ここで，$\sqrt{64}<\sqrt{65}<\sqrt{81}$ より

$$8<\sqrt{65}<9$$
$$\frac{8+5}{2}<\frac{\sqrt{65}+5}{2}<\frac{9+5}{2}$$
$$(6<)\ 6.5<\frac{5}{\alpha}=\frac{5+\sqrt{65}}{2}<7$$

◀辺々に 5 を加えて 2 で割った。

よって，$m<\dfrac{5}{\alpha}<m+1$ を満たす整数 m は **6** である。

(3)　①の解は，解の公式より

$$x=\frac{-(4c-3)\pm\sqrt{(4c-3)^2-4\cdot2(2c^2-c-11)}}{2\cdot2}$$
$$=\frac{-4c+3\pm\sqrt{-16c+97}}{4}$$

ここで，$D=-16c+97$ とおくと，①の解が異なる二つの有理数であるのは，D が正の平方数となるときである。$D>0$ より

$$-16c+97>0$$
$$c<\frac{97}{16}=6+\frac{1}{16}$$

c は正の整数なので

$$c=1,\ 2,\ 3,\ 4,\ 5,\ 6$$

である。この c の値それぞれに対して

$$D=81(=9^2),\ 65,\ 49(=7^2),\ 33,\ 17,\ 1(=1^2)$$

であるから，①の解が異なる二つの有理数であるような正の整数 c は，1，3，6 の **3 個** である。

〔2〕

(1)　$0^\circ < A < 180^\circ$，$\cos A = \dfrac{3}{5}$ より

$$\mathbf{\sin A} = \sqrt{1-\cos^2 A} = \sqrt{1-\left(\frac{3}{5}\right)^2} = \mathbf{\frac{4}{5}}$$

◀ $\sin A > 0$

よって

$$\triangle \mathbf{ABC} = \frac{1}{2}bc\sin A = \frac{1}{2}\cdot 6\cdot 5\cdot \frac{4}{5} = \mathbf{12}$$

次に

$$\angle \mathrm{IAD} = 360^\circ - (90^\circ + 90^\circ + A) = 180^\circ - A$$

より，$\sin\angle\mathrm{IAD} = \sin(180^\circ - A) = \sin A$ であり，$\mathrm{AI} = \mathrm{AC} = b$，$\mathrm{AD} = \mathrm{AB} = c$ であるから

$$\triangle \mathbf{AID} = \frac{1}{2}\mathrm{AI}\cdot\mathrm{AD}\sin\angle\mathrm{IAD} = \frac{1}{2}bc\sin A = \triangle\mathrm{ABC} = \mathbf{12}$$

(2)

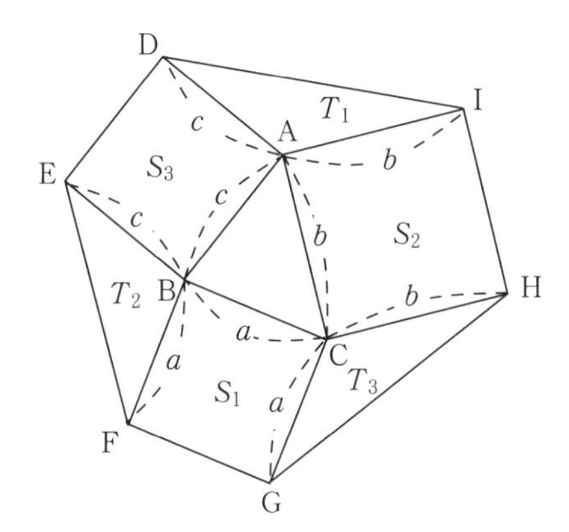

$S_1 = a^2$，$S_2 = b^2$，$S_3 = c^2$ より

$$S_1 - S_2 - S_3 = a^2 - b^2 - c^2$$

また，△ABC において，余弦定理より

$$a^2 = b^2 + c^2 - 2bc\cos A$$
$$a^2 - b^2 - c^2 = -2bc\cos A$$

(i)　$0^\circ < A < 90^\circ$ のとき，$\cos A > 0$ であり，$b > 0$，$c > 0$ より

$$-2bc\cos A < 0$$

したがって

$$a^2 - b^2 - c^2 = -2bc\cos A < 0$$

よって

$$S_1 - S_2 - S_3 < 0$$　⇨ ②

(ii)　$A = 90^\circ$ のとき，$\cos A = 0$ より

$$a^2 - b^2 - c^2 = 0$$

よって

$$S_1 - S_2 - S_3 = 0$$　⇨ ⓪

(iii)　$90^\circ < A < 180^\circ$ のとき，$\cos A < 0$ より，$-2bc\cos A > 0$ であるから

$$a^2 - b^2 - c^2 > 0$$

よって

$$S_1 - S_2 - S_3 > 0$$　⇨ ①

(3)　$\triangle\mathrm{ABC} = \dfrac{1}{2}bc\sin A = \dfrac{1}{2}ca\sin B = \dfrac{1}{2}ab\sin C$ であるから，(1)と同様に

考えて

$$T_1 = \triangle\mathrm{AID} = \triangle\mathrm{ABC}$$

$$T_2 = \triangle\mathrm{BEF} = \frac{1}{2}\mathrm{BE}\cdot\mathrm{BF}\sin\angle\mathrm{EBF}$$

$$= \frac{1}{2}ca\sin B$$

$$= \triangle\mathrm{ABC}$$

$$T_3 = \triangle\mathrm{CGH} = \frac{1}{2}\mathrm{CG}\cdot\mathrm{CH}\sin\angle\mathrm{GCH}$$

$$= \frac{1}{2}ab\sin C$$

$$= \triangle\mathrm{ABC}$$

よって，$\boldsymbol{a}$，$\boldsymbol{b}$，$\boldsymbol{c}$ の値に関係なく，$\boldsymbol{T_1 = T_2 = T_3}$ ⇨ ③

(4)　$0^\circ < A < 90^\circ$ のとき，$\angle\mathrm{IAD} = 180^\circ - A$ より，$90^\circ < \angle\mathrm{IAD} < 180^\circ$ であるから

$$\cos A > 0,\ \cos\angle\mathrm{IAD} < 0$$

したがって，$\triangle\mathrm{AID}$ と $\triangle\mathrm{ABC}$ において，余弦定理より

$$\mathrm{ID}^2 = b^2 + c^2 - 2bc\cos\angle\mathrm{IAD} > b^2 + c^2$$

$$\mathrm{BC}^2 = b^2 + c^2 - 2bc\cos A < b^2 + c^2$$

よって，$\mathrm{ID}^2 > \mathrm{BC}^2$ であるから

$\mathrm{ID} > \mathrm{BC}$ ⇨ ②

次に，$\triangle\mathrm{ABC}$，$\triangle\mathrm{AID}$，$\triangle\mathrm{BEF}$，$\triangle\mathrm{CGH}$ の外接円の半径をそれぞれ R，R_1，R_2，R_3 とする。

$\angle\mathrm{IAD} = 180^\circ - A$ と同様に，$\angle\mathrm{EBF} = 180^\circ - B$，$\angle\mathrm{GCH} = 180^\circ - C$ であり，それぞれの三角形において，正弦定理より

$$2R = \frac{\mathrm{BC}}{\sin A} = \frac{\mathrm{CA}}{\sin B} = \frac{\mathrm{AB}}{\sin C}$$

$$2R_1 = \frac{\mathrm{ID}}{\sin\angle\mathrm{IAD}} = \frac{\mathrm{ID}}{\sin A}$$

$$2R_2 = \frac{\mathrm{EF}}{\sin\angle\mathrm{EBF}} = \frac{\mathrm{EF}}{\sin B}$$

$$2R_3 = \frac{\mathrm{GH}}{\sin\angle\mathrm{GCH}} = \frac{\mathrm{GH}}{\sin C}$$

ここで，$0^\circ < A < B < C < 90^\circ$ のとき，$\mathrm{ID} > \mathrm{BC}$ と同様に考えると，$\mathrm{EF} > \mathrm{CA}$，$\mathrm{GH} > \mathrm{AB}$ であるから，正弦定理の式より

$$R_1 > R,\ R_2 > R,\ R_3 > R$$

よって，$0^\circ < A < 90^\circ$ のとき

($\triangle\mathrm{AID}$ の外接円の半径) > ($\triangle\mathrm{ABC}$ の外接円の半径) ⇨ ②

であり，$0^\circ < A < B < C < 90^\circ$ のとき，外接円の半径が最も小さい三角形は **$\triangle\mathrm{ABC}$** である。 ⇨ ⓪

$0^\circ < A < B < 90^\circ < C$ のとき，$0^\circ < A < B < 90^\circ$ より

$$R_1 > R,\ R_2 > R$$

$\angle\mathrm{GCH} = 180^\circ - C$ より，$90^\circ < C < 180^\circ$ のとき

$$0^\circ < \angle\mathrm{GCH} = 180^\circ - C < 90^\circ$$

であるから

$$\cos C < 0,\ \cos\angle\mathrm{GCH} > 0$$

したがって，$\mathrm{ID} > \mathrm{BC}$ を求めたときと同様に考えて

$$\mathrm{GH}^2 = a^2 + b^2 - 2ab\cos\angle\mathrm{GCH} < a^2 + b^2$$

$$\mathrm{AB}^2 = a^2 + b^2 - 2ab\cos C > a^2 + b^2$$

であるから

◀ $\angle\mathrm{EBF} = 360^\circ - (90^\circ + 90^\circ - B)$
$= 180^\circ - B$
より
$\sin\angle\mathrm{EBF} = \sin(180^\circ - B)$
$= \sin B$

◀ $\angle\mathrm{GCH} = 360^\circ - (90^\circ + 90^\circ - C)$
$= 180^\circ - C$
より
$\sin\angle\mathrm{GCH} = \sin(180^\circ - C)$
$= \sin C$

◀ R_1，R について
$\mathrm{ID} = 2\sin A\cdot R_1$
$\mathrm{BC} = 2\sin A\cdot R_1$
$\mathrm{ID} > \mathrm{BC}$，$\sin A > 0$ より
$R_1 > R$
R_2，R について
$\mathrm{EF} = 2\sin B\cdot R_2$
$\mathrm{CA} = 2\sin B\cdot R_2$
$\mathrm{EF} > \mathrm{CA}$，$\sin B > 0$ より
$R_2 > R$
R_3，R について
$\mathrm{GH} = 2\sin C\cdot R_3$
$\mathrm{AB} = 2\sin C\cdot R_3$
$\mathrm{GH} > \mathrm{AB}$，$\sin C > 0$ より
$R_3 > R$

$\mathrm{GH} < \mathrm{AB}$

これと，正弦定理の式より

$R_3 < R$

よって，$0° < A < B < 90° < C$ のとき，外接円の半径が最も小さい三角形は **△CGH** である。 ⇨ ③

第2問

〔1〕

(1) 1秒あたりの進む距離，すなわち平均速度は

(1歩あたりの進む距離)×(1秒あたりの歩数)

＝(ストライド)×(ピッチ)

$= \boldsymbol{xz}$ (m/秒) ⇨ ②

よって

$(\text{タイム}) = \dfrac{100}{xz}$ (秒)

(2) ストライド x が 0.05 大きくなるごとに，ピッチ z は 0.1 ずつ小さくなっているから，z は x の1次関数と考えられる。

よって，$x = 2.05$ のとき，$z = 4.70$ であり，$x = 2.10$ のとき，$z = 4.60$ であるから

$$\begin{aligned} \boldsymbol{z} &= \frac{4.60 - 4.70}{2.10 - 2.05}(x - 2.10) + 4.60 \\ &= \frac{-0.10}{0.05}(x - 2.10) + 4.60 \\ &= -2(x - 2.10) + 4.60 \\ &= -2x + 8.80 \\ &= \boldsymbol{-2x + \frac{44}{5}} \end{aligned}$$ ……………… ②

ピッチ z の最大値が 4.80 より

$z \leqq 4.80$

②より

$-2x + 8.8 \leqq 4.80$

$x \geqq 2.00$

ストライド x の最大値が 2.40 より

$x \leqq 2.40$

よって

$\boldsymbol{2.00 \leqq x \leqq 2.40}$

ここで，$y = xz$ とおくと，②より

$$y = x\left(-2x + \frac{44}{5}\right) = -2x^2 + \frac{44}{5}x = -2\left(x - \frac{11}{5}\right)^2 + \frac{242}{25}$$

である。

よって，$2.00 \leqq \dfrac{11}{5} \leqq 2.40$ より，y は $\boldsymbol{x = 2.20}$ のとき，最大値 $\dfrac{242}{25}$ をとる。

◀ $\dfrac{11}{5} = 2.20$

このとき，ピッチ z は②より

$$z = -2 \cdot \frac{11}{5} + \frac{44}{5} = \frac{22}{5} = \boldsymbol{4.40}$$

また，このときのタイムは

$$\frac{100}{xz} = \frac{100}{y} = \frac{100}{\frac{242}{25}} = \frac{1250}{121} \fallingdotseq \boldsymbol{10.331}$$ ⇨ ③

〔2〕

(1) データの大きさが40であるから，第1四分位数は小さい方から10番目と11番目の値の平均値であり

$$\frac{13+13}{2}=13$$

第3四分位数は小さい方から30番目と31番目の値の平均値であり

$$\frac{25+25}{2}=25$$

よって，四分位範囲は

$$25-13=\mathbf{12}$$

また

(第1四分位数) − 1.5 × (四分位範囲) $=13-1.5\times 12=-5$

(第3四分位数) + 1.5 × (四分位範囲) $=25+1.5\times 12=43$

より，外れ値は43 km以上のすべての値である。

◀データに含まれる値は正の値のみであるから，−5以下の値は存在しない。

よって，外れ値の個数は**3**である。

◀「47」「48」「56」が外れ値である。

(2)(i) 1 kmあたりの所要時間は，図1において各点と原点を結ぶ直線の傾きによって求められる。

◀ $(傾き)=\dfrac{所要時間(分)}{移動距離(km)}$

よって，1 kmあたりの所要時間が最も小さい点はDであり，その大きさはおよそ

$$\frac{10}{15}\fallingdotseq 0.67$$

この条件を満たすのは ⓪，② である。

さらに，1 kmあたりの所要時間が最も大きい点はBであり，その大きさはおよそ

$$\frac{36}{6}=6$$

この条件を満たすのは ①，②，④ である。

以上より，条件を満たす箱ひげ図は ② である。 ⇨ ②

次に，箱ひげ図 ② において，外れ値は上位2個の値であるから，**A**と**B**である。 ⇨ ⓪，①

◀A～Hのうち，それぞれの点と原点を通る直線の傾きが大きい点を考える。

(ii) 新空港の移動距離，所要時間，費用はすべて，40の国際空港の平均値と等しい。

(I)について，図2より，日本の四つの空港の中には，費用が950よりも高いものも，所要時間が38よりも短いものもある。したがって，誤り。

(II)について，40の国際空港の移動距離のデータを

$$x_1,\ x_2,\ x_3,\ \cdots,\ x_{40}$$

とし，このデータの分散を σ^2 とすると

$$\sigma^2=\frac{(x_1-22)^2+(x_2-22)^2+\cdots+(x_{40}-22)^2}{40}$$

一方，新空港を加えたあとの41個の値からなるデータの平均は

$$\frac{x_1+x_2+\cdots+x_{40}+22}{41}=\frac{22\cdot 40+22}{41}=22$$

◀新空港を除く40の国際空港の移動距離の平均値は22であるから
$$\frac{x_1+x_2+\cdots+x_{40}}{40}=22$$
より
$$x_1+x_2+\cdots+x_{40}=22\cdot 40$$

であるから，新空港を加えたあとの41個の値からなるデータの分散は

$$\frac{(x_1-22)^2+(x_2-22)^2+\cdots+(x_{40}-22)^2+(22-22)^2}{41}$$

$$=\frac{40\sigma^2+(22-22)^2}{41}=\frac{40}{41}\sigma^2$$

より，σ^2 と異なる。すなわち，新空港を加える前後で移動距離の標準偏差は変化する。したがって，誤り。

◀標準偏差は，分散の正の平方根である。

(Ⅲ)について，(Ⅱ)における分散の計算と同様にすると，新空港を加えたあとの移動距離，所要時間，費用の分散は，どれも新空港を加える前の $\frac{40}{41}$ 倍になる。よって，それぞれの標準偏差は，どれも新空港を加える前の $\sqrt{\frac{40}{41}}$ 倍になる。

また，40 の国際空港の所要時間のデータを

y_1，y_2，y_3，…，y_{40}

とし，40 の国際空港の移動距離と所要時間の共分散を s_{xy} とすると

$$s_{xy} = \frac{(x_1-22)(y_1-38)+(x_2-22)(y_2-38)+\cdots+(x_{40}-22)(y_{40}-38)}{40}$$

であり，新空港を加えたあとの移動距離と所要時間の共分散は

$$\frac{(x_1-22)(y_1-38)+(x_2-22)(y_2-38)+\cdots+(x_{40}-22)(y_{40}-38)+(22-22)(38-38)}{41}$$

$$= \frac{40s_{xy}+(22-22)(38-38)}{41}$$

$$= \frac{40}{41}s_{xy}$$

◀移動距離と同様に，所要時間の平均も新空港を加える前後で変化しない。

同様に，移動距離と費用，所要時間と費用の共分散も，新空港を加えることによって $\frac{40}{41}$ 倍になる。

よって，移動距離，所要時間，費用のうち，どの二つについての相関係数も，新空港を加えることによって

$$\frac{\frac{40}{41}}{\sqrt{\frac{40}{41}}\cdot\sqrt{\frac{40}{41}}} = 1\ (倍)$$

になる。したがって，正しい。

◀二つの変量 x，y について，x の標準偏差を s_x，y の標準偏差を s_y，x と y の共分散を s_{xy} とすると，x と y の相関係数は

$$\frac{s_{xy}}{s_x \cdot s_y}$$

以上より，正誤の組合せとして正しいものは ⑥ である。　⇨ ⑥

(3)　**実験結果**より，30 枚の硬貨のうち 20 枚以上が表となった割合は

$$3.2+1.4+1.0+0.0+0.1+0.0+0.1+0.0+0.0+0.0+0.0 = \mathbf{5.8\ (\%)}$$

である。これを，30 人のうち 20 人以上が「便利だと思う」と回答する確率とみなすと，この確率が 5% 以上であるから，**方針**に従うと，仮説は**誤っているとは判断されず**，したがって，P 空港は便利だと思う人の方が**多いとはいえない**。　⇨ ①，①

◀仮説は“「便利だと思う」人と「便利だと思わない」人の割合が等しい”である。

第3問

AD は ∠BAC の二等分線だから，三角形の内角の二等分線と比の定理より

$$BD : DC = AB : AC = 3 : 5$$

よって

$$\mathbf{BD} = \frac{3}{3+5}BC = \frac{3}{8}\cdot 4 = \mathbf{\frac{3}{2}}$$

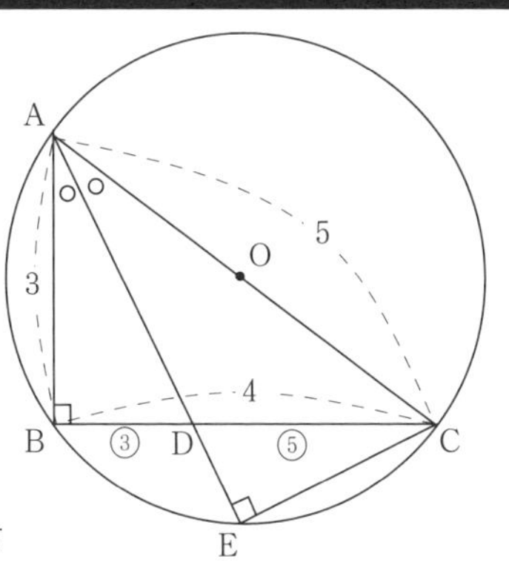

ここで，$3^2+4^2=5^2$ より，$AB^2+BC^2=AC^2$ が成立するので，△ABC は ∠B = 90° の直角三角形である。

よって，△ABD において，三平方の定理より

$$\mathbf{AD} = \sqrt{AB^2+BD^2} = \sqrt{3^2+\left(\frac{3}{2}\right)^2}$$

$$= \mathbf{\frac{3\sqrt{5}}{2}}$$

次に，△ABC の斜辺 AC は，外接円 O の直径だから，直径と円周角の関係より

$$\angle \mathrm{AEC} = 90°$$

△AEC と △ABD において

$$\angle \mathrm{AEC} = \angle \mathrm{ABD}(= 90°)$$

AE は ∠BAC の二等分線であるから

$$\angle \mathrm{EAC} = \angle \mathrm{BAD}$$

したがって，2 組の角がそれぞれ等しいので

$$\triangle \mathrm{AEC} \backsim \triangle \mathrm{ABD}$$

△ABD の 3 辺の比は

$$\mathrm{AB} : \mathrm{BD} : \mathrm{AD} = 3 : \frac{3}{2} : \frac{3\sqrt{5}}{2} = 2 : 1 : \sqrt{5}$$

であるから，△AEC の 3 辺の比は

$$\mathrm{AE} : \mathrm{EC} : \mathrm{AC} = 2 : 1 : \sqrt{5}$$

よって

$$\mathbf{AE} = \frac{2}{\sqrt{5}}\mathrm{AC} = \frac{2}{\sqrt{5}} \cdot 5 = \mathbf{2\sqrt{5}}$$

また，円 P と辺 AB の接点が H であるから，PH の長さは円 P の半径 r である。

△AHP と △ABD において

$$\angle \mathrm{AHP} = \angle \mathrm{ABD}(= 90°)$$

$$\angle \mathrm{HAP} = \angle \mathrm{BAD}$$

したがって，2 組の角がそれぞれ等しいので

$$\triangle \mathrm{AHP} \backsim \triangle \mathrm{ABD}$$

△ABD の 3 辺の比は

$$\mathrm{AB} : \mathrm{BD} : \mathrm{AD} = 2 : 1 : \sqrt{5}$$

であるから，△AHP の 3 辺の比は

$$\mathrm{AH} : \mathrm{HP} : \mathrm{AP} = 2 : 1 : \sqrt{5}$$

よって

$$\mathrm{AH} = \frac{2}{1}\mathrm{HP} = 2r$$

$$\mathbf{AP} = \frac{\sqrt{5}}{1}\mathrm{HP} = \mathbf{\sqrt{5}r}$$

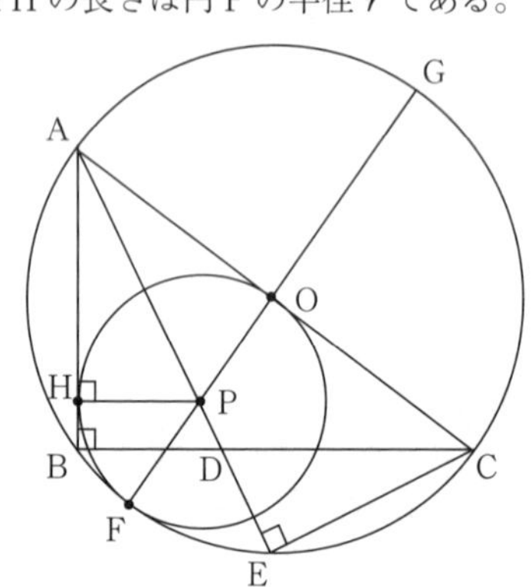

点 F における円 O の接線と円 P の接線は一致し，点 P を通りこの接線に垂直な直線は円 O と円 P の中心を通る。よって，O，P，F，G は同一直線上にあり，FG は円 O の直径になる。したがって

◀円 P と円 O の共通接線を ℓ とすると，直線 FP と直線 FO は，どちらも点 F を通り ℓ に垂直な直線であるから，一致する。

$$\mathrm{FG} = \mathrm{AC} = 5$$

また，PF は円 P の半径であるから，$\mathrm{PF} = r$ である。

よって

$$\mathrm{PE} = \mathrm{AE} - \mathrm{AP} = 2\sqrt{5} - \sqrt{5}r$$

$$\mathbf{PG} = \mathrm{FG} - \mathrm{PF} = \mathbf{5 - r}$$

ここで，円 O において，方べきの定理により

$$\mathrm{PA} \cdot \mathrm{PE} = \mathrm{PF} \cdot \mathrm{PG}$$

したがって

$$\sqrt{5}r\left(2\sqrt{5} - \sqrt{5}r\right) = r(5 - r)$$

$r \neq 0$ より

$$\sqrt{5}\left(2\sqrt{5} - \sqrt{5}r\right) = 5 - r$$

$$10 - 5r = 5 - r$$

$$\boldsymbol{r = \frac{5}{4}}$$

よって

$$\mathbf{AH} = 2r = 2 \cdot \frac{5}{4} = \mathbf{\frac{5}{2}}$$

△ABC の内接円 Q の半径を x とすると

$$(\triangle\text{ABC の面積}) = \frac{1}{2}\text{AB}\cdot x + \frac{1}{2}\text{BC}\cdot x + \frac{1}{2}\text{CA}\cdot x$$
$$= \frac{1}{2}(\text{AB}+\text{BC}+\text{CA})x$$

であるから

$$\frac{1}{2}\cdot 3\cdot 4 = \frac{x}{2}(3+4+5)$$
$$x = \mathbf{1}$$

円 Q と辺 AB の接点を K とする。KQ は内接円 Q の半径なので，KQ = 1 である。また，AD は ∠A の二等分線であり，内心は三角形の内角の二等分線の交点であるから，△ABC の内心 Q は辺 AD 上にある。

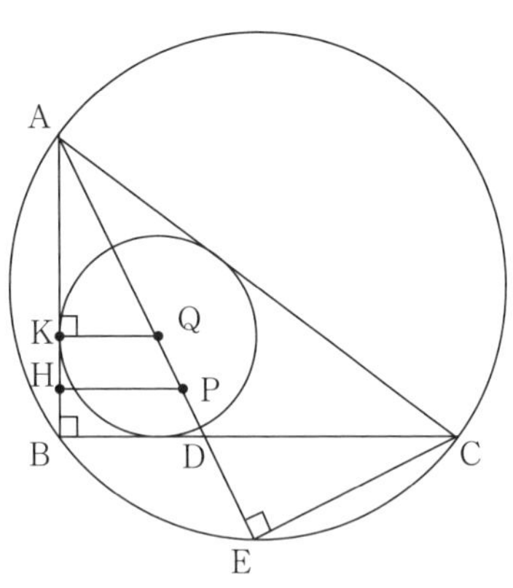

△AKQ と △ABD において

$$\angle\text{AKQ} = \angle\text{ABD}(=90°)$$
$$\angle\text{KAQ} = \angle\text{BAD}$$

したがって，2 組の角がそれぞれ等しいので

$$\triangle\text{AKQ} \backsim \triangle\text{ABD}$$

△ABD の 3 辺の比は，AB : BD : AD = 2 : 1 : $\sqrt{5}$ だから，△AKQ の 3 辺の比は

$$\text{AK} : \text{KQ} : \text{AQ} = 2 : 1 : \sqrt{5}$$

よって

$$\mathbf{AQ} = \frac{\sqrt{5}}{1}\text{KQ} = \sqrt{5}\cdot 1 = \mathbf{\sqrt{5}}$$

ここで

$$\text{AH}\cdot\text{AB} = \frac{5}{2}\cdot 3 = \frac{15}{2}$$
$$\text{AQ}\cdot\text{AD} = \sqrt{5}\cdot\frac{3\sqrt{5}}{2} = \frac{15}{2}$$

より

$$\text{AH}\cdot\text{AB} = \text{AQ}\cdot\text{AD}$$

したがって，方べきの定理の逆により，4 点 H，B，D，Q は同一円周上にある。

◀H，B，D，Q が同一円周上にあるかを判断する。AH，AB，AD，AQ が求められているので，方べきの定理の逆を使う方針で考える。

また

$$\text{AH}\cdot\text{AB} = \frac{15}{2}$$
$$\text{AQ}\cdot\text{AE} = \sqrt{5}\cdot 2\sqrt{5} = 10$$

より

$$\text{AH}\cdot\text{AB} \neq \text{AQ}\cdot\text{AE}$$

したがって，4 点 H，B，E，Q は同一円周上にはない。

よって，(a) は正しく，(b) は誤りである。　⇨ ①

第4問

(1)　箱Aにおいて，3回中ちょうど1回当たる確率は，当たりくじを引くのが何回目であるかが ${}_3C_1$ 通りあり，そのそれぞれについて確率は

$$\frac{1}{2}\cdot\left(1-\frac{1}{2}\right)^2=\frac{1}{8}$$

であるから

$${}_3C_1\cdot\frac{1}{8}=\mathbf{\frac{3}{8}}$$

箱Bにおいて，3回中ちょうど1回当たる確率も同様に

$${}_3C_1\cdot\frac{1}{3}\cdot\left(1-\frac{1}{3}\right)^2=\frac{12}{27}=\mathbf{\frac{4}{9}}$$

次に，箱Aにおいて，3回中ちょうど2回当たる確率は

$${}_3C_2\cdot\left(\frac{1}{2}\right)^2\cdot\left(1-\frac{1}{2}\right)=\frac{3}{8}$$

箱Aにおいて，3回中ちょうど3回当たる確率は

$${}_3C_3\cdot\left(\frac{1}{2}\right)^3=\frac{1}{8}$$

であるから，箱Aにおいて，3回引いたときに当たりくじを引く回数の期待値は

$$1\cdot\frac{3}{8}+2\cdot\frac{3}{8}+3\cdot\frac{1}{8}=\mathbf{\frac{3}{2}}$$

◀当たりくじを引く回数を X とすると

X	0	1	2	3	計
確率	$\frac{1}{8}$	$\frac{3}{8}$	$\frac{3}{8}$	$\frac{1}{8}$	1

となる。X は0となる場合もあるが，期待値を求める際には考えなくてよい。

また，箱Bにおいて，3回中ちょうど2回当たる確率は

$${}_3C_2\cdot\left(\frac{1}{3}\right)^2\cdot\left(1-\frac{1}{3}\right)=\frac{6}{27}$$

箱Bにおいて，3回中ちょうど3回当たる確率は

$${}_3C_3\cdot\left(\frac{1}{3}\right)^3=\frac{1}{27}$$

であるから，箱Bにおいて，3回引いたときに当たりくじを引く回数の期待値は

$$1\cdot\frac{12}{27}+2\cdot\frac{6}{27}+3\cdot\frac{1}{27}=\mathbf{1}$$

◀当たりくじを引く回数を Y とすると

Y	0	1	2	3	計
確率	$\frac{8}{27}$	$\frac{12}{27}$	$\frac{6}{27}$	$\frac{1}{27}$	1

別解

　箱A，箱Bからくじを1回引くとき，当たりくじを引く回数の期待値はそれぞれ $\frac{1}{2}$，$\frac{1}{3}$ である。この試行を3回行うとき，それぞれの試行は独立であるから，箱Aにおいて，3回引いたときに当たりくじを引く回数の期待値は

◀数学Bで学習する「二項分布の平均」の考え方。

$$3\cdot\frac{1}{2}=\frac{3}{2}$$

箱Bにおいて，3回引いたときに当たりくじを引く回数の期待値は

$$3\cdot\frac{1}{3}=1$$

のように求めることもできる。

(2)　(1)より

$$P(A\cap W)=\frac{1}{2}\cdot\frac{3}{8}=\frac{3}{16}$$

$$P(B\cap W)=\frac{1}{2}\cdot\frac{4}{9}=\frac{2}{9}$$

であるから

$$P(W)=P(A\cap W)+P(B\cap W)=\frac{3}{16}+\frac{2}{9}=\frac{59}{144}$$

◀W が起こるとき，A と B は必ずどちらか一方のみが起こる。

よって，3回中ちょうど1回当たったとき，選んだ箱がAである条件付き確率 $P_W(A)$ は

$$P_W(A)=\frac{P(A\cap W)}{P(W)}=\frac{\frac{3}{16}}{\frac{59}{144}}=\mathbf{\frac{27}{59}}$$

また，3 回中ちょうど 1 回当たったとき，選んだ箱が B である条件付き確率 $P_W(B)$ は

$$P_W(B)=1-P_W(A)$$
$$=1-\frac{27}{59}$$
$$=\frac{32}{59}$$

◀ $P(W)=P(A\cap W)+P(B\cap W)$ より
$$1=\frac{P(A\cap W)}{P(W)}+\frac{P(B\cap W)}{P(W)}$$
$$=P_W(A)+P_W(B)$$

(X) の場合について，花子さんが選んだ箱が B であるとき，太郎さんが選んだ箱も B であるから，花子さんが選んだ箱が B で，かつ，花子さんが 3 回引いてちょうど 1 回当たる事象の起こる確率は

$\boldsymbol{P_W(B)\times P(B_1)}$ ⇨ ③

と表せる。

箱 A において 3 回引いてちょうど 2 回当たる事象を A_2，3 回とも当たる事象を A_3 と表し，箱 B において 3 回引いてちょうど 2 回当たる事象を B_2，3 回とも当たる事象を B_3 と表す。

このとき，(X) の場合の当たりくじを引く回数の期待値を計算する式は

$$1\cdot P_W(A)\cdot P(A_1)+1\cdot P_W(B)\cdot P(B_1)$$
$$+2\cdot P_W(A)\cdot P(A_2)+2\cdot P_W(B)\cdot P(B_2)$$
$$+3\cdot P_W(A)\cdot P(A_3)+3\cdot P_W(B)\cdot P(B_3)$$
$$=P_W(A)\{1\cdot P(A_1)+2\cdot P(A_2)+3\cdot P(A_3)\}$$
$$+P_W(B)\{1\cdot P(B_1)+2\cdot P(B_2)+3\cdot P(B_3)\}$$
$$=\boldsymbol{P_W(A)}\times\frac{3}{2}+\boldsymbol{P_W(B)}\times 1$$ ⇨ ②，③
$$=\frac{27}{59}\cdot\frac{3}{2}+\frac{32}{59}\cdot 1$$
$$=\frac{145}{118}$$

◀ $1\cdot P(A_1)+2\cdot P(A_2)+3\cdot P(A_3)$
$1\cdot P(B_1)+2\cdot P(B_2)+3\cdot P(B_3)$
は，それぞれ箱 A，B において，3 回引いたときに当たりくじを引く回数の期待値であるから，(1)で求めた値を利用できる。

(Y) の場合についても同様に考えると，当たりくじを引く回数の期待値を計算する式は

$$1\cdot P_W(B)\cdot P(A_1)+1\cdot P_W(A)\cdot P(B_1)$$
$$+2\cdot P_W(B)\cdot P(A_2)+2\cdot P_W(A)\cdot P(B_2)$$
$$+3\cdot P_W(B)\cdot P(A_3)+3\cdot P_W(A)\cdot P(B_3)$$
$$=P_W(B)\{1\cdot P(A_1)+2\cdot P(A_2)+3\cdot P(A_3)\}$$
$$+P_W(A)\{1\cdot P(B_1)+2\cdot P(B_2)+3\cdot P(B_3)\}$$
$$=\frac{32}{59}\cdot\frac{3}{2}+\frac{27}{59}\cdot 1$$
$$=\boldsymbol{\frac{75}{59}}$$

◀花子さんが選んだ箱が A であるとき太郎さんが選んだ箱は B であり，花子さんが選んだ箱が B であるとき太郎さんが選んだ箱は A である。

よって，(Y) の場合の当たりくじを引く回数の期待値の方が大きいから，当たりくじを引く回数の期待値が大きい方の箱を選ぶという方針に基づくと，花子さんは，太郎さんが選んだ箱と**異なる箱を選ぶ方がよい。** ⇨ ①

◀ $\frac{75}{59}=\frac{150}{118}>\frac{145}{118}$

2024 本試

解　答

問題番号(配点)	解答記号	正解	配点	自己採点
第1問 (30)	ア	7	2	
	$b=\dfrac{\text{イ}+2\sqrt{13}}{\text{ウ}}$	$b=\dfrac{7+2\sqrt{13}}{3}$	2	
	エオカ$\sqrt{13}$	$-56\sqrt{13}$	2	
	キク	14	2	
	ケ，コ，サ	3，6，0	2	
	シ	4	4	
	BE ＝ ス × セ m	BE ＝ 4 × ⓪m	4	
	DE ＝ (ソ ＋ タ × チ)m	DE ＝ (7 ＋ 4 × ②)m	4	
	ツ	③	4	
	$\text{CD}=\dfrac{\text{AB}-\text{テ}\times\text{ト}}{\text{ナ}+\text{ニ}\times\text{ト}}\text{m}$	$\text{CD}=\dfrac{\text{AB}-7\times⑤}{⓪+①\times⑤}\text{m}$	4	
第2問 (30)	ア	9	3	
	イ	8	3	
	ウエ	12	2	
	オ	8	1	
	カキ	13	2	
	$(\text{ク}-\sqrt{\text{ケ}}+\sqrt{\text{コ}})$ 秒間	$(3-\sqrt{3}+\sqrt{2})$ 秒間	4	
	サ	⑧	2	
	シ	⑥	2	
	ス	④	2	
	セ	⓪	2	
	$z=-$ソ.タチ	$z=-3.51$	2	
	ツ	①	2	
	テ	①	3	

問題番号(配点)	解答記号	正解	配点	自己採点
第3問 (20)	$\frac{\text{ア}}{\text{イ}}$	$\frac{1}{2}$	2	
	ウ 通り	6 通り	2	
	エオ 通り	14 通り	2	
	$\frac{\text{カ}}{\text{キ}}$	$\frac{7}{8}$	2	
	ク 通り	6 通り	2	
	$\frac{\text{ケ}}{\text{コ}}$	$\frac{2}{9}$	2	
	サシ 通り	42 通り	2	
	スセ 通り	54 通り	2	
	ソタ 通り	54 通り	2	
	$\frac{\text{チツ}}{\text{テトナ}}$	$\frac{75}{512}$	2	
第4問 (20)	アイウ	104	2	
	エオカ	103	3	
	キク 秒後	64 秒後	2	
	ケコサシ 秒後	1728 秒後	3	
	スセ で割った余りが ソ	64 で割った余りが 6	3	
	タチツ	518	4	
	テ	③	3	
第5問 (20)	ア	⓪	2	
	QR : RD ＝ イ : ウ	QR : RD ＝ 1 : 4	3	
	QB : BD ＝ エ : オ	QB : BD ＝ 3 : 8	2	
	AT ＝ $\sqrt{\text{カ}}$	AT ＝ $\sqrt{5}$	3	
	キク, ケ	45, ⓪	3	
	コ, サ, シ	①, ⓪, ②	4	
	ス, セ	②, ②	3	

(注) 第1問，第2問は必答。第3問～第5問のうちから2問選択。計4問を解答。
なお，上記以外のものについても得点を与えることがある。正解欄に※があるものは，解答の順序は問わない。

第1問小計		第2問小計		第3問小計		第4問小計		第5問小計		合計点	/100

第1問

〔1〕

$$n < 2\sqrt{13} < n+1 \quad \cdots\cdots ①$$

$2\sqrt{13} = \sqrt{52}$ であるから

$$7 < 2\sqrt{13} < 8$$

◀ $\sqrt{49} < \sqrt{52} < \sqrt{64}$

よって，①を満たす整数 n は **7** である。実数 a，b を

$$a = 2\sqrt{13} - 7 \quad \cdots\cdots ②$$

$$b = \frac{1}{a} \quad \cdots\cdots ③$$

で定めると

$$\boldsymbol{b} = \frac{1}{2\sqrt{13}-7} = \frac{2\sqrt{13}+7}{(2\sqrt{13}-7)(2\sqrt{13}+7)} = \boldsymbol{\frac{7+2\sqrt{13}}{3}} \quad \cdots\cdots ④$$

である。また

$$\begin{aligned}\boldsymbol{a^2 - 9b^2} &= (a+3b)(a-3b)\\ &= \{(2\sqrt{13}-7)+(2\sqrt{13}+7)\}\{(2\sqrt{13}-7)-(2\sqrt{13}+7)\}\\ &= 4\sqrt{13}\cdot(-14)\\ &= \boldsymbol{-56\sqrt{13}}\end{aligned}$$

◀a^2-9b^2 に a，b の値をそのまま代入してもよいが，$3b = 7+2\sqrt{13}$ に着目し，$(a+3b)(a-3b)$ と因数分解してから代入した。

$7 < 2\sqrt{13} < 8$ より

$$14 < 7+2\sqrt{13} < 15$$

$$\frac{14}{3} < \frac{7+2\sqrt{13}}{3} < \frac{15}{3}$$

④より，$b = \dfrac{7+2\sqrt{13}}{3}$ であるから，$\dfrac{m}{3} < b < \dfrac{m+1}{3}$ を満たす整数 m は **14** である。よって，③より $\dfrac{3}{15} < a < \dfrac{3}{14}$ であるから，これに②を代入して

$$\frac{1}{5} < 2\sqrt{13} - 7 < \frac{3}{14}$$

$$\frac{36}{5} < 2\sqrt{13} < \frac{101}{14}$$

$$\frac{18}{5} < \sqrt{13} < \frac{101}{28}$$

$\dfrac{18}{5} = 3.6$，$\dfrac{101}{28} = 3.607\cdots$ より，$\sqrt{13}$ の整数部分は **3** であり，小数第1位の数字は **6**，小数第2位の数字は **0** であることがわかる。

◀ $3.600 < \sqrt{13} < 3.607\cdots$ より，$\sqrt{13} = 3.60\cdots$ である。

〔2〕

坂の傾斜が7％のとき，100m の水平距離に対して 7m の割合で高くなるから

$$\tan\angle\mathrm{DCP} = \frac{7}{100} = 0.07$$

三角比の表より，$\tan 4^\circ = 0.0699$，$\tan 5^\circ = 0.0875$ であるから

$$\tan 4^\circ < \tan\angle\mathrm{DCP} < \tan 5^\circ$$

$$4^\circ < \angle\mathrm{DCP} < 5^\circ$$

◀θ_1，θ_2 が鋭角で $\tan\theta_1 < \tan\theta_2$ のとき $\theta_1 < \theta_2$

よって，$\boldsymbol{n^\circ} < \angle\mathrm{DCP} < \boldsymbol{n^\circ}+1^\circ$ を満たす1以上9以下の整数 $\boldsymbol{n}$ の値は，**4** である。

以下，$\angle\mathrm{DCP} = 4^\circ$ とする。点Dから直線BPに垂直な直線を引き，直線BPとの交点をFとする。

$\mathrm{BC} = 7$，$\mathrm{CD} = 4$，$\angle\mathrm{APB} = 45^\circ$ のとき，直角三角形DCFにおいて，三角比の定義より

$$\sin\angle\mathrm{DCF} = \frac{\mathrm{DF}}{\mathrm{CD}} = \frac{\mathrm{BE}}{4}$$

◀四角形BFDEは長方形であるから $\mathrm{BE} = \mathrm{DF}$

よって

$$\boldsymbol{\mathrm{BE} = 4\times\sin\angle\mathrm{DCP}} \quad ⇨ ⓪$$

◀ $\angle\mathrm{DCF} = \angle\mathrm{DCP}$

同様に，直角三角形DCFにおいて，三角比の定義より

$$\cos\angle DCF = \frac{CF}{CD} = \frac{CF}{4}$$

よって

$$CF = 4\times\cos\angle DCP$$

となるから

$$\mathbf{DE} = BC + CF = \mathbf{(7+4\times\cos\angle DCP)}\ \mathrm{m}$$ ⇨ ②

◀四角形 BFDE は長方形であるから DE = BF

また，$\angle ADE = 45^\circ$，$\angle AED = 90^\circ$ であるから，$\triangle ADE$ は $AE = DE$ の直角二等辺三角形である。したがって

$$\begin{aligned} AB &= AE + EB = DE + BE \\ &= 7 + 4\cos\angle DCP + 4\sin\angle DCP \\ &= 7 + 4\cos 4^\circ + 4\sin 4^\circ \\ &= 7 + 4(\cos 4^\circ + \sin 4^\circ) \end{aligned}$$

三角比の表より，$\sin 4^\circ = 0.0698$，$\cos 4^\circ = 0.9976$ であるから

$$AB = 7 + 4(0.9976 + 0.0698) = 11.2696$$

よって，電柱の高さは，小数第 2 位で四捨五入すると **11.3** m である。 ⇨ ③

次に，$\angle APB = 42^\circ$ のとき，直角三角形 CDF において，三角比の定義より

$$\sin\angle DCF = \frac{DF}{CD}$$

$$DF = CD\sin\angle DCP \quad \cdots\cdots ①$$

また

$$\cos\angle DCF = \frac{CF}{CD}$$

$$CF = CD\cos\angle DCP \quad \cdots\cdots ②$$

$\angle ADE = 42^\circ$ であるから，直角三角形 AED において，三角比の定義より

$$\frac{AE}{DE} = \tan\angle ADE = \tan 42^\circ$$

よって

$$AE = DE\tan 42^\circ$$

ここで，②より

$$DE = BC + CF = 7 + CD\cos\angle DCP$$

◀$\angle APB$ の大きさが変化しても，この関係は変わらない。

であるから

$$\begin{aligned} AE &= (7 + CD\cos\angle DCP)\times\tan 42^\circ \\ &= 7\times\tan 42^\circ + CD\times\cos\angle DCP\times\tan 42^\circ \quad \cdots\cdots ③ \end{aligned}$$

また，$BE = DF$ で，①より

$$BE = DF = CD\times\sin\angle DCP \quad \cdots\cdots ④$$

したがって，③，④より

$$\begin{aligned} AB &= AE + BE \\ &= 7\times\tan 42^\circ + CD\times\cos\angle DCP\times\tan 42^\circ + CD\times\sin\angle DCP \\ &= 7\times\tan 42^\circ + CD\times(\cos\angle DCP\times\tan 42^\circ + \sin\angle DCP) \end{aligned}$$

よって

$$CD\times(\cos\angle DCP\times\tan 42^\circ + \sin\angle DCP) = AB - 7\times\tan 42^\circ$$

$$\mathbf{CD = \frac{AB - 7\times\tan 42^\circ}{\sin\angle DCP + \cos\angle DCP\times\tan 42^\circ}}\ \mathrm{m}$$ ⇨ ⑤，⓪，①

第2問

〔1〕

(1)　開始時刻から1秒後の点P，Qの位置は，次の図のようになる。

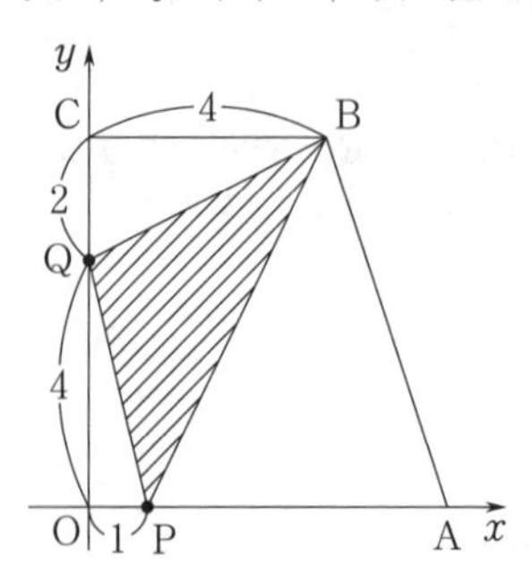

よって

$$\triangle\mathbf{PBQ} = (\text{四角形 OPBC}) - \triangle\text{OPQ} - \triangle\text{BCQ}$$
$$= \frac{1}{2}\cdot 6\cdot(1+4) - \frac{1}{2}\cdot 1\cdot 4 - \frac{1}{2}\cdot 4\cdot 2$$
$$= 15 - 2 - 4 = \mathbf{9}$$

(2)　$0 \leqq t \leqq 3$ のとき，開始時刻から t 秒後の点P，Qの位置は，次の図のようになる。

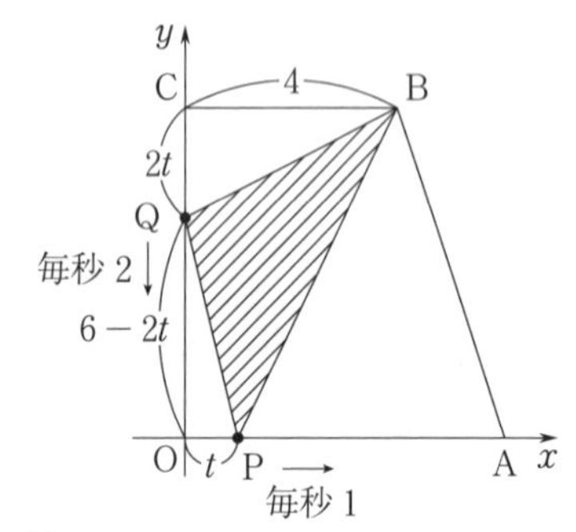

よって，(1)と同様に

$$\triangle\text{PBQ} = \frac{1}{2}\cdot 6\cdot(t+4) - \frac{1}{2}\cdot t\cdot(6-2t) - \frac{1}{2}\cdot 4\cdot 2t$$
$$= 3t + 12 - 3t + t^2 - 4t$$
$$= t^2 - 4t + 12 = (t-2)^2 + 8$$

したがって，△PBQの面積は，$t=2$ で最小値 **8** をとり，$t=0$ で最大値 **12** をとる。

◀$Y=(t-2)^2+8$ の $0 \leqq t \leqq 3$ におけるグラフは次のようになる。

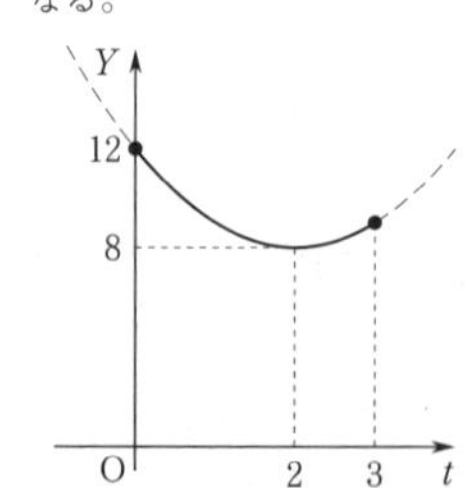

(3)　$3 < t \leqq 6$ のとき，開始時刻から t 秒後の点P，Qの位置は，次の図のようになる。

◀終了時刻は $t=6$ のときであり，(2)で $0 \leqq t \leqq 3$ のときを考えているので，残りの時刻での △PBQ の面積を調べる。

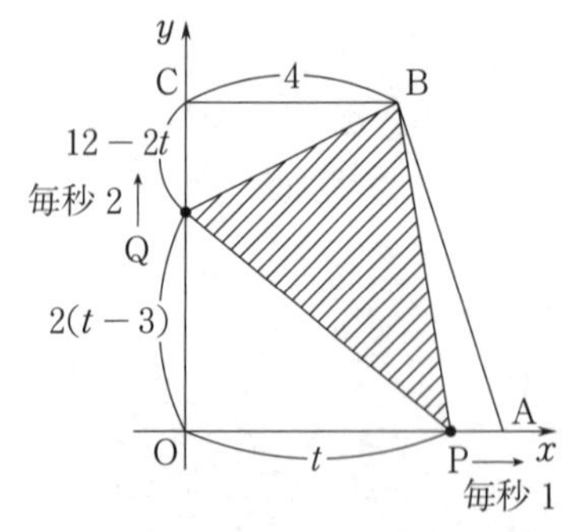

◀ $\text{CQ} = \text{CO} - \text{QO}$
$= 6 - 2(t-3)$
$= 12 - 2t$

よって，(1)，(2)と同様に

$$\triangle PBQ = \frac{1}{2}\cdot 6\cdot(t+4) - \frac{1}{2}\cdot t\cdot 2(t-3) - \frac{1}{2}\cdot 4\cdot(12-2t)$$
$$= 3t + 12 - t^2 + 3t - 24 + 4t$$
$$= -t^2 + 10t - 12 = -(t-5)^2 + 13$$

(2)の結果と合わせると，開始時刻から終了時刻までの △PBQ の面積は，$t=2$ で最小値 **8** をとり，$t=5$ で，最大値 **13** をとる。

◀△PBQ の面積を Y とすると
$$Y = \begin{cases} t^2-4t+12 & (0 \leqq t \leqq 3) \\ -t^2+10t-12 & (3 < t \leqq 6) \end{cases}$$
であり，$0 \leqq t \leqq 6$ におけるグラフは次のようになる。

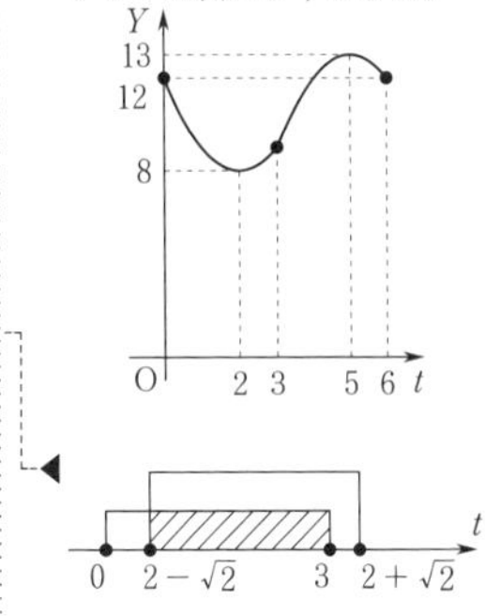

(4)　△PBQ の面積が 10 以下となるときを考える。

(i)　$0 \leqq t \leqq 3$ のとき

$$(t-2)^2 + 8 \leqq 10$$
$$(t-2)^2 \leqq 2$$
$$2-\sqrt{2} \leqq t \leqq 2+\sqrt{2}$$

$0 \leqq t \leqq 3$ との共通部分を考えて

$$2-\sqrt{2} \leqq t \leqq 3$$

◀ 0　$2-\sqrt{2}$　3　$2+\sqrt{2}$　t

(ii)　$3 < t \leqq 6$ のとき

$$-(t-5)^2 + 13 \leqq 10$$
$$(t-5)^2 \geqq 3$$
$$t \leqq 5-\sqrt{3},\ 5+\sqrt{3} \leqq t$$

$3 < t \leqq 6$ との共通部分を考えて

$$3 < t \leqq 5-\sqrt{3}$$

◀

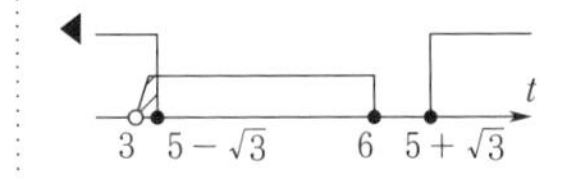

(i)，(ii)より，△PBQ の面積が 10 以下となるのは

$$2-\sqrt{2} \leqq t \leqq 5-\sqrt{3}$$

のときであるから，その時間は

$$(5-\sqrt{3}) - (2-\sqrt{2}) = \mathbf{3-\sqrt{3}+\sqrt{2}}\ (\text{秒間})$$

〔2〕

(1)(i)　ヒストグラムにおける最頻値は，度数が最も大きい階級の階級値であるから，図 1 から A の最頻値は階級 **510 以上 540 未満**の階級値である。⇨ ⑧

さらに，B のヒストグラムから度数分布表を作成すると，次のようになる。

階級（以上〜未満）	270〜300	300〜330	330〜360	360〜390	390〜420	420〜450	450〜480	480〜510	510〜540
度数	1	1	0	2	5	10	16	14	1
累積度数	1	2	2	4	9	19	35	49	50

小さい方から 25 番目と 26 番目の値は，どちらも 450 以上 480 未満の階級に含まれるため，B の中央値が含まれる階級は **450 以上 480 未満**である。

⇨ ⑥

◀データの大きさが 50 であるから，中央値は小さい方から 25 番目と 26 番目の値の平均値である。

┌12┐┌12┐┌12┐┌12┐
①…⑫⑬⑭…㉕㉖…㊲㊳㊴…㊿
第 1 四分位数　中央値　第 3 四分位数

(ii)　A，B それぞれのデータの値を小さい順に並べたとき，速い方から 13 番目のデータは第 1 四分位数である。図 3 の箱ひげ図より

A の速い方から 13 番目のベストタイム：約 480 秒

B の速い方から 13 番目のベストタイム：約 435 秒

よって，およそ **45** 秒速い。　⇨ ④

A の第 1 四分位数は約 480 秒，第 3 四分位数は約 535 秒であるから，四分位範囲はおよそ

$$535 - 480 = 55\ (\text{秒})$$

B の第 1 四分位数は約 435 秒，第 3 四分位数は約 490 秒であるから，四分

位範囲はおよそ

$490-435=55$ (秒)

よって，その差の絶対値は約0であるから，**0以上20未満**である。⇨ ⓪

(iii) Bの1位の選手について，式と表1より

$296=454+45z$

$z=-\dfrac{158}{45}=-3.5111\cdots$

となるから，Bの1位の選手のベストタイムに対する z の値は，およそ $\boldsymbol{z=-3.51}$ である。同様に，Aの1位の選手について，式と表1より

$376=504+40z$

$z=-3.2$

となるから，Aの1位の選手のベストタイムに対する z の値は，$z=-3.2$ である。したがって，**ベストタイムで比較するとBの1位の選手の方が速く，z の値で比較するとBの1位の選手の方が優れている。** ⇨ ①

(2) 図4より，マラソンのベストタイムの速い方から3番目までの選手の10000m のベストタイムは，3選手とも1670秒未満である。よって，(a)は**正しい**。

図4と図5より，マラソンと10000m の間の相関は，5000m と 10000m の間の相関より弱い。よって，(b)は**誤り**である。 ⇨ ①

第3問

(1)(i) 箱の中に A，B のカードが1枚ずつ入っているとき，2回の試行における取り出し方は全部で $2^2=4$ 通りあり，2回の試行で A，B がそろう取り出し方は，A－B，B－A の2通りである。

◀1回目の試行で A，2回目の試行で B を取り出す事象を A－B と表した。

よって，求める確率は

$\dfrac{2}{4}=\boldsymbol{\dfrac{1}{2}}$

(ii) 3回の試行のうち，A を1回，B を2回取り出す取り出し方は，表より3通りである。同様に，A を2回，B を1回取り出す取り出し方も3通りであるから，3回の試行で A，B がそろっている取り出し方は

◀表の A と B を入れ換えて考えればよい。

$3+3=\boldsymbol{6}$ (通り)

よって，3回の試行で A，B がそろっている確率は $\dfrac{6}{2^3}$ である。

(iii) 4回の試行で A，B がそろっているのは

「A を1回，B を3回」または「A を2回，B を2回」

または「A を3回，B を1回」

取り出す取り出し方の総数である。これらは，それぞれ4枚のカードを1列に並べる並べ方であるから

$\dfrac{4!}{3!}+\dfrac{4!}{2!2!}+\dfrac{4!}{3!}=4+6+4=\boldsymbol{14}$ (通り)

◀p 個ある同じものと，q 個ある別の同じものを1列に並べる順列の総数は $\dfrac{(p+q)!}{p!q!}$

よって，4回の試行で A，B がそろっている確率は

$\dfrac{14}{2^4}=\boldsymbol{\dfrac{7}{8}}$

別解

4回の試行で A，B がそろっているのは

「4回とも A を取り出す場合」または「4回とも B を取り出す場合」の余事象であると考えてもよい。

これらの取り出し方は，それぞれ1通りであり，4回の試行における取り出し方が全部で16通りあることから

◀ $2^4=16$(通り)

$16-2=14$ (通り)

(2)(i) 箱の中に A , B , C のカードが1枚ずつ入っているとき，3回目の試行で初めてA，B，Cがそろう取り出し方は，3枚のカードを1列に並べる並べ方であるから

$3!=\mathbf{6}$ (通り)

よって，3回目の試行で初めてA，B，Cがそろう確率は $\dfrac{6}{3^3}$ である。

(ii) 4回目の試行で初めてA，B，Cがそろうのは，3回目の試行までに A , B , C のうち2種類を取り出した後，4回目に残りの1種類を初めて取り出すときである。

A，B，Cのうち，2種類を選ぶときの選び方は3通りあり，(1)(ii)より，3回目の試行までにその2種類がそろっている取り出し方は6通りある。

よって，4回目の試行で初めてA，B，Cがそろう取り出し方は

$3\times 6=18$ (通り)

ある。したがって，4回目の試行で初めてA，B，Cがそろう確率は

$\dfrac{18}{3^4}=\mathbf{\dfrac{2}{9}}$

◀4回目の試行は残りの1種類を取り出せばよいから，その取り出し方は1通りのみである。

(iii) 5回目の試行で初めてA，B，Cをそろえるには，4回目の試行までに A , B , C のうち2種類を取り出した後，5回目に残りの1種類を初めて取り出せばよい。

(1)(iii)より，4回目の試行までに2種類がそろっている取り出し方は14通りあるから

$3\times 14=\mathbf{42}$ (通り)

あり，5回目の試行で初めてA，B，Cがそろう確率は $\dfrac{42}{3^5}$ である。

◀A，B，Cのうち，2種類を選ぶときの選び方が3通りあることや，最後の試行で残りの1種類を取り出せばよいことは，(2)(ii)と同様である。

(3) 箱の中に A , B , C , D のカードが1枚ずつ入っている場合を考える。

3回目の試行で初めてA，B，Cだけがそろう取り出し方は，(2)(i)より，6通りある。その後，6回目の試行で初めて D を取り出すのは，4回目と5回目の試行でも A , B , C のいずれかを取り出すときである。

よって，「6回の試行のうち3回目の試行で初めてA，B，Cだけがそろい，かつ6回目の試行で初めて D が取り出される」取り出し方は

$6\times 3\times 3=\mathbf{54}$ (通り) ……………………………………………… ①

あることがわかる。

同様に，4回目の試行で初めてA，B，Cだけがそろう取り出し方は，(2)(ii)より，18通りある。その後，6回目の試行で初めて D を取り出すのは，5回目の試行でも A , B , C のいずれかのカードを取り出すときである。

よって，「6回の試行のうち4回目の試行で初めてA，B，Cだけがそろい，かつ6回目の試行で初めて D が取り出される」取り出し方は

$18\times 3=\mathbf{54}$ (通り) ………………………………………………②

あることもわかる。

同様に，5回目の試行で初めてA，B，Cだけがそろう取り出し方は，(2)(iii)より，42通りある。

よって，「6回の試行のうち5回目の試行で初めてA, B, Cだけがそろい，かつ6回目の試行で初めて D が取り出される」取り出し方は42通りある。…③

①～③より，「6回目の試行で初めて D が取り出されて，A，B，C，Dがそろう」取り出し方は

$$54+54+42=150\ (\text{通り})$$

ある。6回目の試行で初めて取り出されるカードが A，B，C の場合も同様であるから，6回目の試行で初めてA，B，C，Dがそろう取り出し方は

$$150\times 4=600\ (\text{通り})$$

ある。よって，6回目の試行で初めてA，B，C，Dがそろう確率は

$$\frac{600}{4^6}=\mathbf{\frac{75}{512}}$$

第4問

(1) 40を6進数で表すと

$$40=1\times 6^2+0\times 6+4=104_{(6)}$$

であるから，T6はスタートしてから40秒後に**104**と表示される。

$$\begin{array}{r|ll} 6 & 40 & (\text{余り}) \\ 6 & 6 & \cdots\ 4 \\ & 1 & \cdots\ 0 \end{array}$$

$10011_{(2)}$ を10進数で表すと

$$10011_{(2)}=1\times 2^4+0\times 2^3+0\times 2^2+1\times 2+1=19$$

◀「別解」参照。

19を4進数で表すと

$$19=1\times 4^2+0\times 4+3=103_{(4)}$$

より，T4はスタートしてから $10011_{(2)}$ 秒後に**103**と表示される。

$$\begin{array}{r|ll} 4 & 19 & (\text{余り}) \\ 4 & 4 & \cdots\ 3 \\ & 1 & \cdots\ 0 \end{array}$$

別解

$$\begin{aligned} 10011_{(2)} &= 1\times 2^4+0\times 2^3+0\times 2^2+1\times 2+1 \\ &= 1\times 4^2+(0\times 2+0)\times 4+(1\times 2+1) \\ &= 1\times 4^2+0\times 4+3 \\ &= 103_{(4)} \end{aligned}$$

(2) T4で表示できる最大の数は333であり，その1秒後である $1000_{(4)}$ 秒後に表示が000に戻る。$1000_{(4)}$ を10進数で表すと

◀T4に表示される数は4進数であることに注意する。

$$1000_{(4)}=1\times 4^3+0\times 4^2+0\times 4+0=64$$

であるから，T4をスタートさせた後，初めて表示が000に戻るのは**64**秒後であり，その後も64秒ごとに表示が000に戻る。

同様に，T6で表示できる最大の数は555であり，その1秒後である $1000_{(6)}$ 秒後に表示が000に戻る。$1000_{(6)}$ を10進数で表すと

◀T6に表示される数は6進数であることに注意する。

$$1000_{(6)}=1\times 6^3+0\times 6^2+0\times 6+0=216$$

であるから，T6をスタートさせた後，初めて表示が000に戻るのは216秒後であり，その後も216秒ごとに表示が000に戻る。

したがって，T4とT6を同時にスタートさせた後，初めて両方の表示が同時に000に戻るのは

◀64と216の最小公倍数。

$$64=2^6$$

$$216=2^3\times 3^3$$

より

$$2^6\times 3^3=\mathbf{1728}\ (\text{秒後})$$

(3) T4をスタートさせた後，初めて表示が012となるのは

$$12_{(4)}=1\times 4+2=6\ (\text{秒後})$$

である。その後，(2)より，64秒ごとに012と表示される。よって，0以上の整数 ℓ に対して，T4をスタートさせた ℓ 秒後にT4が012と表示されることと

ℓ を**64**で割った余りが**6**であること

は同値であるから，x を0以上の整数として

$\ell = 64x + 6$

と表すことができる。

さらに，T3 をスタートさせた後，初めて表示が 012 となるのは

$12_{(3)} = 1 \times 3 + 2 = 5$ (秒後)

である。$1000_{(3)} = 27$ より，T4 と同様に考えると，T3 が 012 と表示されるのは，y を 0 以上の整数として $27y + 5$ (秒後) であることがわかる。

◀T3 は 27 秒ごとに表示が 000 に戻るから，27 で割った余りが 5 である時間を考えればよい。

したがって，T3 と T4 を同時にスタートさせてから，同時に 012 と表示されるのは

$64x + 6 = 27y + 5$

のときである。このとき

$64x - 27y = -1$ ……①

であり，64 と 27 についてユークリッドの互除法を用いると

$64 = 27 \times 2 + 10$

$27 = 10 \times 2 + 7$

$10 = 7 \times 1 + 3$

$7 = 3 \times 2 + 1$

であるから

$$\begin{aligned}1 &= 7 - 3 \times 2\\ &= 7 - (10 - 7 \times 1) \times 2 = 7 \times 3 - 10 \times 2\\ &= (27 - 10 \times 2) \times 3 - 10 \times 2 = 27 \times 3 - 10 \times 8\\ &= 27 \times 3 - (64 - 27 \times 2) \times 8 = -64 \times 8 + 27 \times 19\end{aligned}$$

すなわち

$64 \times 8 - 27 \times 19 = -1$ ……②

となる。よって，①－② より

$64(x - 8) - 27(y - 19) = 0$

$64(x - 8) = 27(y - 19)$

64 と 27 は互いに素であるから，$x - 8$ は 27 の倍数であり，整数 k を用いて

$x - 8 = 27k$

$x = 27k + 8$

と表すことができる。このとき

$64x + 6 = 64(27k + 8) + 6 = 64 \times 27k + 518$

である。T3 と T4 を同時にスタートさせてから，初めて同時に 012 と表示されるまでの時間が m 秒であるから，m は

$m = 64 \times 27k + 518$

を満たす 0 以上の最小の整数である。よって，$k = 0$ のとき

$m = \mathbf{518}$

◀$64x + 6$ が 0 以上の最小の整数となるような k の値を考える。

T6 が 012 と表示されるのは，z を 0 以上の整数として $216z + 8$ (秒後) であるから，T4 と T6 を同時にスタートさせてから，同時に 012 と表示されるのは

◀T6 をスタートさせた後，初めて表示が 012 となるのは
$12_{(6)} = 1 \times 6 + 2 = 8$ (秒後)
であり，(2)の考察より，T6 は 216 秒ごとに表示が 000 に戻るから，216 で割った余りが 8 である時間を考えればよい。

$64x + 6 = 216z + 8$

のときである。このとき

$64x - 216z = 2$

$32x - 108z = 1$

$2(16x - 54z) = 1$ ……③

であり，③を満たす整数 x，z は存在しない。したがって，**T4 と T6 を同時にスタートさせてから，両方が同時に 012 と表示されることはない。** ⇨ ③

◀x，z が整数のとき，$16x - 54z$ も整数であるから，③の左辺は偶数，右辺は奇数となる。

第5問

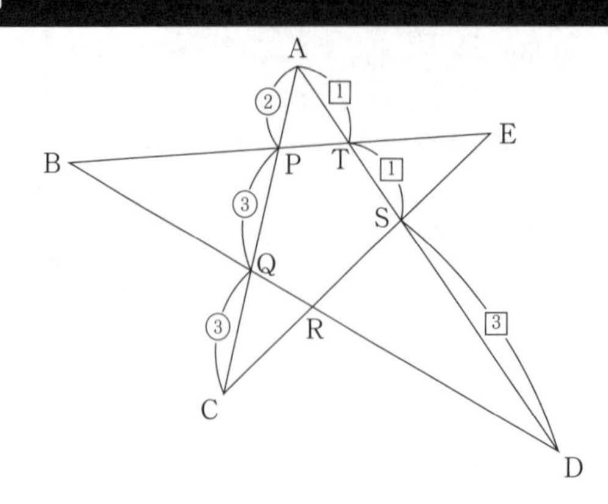

(1)　△AQD と直線 CE において，メネラウスの定理より

$$\frac{\mathbf{QR}}{\mathbf{RD}}\cdot\frac{\mathbf{DS}}{\mathbf{SA}}\cdot\frac{\mathbf{AC}}{\mathbf{CQ}}=\mathbf{1}$$　⇨ ⓪

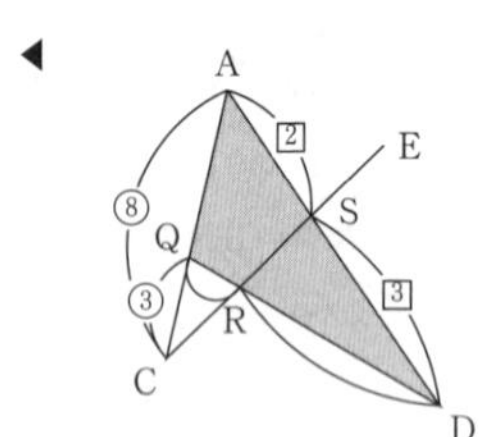

が成り立つ。DS : SA = 3 : 2，AC : CQ = 8 : 3 であるから

$$\frac{QR}{RD}\cdot\frac{3}{2}\cdot\frac{8}{3}=1$$

$$\frac{QR}{RD}=\frac{1}{4}$$

よって

QR : RD = 1 : 4

また，△AQD と直線 BE において，メネラウスの定理より

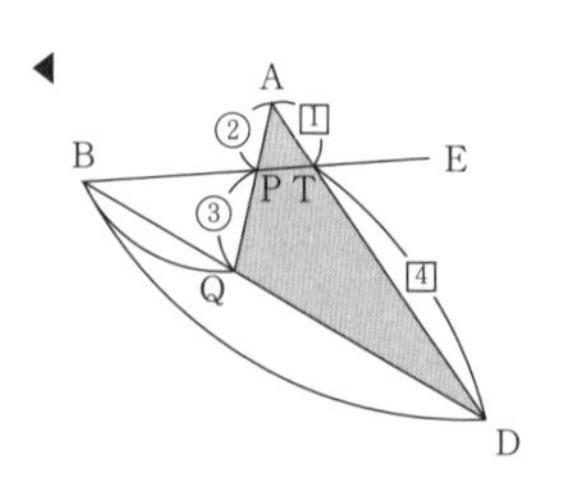

$$\frac{QB}{BD}\cdot\frac{DT}{TA}\cdot\frac{AP}{PQ}=1$$

が成り立つ。DT : TA = 4 : 1，AP : PQ = 2 : 3 であるから

$$\frac{QB}{BD}\cdot\frac{4}{1}\cdot\frac{2}{3}=1$$

$$\frac{QB}{BD}=\frac{3}{8}$$

よって

QB : BD = 3 : 8

したがって

BQ : QR : RD = 3 : 1 : 4

となることがわかる。

(2)(i)　AP : PQ : QC = 2 : 3 : 3 より AP = 2，AQ = 5 であり，AT : TS = 1 : 1 より AS = 2AT である。よって，方べきの定理より

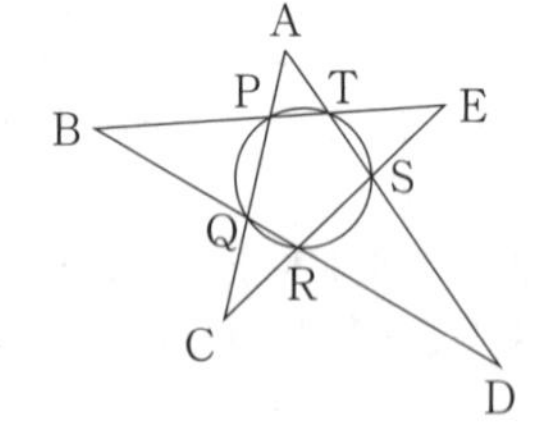

◀5 点 A，T，S，P，Q に着目した。

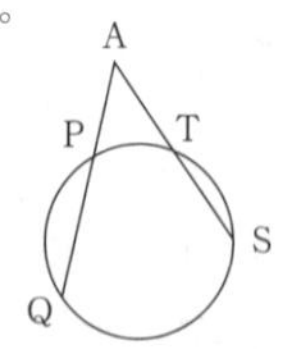

AT · AS = AP · AQ

AT · 2AT = 2 · 5

$AT^2 = 5$

AT > 0 より

$\mathbf{AT}=\sqrt{5}$

　さらに，DR : RQ = 4 : 1 より，DR = 4RQ，DQ = 5RQ である。よって，方べきの定理より

◀5 点 D，R，Q，S，T に着目した。

DR · DQ = DS · DT

$4RQ\cdot 5RQ=3\sqrt{5}\cdot 4\sqrt{5}$

$RQ^2=3$

RQ > 0 より $RQ=\sqrt{3}$ であるから，$DR=4\sqrt{3}$ である。

◀$AT=\sqrt{5}$，AT : TS : SD = 1 : 1 : 3 より
$DS=3AT=3\sqrt{5}$
$DT=4AT=4\sqrt{5}$

(ii) BQ : QR : RD = 3 : 1 : 4 で，DR = $4\sqrt{3}$ より BQ = $3\sqrt{3}$，DQ = $5\sqrt{3}$ である。よって，AQ・CQ = 5・3 = 15 かつ **BQ・DQ** = $3\sqrt{3}\cdot5\sqrt{3}$ = **45** であるから

◀AC = 8，AQ = 5 より CQ = 3

AQ・CQ < BQ・DQ ……………………① ⇨ ⓪

が成り立つ。また，3 点 A，B，C を通る円と直線 BD との交点のうち，B と異なる点を X とすると，方べきの定理より

◀5 点 Q，A，C，B，X に着目した。

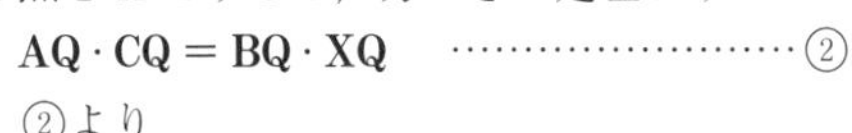

AQ・CQ = BQ・XQ ……………………② ⇨ ①

①，②より

BQ・XQ < BQ・DQ

BQ > 0 より

XQ < DQ ⇨ ⓪

であるから，点 D は 3 点 A，B，C を通る円の**外部**にある。 ⇨ ②

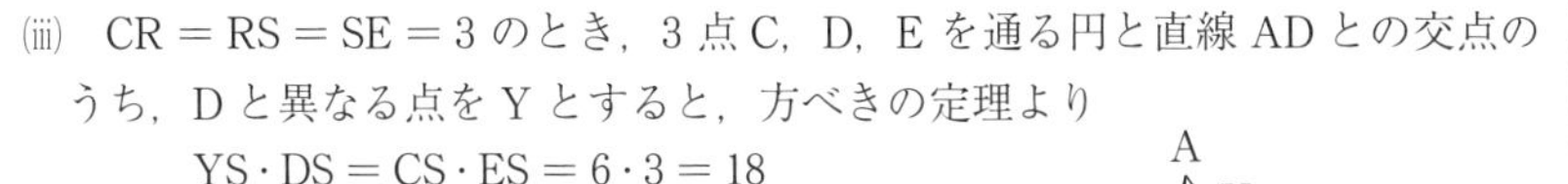

(iii) CR = RS = SE = 3 のとき，3 点 C，D，E を通る円と直線 AD との交点のうち，D と異なる点を Y とすると，方べきの定理より

◀(ii)と同様に考えて，YS と AS を比較する。

YS・DS = CS・ES = 6・3 = 18

また

AS・DS = $2\sqrt{5}\cdot3\sqrt{5}$ = 30

◀ AS = 2AT

であるから

YS・DS < AS・DS

DS > 0 より

YS < AS

であるから，点 A は 3 点 C，D，E を通る円の**外部**にある。 ⇨ ②

3 点 C，D，E を通る円と直線 BD との交点のうち，D と異なる点を Z とすると，方べきの定理より

◀(ii)と同様に考えて，ZR と BR を比較する。

ZR・DR = CR・ER = 3・6 = 18

また

BR・DR = $4\sqrt{3}\cdot4\sqrt{3}$ = 48

◀BQ : QR : RD = 3 : 1 : 4 より BR : DR = 1 : 1

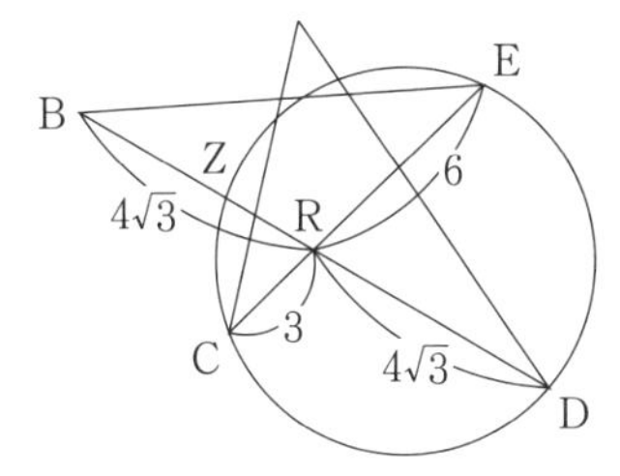

であるから

ZR・DR < BR・DR

DR > 0 より

ZR < BR

であるから，点 B は 3 点 C，D，E を通る円の**外部**にある。 ⇨ ②

2023 本試

解　答

問題番号(配点)	解答記号	正解	配点	自己採点
第1問 (30)	アイ	-8	2	
	ウエ	-4	1	
	オ + カ $\sqrt{3}$	$2+2\sqrt{3}$	2	
	キ + ク $\sqrt{3}$	$4+4\sqrt{3}$	2	
	ケ + コ $\sqrt{3}$	$7+3\sqrt{3}$	3	
	$\sin\angle ACB =$ サ	$\sin\angle ACB =$ ⓪	3	
	$\cos\angle ACB =$ シ	$\cos\angle ACB =$ ⑦	3	
	$\tan\angle OAD =$ ス	$\tan\angle OAD =$ ④	2	
	セソ	27	2	
	$\cos\angle QPR = \frac{\text{タ}}{\text{チ}}$	$\cos\angle QPR = \frac{5}{6}$	2	
	ツ $\sqrt{\text{テト}}$	$6\sqrt{11}$	3	
	ナ	⑥	2	
	ニヌ $\left(\sqrt{\text{ネノ}}+\sqrt{\text{ハ}}\right)$	$10\left(\sqrt{11}+\sqrt{2}\right)$	3	
第2問 (30)	ア	②	2	
	イ	⑤	2	
	ウ	①	2	
	エ	②	3	
	オ	②	3	
	カ	⑦	3	
	$y = ax^2 -$ キ $ax +$ ク	$y = ax^2 - 4ax + 3$	3	
	$-$ ケ $a +$ コ	$-4a+3$	3	
	サ	②	3	
	$y = -\frac{\text{シ}\sqrt{\text{ス}}}{\text{セソ}}\left(x^2 - \text{キ}\,x\right) + \text{ク}$	$y = -\frac{5\sqrt{3}}{57}\left(x^2-4x\right)+3$	3	
	タ, チ	⓪, ⓪	3	

問題番号(配点)	解答記号	正解	配点	自己採点
第3問 (20)	アイウ 通り	320 通り	3	
	エオ 通り	60 通り	3	
	カキ 通り	32 通り	3	
	クケ 通り	30 通り	3	
	コ	②	3	
	サシス 通り	260 通り	2	
	セソタチ 通り	1020 通り	3	
第4問 (20)	アイ	11	2	
	ウエオカ	2310	3	
	キク	22	3	
	ケコサシ	1848	3	
	スセソ	770	2	
	タチ	33	2	
	ツテトナ	2310	2	
	ニヌネノ	6930	3	
第5問 (20)	∠OEH = アイ°	∠OEH = 90°	2	
	4点C，G，H，ウ	4点C，G，H，③	2	
	∠CHG = エ	∠CHG = ④	3	
	エ = オ	∠FOG = ③	3	
	4点C，G，H，カ	4点C，G，H，②	2	
	∠PTS = キ	∠PTS = ③	3	
	$\frac{ク\sqrt{ケ}}{コ}$	$\frac{3\sqrt{6}}{2}$	3	
	RT = サ	RT = 7	2	

（注）第1問，第2問は必答。第3問～第5問のうちから2問選択。計4問を解答。
なお，上記以外のものについても得点を与えることがある。正解欄に※があるものは，解答の順序は問わない。

第1問小計		第2問小計		第3問小計		第4問小計		第5問小計		合計点	/100

第１問

〔1〕

$$|x+6| \leqq 2 \quad \cdots\cdots (*)$$

(*) の絶対値をはずすと

$$-2 \leqq x+6 \leqq 2$$

よって

$$\boldsymbol{-8 \leqq x \leqq -4}$$

a, b, c, d が実数のとき $(1-\sqrt{3})(a-b)(c-d)$ も実数である。不等式

$$\left|(1-\sqrt{3})(a-b)(c-d)+6\right| \leqq 2$$

は，(*) において $x=(1-\sqrt{3})(a-b)(c-d)$ としたものであるから

$$-8 \leqq (1-\sqrt{3})(a-b)(c-d) \leqq -4$$

$1-\sqrt{3}<0$ より

$$\frac{-8}{1-\sqrt{3}} \geqq (a-b)(c-d) \geqq \frac{-4}{1-\sqrt{3}}$$

$$\frac{4}{\sqrt{3}-1} \leqq (a-b)(c-d) \leqq \frac{8}{\sqrt{3}-1}$$

$$\frac{4(\sqrt{3}+1)}{(\sqrt{3}-1)(\sqrt{3}+1)} \leqq (a-b)(c-d) \leqq \frac{8(\sqrt{3}+1)}{(\sqrt{3}-1)(\sqrt{3}+1)}$$

$$\boldsymbol{2+2\sqrt{3} \leqq (a-b)(c-d) \leqq 4+4\sqrt{3}}$$

である。とくに

$$(a-b)(c-d)=4+4\sqrt{3} \quad \cdots\cdots ①$$

であるとき，さらに

$$(a-c)(b-d)=-3+\sqrt{3} \quad \cdots\cdots ②$$

が成り立つならば，①，②の左辺をそれぞれ展開して

$$ac-ad-bc+bd=4+4\sqrt{3} \quad \cdots\cdots ①'$$

$$ab-ad-bc+cd=-3+\sqrt{3} \quad \cdots\cdots ②'$$

ここで，③の左辺を展開すると

$$(a-d)(c-b)=ac-ab-cd+bd$$

となるので，①′－②′ より

$$ac-ab-cd+bd=7+3\sqrt{3}$$

よって

$$\boldsymbol{(a-d)(c-b)=7+3\sqrt{3}}$$

〔2〕

(1)(i)　△ABC の外接円は円 O であり，その半径は 5 であるから，△ABC において，正弦定理より

$$\frac{\text{AB}}{\sin\angle\text{ACB}}=2\cdot 5$$

AB＝6 より

$$\boldsymbol{\sin\angle\text{ACB}=\frac{6}{2\cdot 5}=\frac{3}{5}} \quad \cdots\cdots ①$$

⇨ ⓪

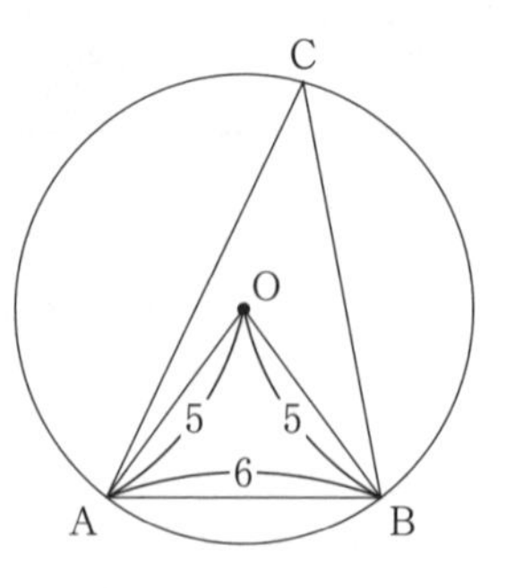

点 C が円 O の円周上のどこにあっても，AB，OA の値は変わらないため，①は ∠ACB が鋭角，鈍角のどちらであっても成り立つ。

よって，∠ACB が鈍角のとき，cos∠ACB＜0 より

$$\cos\angle\mathbf{ACB} = -\sqrt{1-\sin^2\angle \mathrm{ACB}} = -\sqrt{1-\left(\frac{3}{5}\right)^2} = -\frac{\mathbf{4}}{\mathbf{5}} \qquad ⇨ ⑦$$

(ii)　△ABC の面積が最大となるのは，底辺 AB ＝ 6 に対して，高さ CD が最大となるように点 C をとるときである。すなわち，次の図のように線分 CD が中心 O を通るときである。

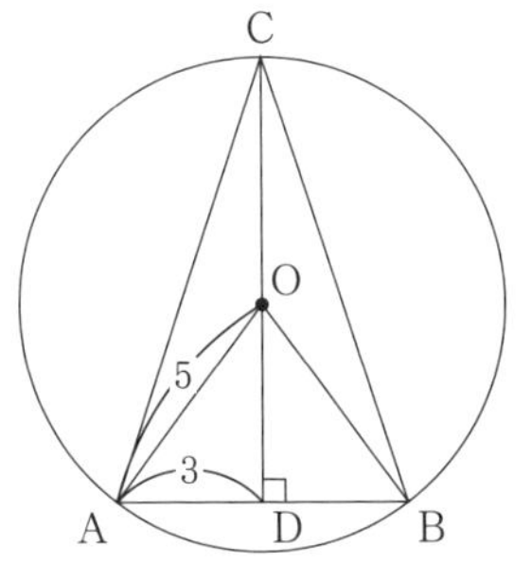

このとき，点 D は辺 AB の中点であるから，AD ＝ 3 である。したがって，△OAD は ∠ODA ＝ 90° の直角三角形であるから，三平方の定理より

$$\mathrm{OD} = \sqrt{\mathrm{OA}^2-\mathrm{AD}^2} = \sqrt{5^2-3^2} = 4$$

◀OA は円 O の半径であるから OA ＝ 5

よって

$$\tan\angle\mathbf{OAD} = \frac{\mathrm{OD}}{\mathrm{AD}} = \frac{\mathbf{4}}{\mathbf{3}} \qquad ⇨ ④$$

また，△ABC の面積は

$$\begin{aligned}\frac{1}{2}\cdot\mathrm{AB}\cdot\mathrm{CD} &= \frac{1}{2}\cdot\mathrm{AB}\cdot(\mathrm{OC}+\mathrm{OD})\\ &= \frac{1}{2}\cdot 6\cdot(5+4)\\ &= \mathbf{27}\end{aligned}$$

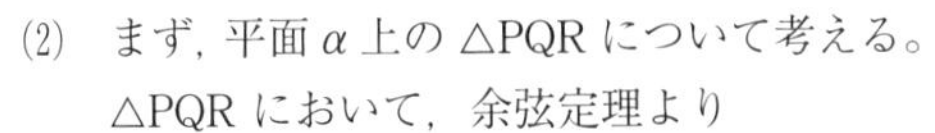

(2)　まず，平面 α 上の △PQR について考える。

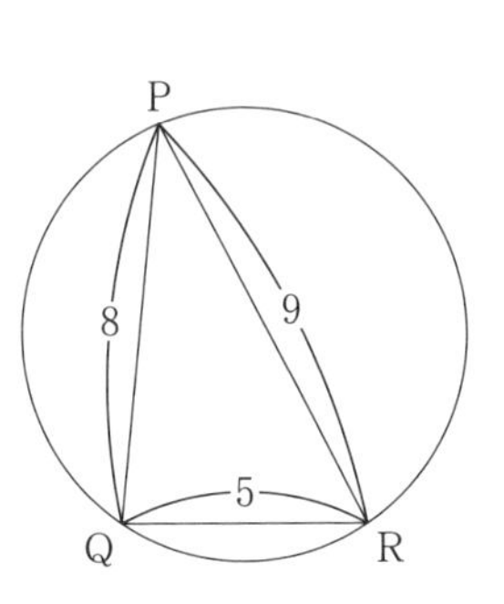

△PQR において，余弦定理より

$$\begin{aligned}\cos\angle\mathbf{QPR} &= \frac{\mathrm{PQ}^2+\mathrm{PR}^2-\mathrm{QR}^2}{2\cdot\mathrm{PQ}\cdot\mathrm{PR}}\\ &= \frac{8^2+9^2-5^2}{2\cdot 8\cdot 9} = \frac{\mathbf{5}}{\mathbf{6}}\end{aligned}$$

また，$\sin\angle\mathrm{QPR} > 0$ であるから

$$\begin{aligned}\sin\angle\mathrm{QPR} &= \sqrt{1-\cos^2\angle\mathrm{QPR}}\\ &= \sqrt{1-\left(\frac{5}{6}\right)^2} = \frac{\sqrt{11}}{6}\end{aligned}$$

よって，△PQR の面積は

$$\frac{1}{2}\cdot\mathrm{PQ}\cdot\mathrm{PR}\cdot\sin\angle\mathrm{QPR} = \frac{1}{2}\cdot 8\cdot 9\cdot\frac{\sqrt{11}}{6} = \mathbf{6\sqrt{11}}$$

次に，三角錐 TPQR の体積が最大となるのは，底面の △PQR に対して，高さ TH が最大となるように点 T をとるとき，すなわち，次の図のように線分 TH が球の中心 S を通るときである。

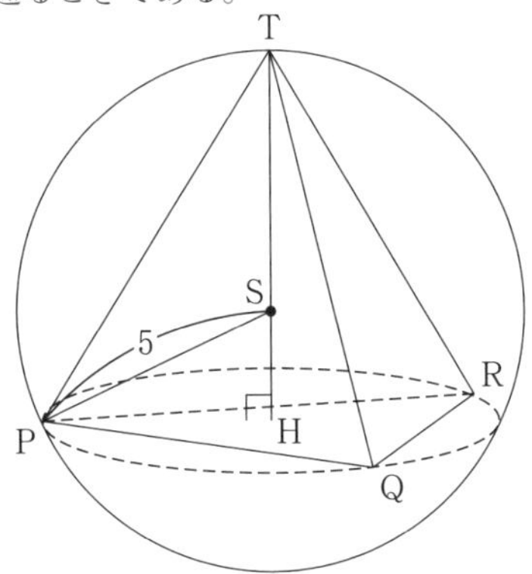

このとき，平面 α は直線 SH に垂直な平面となる。したがって，△PQR の外接円の中心が点 H となるから

PH ＝ QH ＝ RH　 ⇨ ⑥

また，PH，QH，RH は △PQR の外接円の半径であるから，△PQR におい

て，正弦定理より

$$\frac{QR}{\sin\angle QPR}=2PH$$

よって

$$PH=\frac{1}{2}\cdot\frac{QR}{\sin\angle QPR}=\frac{1}{2}\cdot\frac{5}{\frac{\sqrt{11}}{6}}=\frac{15}{\sqrt{11}}$$

直角三角形 SPH において，三平方の定理より

$$\begin{aligned}SH&=\sqrt{SP^2-PH^2}\\&=\sqrt{5^2-\left(\frac{15}{\sqrt{11}}\right)^2}\\&=\sqrt{5^2\left(1-\frac{3^2}{11}\right)}\\&=5\sqrt{\frac{2}{11}}=\frac{5\sqrt{22}}{11}\end{aligned}$$

したがって，三角錐 TPQR の体積は

$$\begin{aligned}\frac{1}{3}\cdot\triangle PQR\cdot TH&=\frac{1}{3}\cdot\triangle PQR\cdot(TS+SH)\\&=\frac{1}{3}\cdot6\sqrt{11}\cdot\left(5+\frac{5\sqrt{22}}{11}\right)\\&=10\sqrt{11}+10\sqrt{2}\\&=\mathbf{10(\sqrt{11}+\sqrt{2})}\end{aligned}$$

別解

PH，QH，RH の長さについては，次のように考えることもできる。

SP，SQ，SR は，球 S の半径で互いに等しく，辺 SH は共通である。よって，直角三角形の斜辺と他の一辺が等しいから

$$\triangle SPH\equiv\triangle SQH\equiv\triangle SRH$$

これより，PH = QH = RH である。

第２問

〔1〕

(1) 52 市のデータの値を小さい順に並べたとき

```
┌──13──┐┌──13──┐┌──13──┐┌──13──┐
①…[⑬⑭]…[㉖㉗]…[㊴㊵]…52
      ↑       ↑       ↑
第1四分位数 中央値 第3四分位数
```

- 中央値は，26 番目と 27 番目のデータの値の平均
- 第 1 四分位数は，13 番目と 14 番目のデータの値の平均
- 第 3 四分位数は，39 番目と 40 番目のデータの値の平均

である。

ここで，図 1 のヒストグラムを度数分布表に整理すると，次のようになる。

階級	1000～1400	1400～1800	1800～2200	2200～2600	2600～3000	3000～3400	3400～3800	3800～4200	4200～4600	4600～5000
度数	2	7	11	7	10	8	5	0	1	1
累積度数	2	9	20	27	37	45	50	50	51	52

よって

- 第 1 四分位数が含まれる階級は，**1800 以上 2200 未満** である。　⇨ ②

- 第3四分位数が含まれる階級は，**3000 以上 3400 未満** である。　⇨ ⑤
- 四分位範囲は

　　3400 − 1800 = 1600

　　3000 − 2200 = 800

より，**800 より大きく 1600 より小さい**。　⇨ ①

(2)　地域Eの19個のデータの値を小さい順に並べたとき

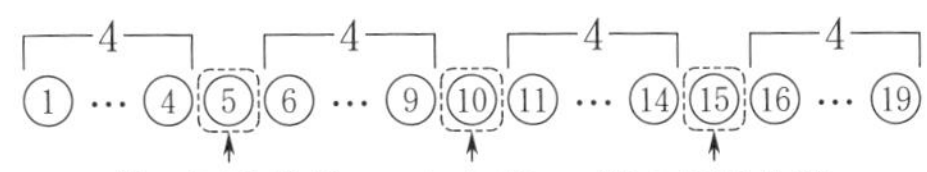

第1四分位数　中央値　第3四分位数

- 中央値は，10番目のデータの値
- 第1四分位数は，5番目のデータの値
- 第3四分位数は，15番目のデータの値

である。

地域Wの33個のデータの値を小さい順に並べたとき

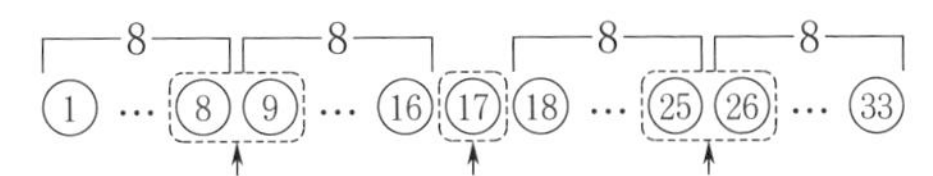

第1四分位数　中央値　第3四分位数

- 中央値は，17番目のデータの値
- 第1四分位数は，8番目と9番目のデータの値の平均
- 第3四分位数は，25番目と26番目のデータの値の平均

である。

(i)　図2および図3から読み取れることとして，各選択肢について考察する。

⓪ について，地域Eの第1四分位数は2000よりも大きく，これは小さい方から5番目のデータの値であるため，正しくない。

① について，地域Eの最大値はおよそ3700であり，最小値はおよそ1200であるから，その範囲はおよそ2500 (= 3700 − 1200) である。地域Wの最大値はおよそ5000であり，最小値はおよそ1400であるから，その範囲はおよそ3600 (= 5000 − 1400) である。したがって，正しくない。

② について，地域Eの中央値は2400以下であり，地域Wの中央値は2600以上であるから，**正しい**。

③ について，地域Eの中央値は2600より小さいため，2600未満の地域の割合は0.5より大きい。地域Wの中央値は2600より大きいため，2600未満の地域の割合は0.5より小さい。したがって，正しくない。

以上より，正しいものは ② である。

(ii)　分散の定義は，「偏差の2乗」の平均であるから，**偏差の2乗を合計して地域Eの市の数で割った値**である。　⇨ ②

研究

データ x_1, x_2, …, x_n の平均を $\overline{x}$ とすると，それぞれの偏差，すなわち平均との差は $x_1-\overline{x}$, $x_2-\overline{x}$, …, $x_n-\overline{x}$ と表され，分散は

$$s^2=\frac{1}{n}\{(x_1-\overline{x})^2+(x_2-\overline{x})^2+\cdots+(x_n-\overline{x})^2\}$$

と表される。

(3)　地域Eにおけるやきとりの支出金額を S，かば焼きの支出金額を T とすると，S と T の相関係数は

$$\frac{(S\text{と}T\text{の共分散})}{(S\text{の標準偏差})\times(T\text{の標準偏差})}=\frac{124000}{590\times570}=\frac{1240}{3363}=0.368\cdots$$

小数第3位を四捨五入すると，やきとりの支出金額とかば焼きの支出金額の相関係数は **0.37** である。 ⇨ ⑦

〔2〕

(1) 放物線 C_1 の方程式を

$$y=ax^2+bx+c \quad \cdots\cdots ①$$

とおくと，①は点 $P_0(0,\ 3)$，$M(4,\ 3)$ を通るから

$$3=c,\ 3=16a+4b+c$$

したがって

$$b=-4a,\ c=3$$

①に代入して

$$\boldsymbol{y=ax^2-4ax+3}$$

これを平方完成すると

$$y=a(x-2)^2-4a+3 \quad \cdots\cdots ②$$

となるから，放物線 C_1 の頂点は 点 $(2,\ -4a+3)$ である。仮定より，プロ選手の「シュートの高さ」は C_1 の頂点の y 座標のことであるから

$$\boldsymbol{-4a+3}$$

放物線 C_2 の方程式は

$$y=p\left\{x-\left(2-\frac{1}{8p}\right)\right\}^2-\frac{(16p-1)^2}{64p}+2$$

より，頂点は点 $\left(2-\frac{1}{8p},\ -\frac{(16p-1)^2}{64p}+2\right)$ である。よって，「ボールが最も高くなるときの地上の位置」は，C_1，C_2 の頂点の x 座標であるから

プロ選手: 2

花子さん: $2-\frac{1}{8p}$

◀②より。

となる。仮定より，C_2 の頂点の x 座標は 4 よりも小さく，C_2 は上に凸の放物線であるから，$p<0$ より $-\frac{1}{8p}>0$ であり

◀図1より，C_2 の頂点の x 座標は M の x 座標よりも小さい。

$$2<2-\frac{1}{8p}<4$$

よって，**花子さんの「ボールが最も高くなるときの地上の位置」の方が，つねに M の x 座標に近い。** ⇨ ②

別解

放物線 C_1 は $P_0(0,\ 3)$，$M(4,\ 3)$ を通るので，放物線の対称性より C_1 の頂点の x 座標は 2 であることがわかる。よって，C_1 の方程式は実数 d を用いて

$$y=a(x-2)^2+d$$

と表される。C_1 は $(0,\ 3)$ を通るので

$$3=4a+d$$

$$d=-4a+3$$

となることから $y=ax^2-4ax+3$ を求めることができる。

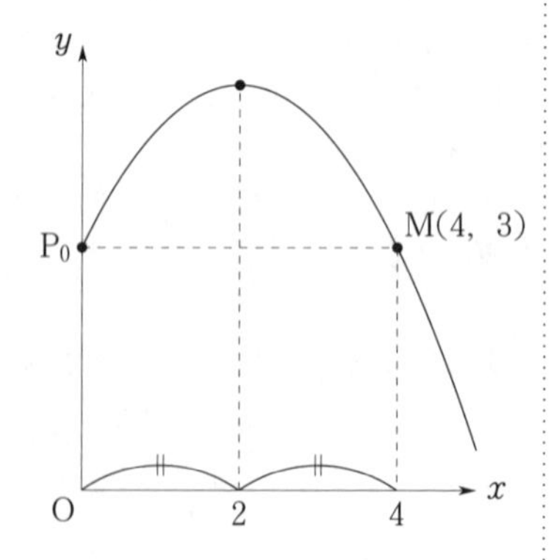

(2)

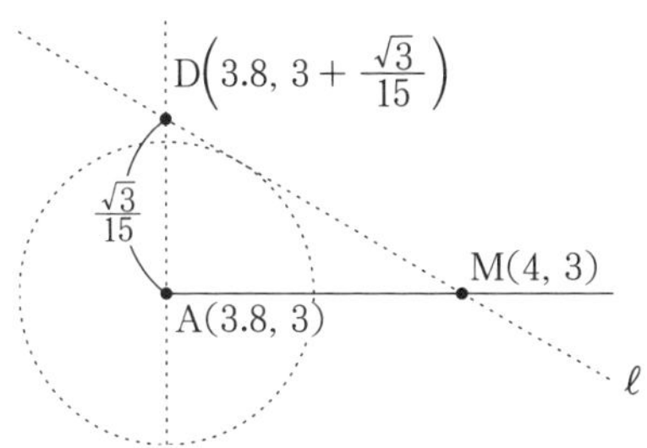

AD $=\frac{\sqrt{3}}{15}$より，点Dの座標は$\left(3.8,\ 3+\frac{\sqrt{3}}{15}\right)$であるから，放物線$C_1$が点Dを通るとき，②より

$$3+\frac{\sqrt{3}}{15}=a\cdot(3.8-2)^2-4a+3$$

$$\frac{\sqrt{3}}{15}=a\cdot\left(\frac{9}{5}\right)^2-4a$$

$$-\frac{19}{25}a=\frac{\sqrt{3}}{15}$$

$$a=-\frac{5\sqrt{3}}{57}$$

C_1の方程式は

$$y=ax^2-4ax+3$$
$$=a(x^2-4x)+3$$

であるから

$$\boldsymbol{y=-\frac{5\sqrt{3}}{57}(x^2-4x)+3}$$

となる。よって，プロ選手の「シュートの高さ」は

$$-4a+3=-4\cdot\left(-\frac{5\sqrt{3}}{57}\right)+3$$
$$=\frac{20\sqrt{3}}{57}+3$$
$$\fallingdotseq\frac{20\times1.73}{57}+3$$
$$\fallingdotseq3.6$$

である。花子さんの「シュートの高さ」が約 3.4 であるから，**プロ選手** の「シュートの高さ」の方が大きい。 ⇨ ⓪

また，その差は約 0.2 であるから，ボール **約 1 個分** である。 ⇨ ⓪

第3問

(1) 図Bにおいて，球1の塗り方は5通りあり，それ以外の色で球2を塗るから，球2の塗り方は4通りである。同様にして，球3，球4の塗り方もそれぞれ4通りであるから

$$5\times4\times4\times4=\mathbf{320}\ (通り)$$

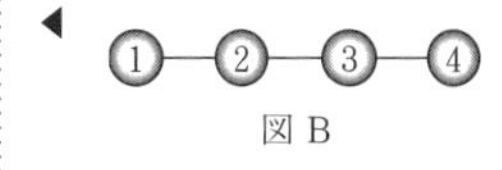

図B

(2) 図Cにおいて，球1の塗り方は5通りあり，球2の塗り方は4通りある。球3は球1，球2の色以外の色で塗るので，その塗り方は3通りあるから

$$5\times4\times3=\mathbf{60}\ (通り)$$

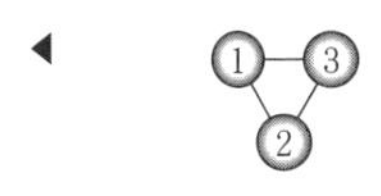

図C

(3) 図Dにおいて，赤をちょうど2回使う場合

- 球1と球3を赤で塗る
- 球2と球4を赤で塗る

の2通りの塗り方がある。どちらの場合でも，赤で塗らなかった二つの球は，赤以外の4色からそれぞれ1色選んで塗ればよいから

図D

$2\times4\times4=\mathbf{32}$（通り）

(4)　図 E において，赤をちょうど 3 回使い，かつ青をちょうど 2 回使う場合，ひもでつながれた球の色は異なるから，全ての球とひもでつながれた球 1 には赤と青を塗ることができない。よって，球 1 の塗り方は赤，青以外の 3 通りある。あとは，球 2〜球 6 のうち三つを赤で塗り，残った二つを青で塗ればよい。赤で塗る球の選び方は

$${}_5C_3=\frac{5\cdot4\cdot3}{3\cdot2\cdot1}=10\text{（通り）}$$

であるから，塗り方の総数は

$3\times10=\mathbf{30}$（通り）

◀

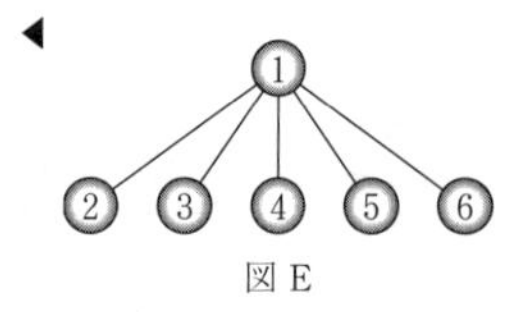

図 E

(5)　図 F において，塗り方の総数は図 B と同じになるため，320 通りである。

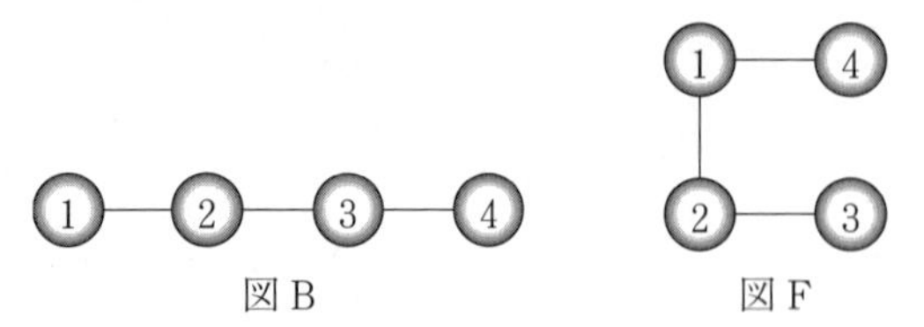

図 B　　図 F

そのうち，球 3 と球 4 が同色になる塗り方は

「球 3 と球 4 が同色であり，球 1 と球 2 がそれぞれ球 3(球 4) と異なる色で，かつ球 1 と球 2 が異なる色」

であればよい。

よって，その塗り方の総数は，球 1，球 2，球 3 が同色でない場合の数であり，塗り方の総数が一致する図は，球 1 と球 2，球 2 と球 3，球 3 と球 1 がそれぞれひもでつながれたものである。　⇨ ②

◀これは，図 C と一致する。

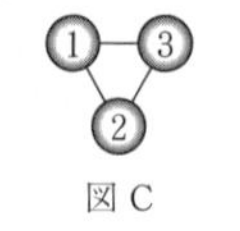

図 C

したがって，球 3 と球 4 が同色になる塗り方は，図 C と同様であるから，(2)より 60 通りである。

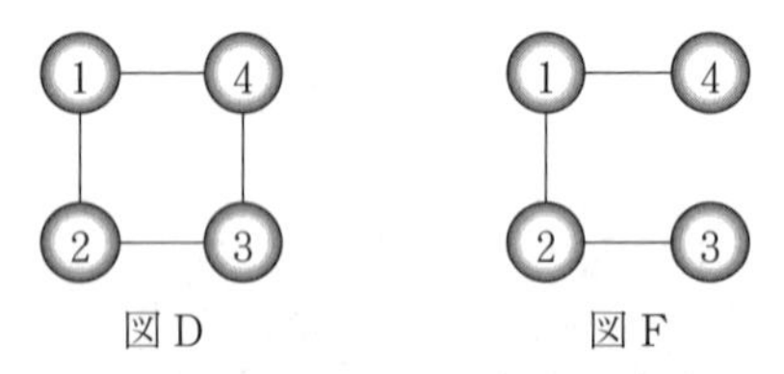

図 D　　図 F

図 D の塗り方の総数は，図 F の塗り方の総数から球 3 と球 4 が同色になる場合を除いたものであるから

$320-60=\mathbf{260}$（通り）

(6)　(5)と同様に，図 G の塗り方の総数を，球 4 と球 5 のつながりを無くした図 H と比較して考える。

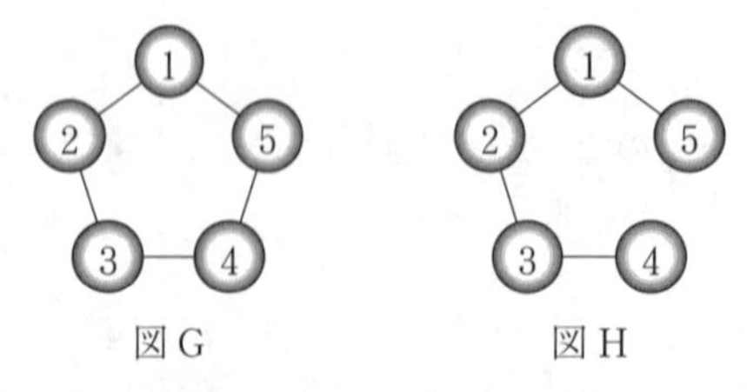

図 G　　図 H

図 H における塗り方の総数は，五つの球が一直線につながれていると考えればよいから，(1)と同様に考えて

$5\times4\times4\times4\times4=1280$（通り）

このうち，球 4 と球 5 が同色の場合の塗り方の総数は，(5)と同様に考えると，図 D の塗り方の総数と等しく，その総数は 260 通りである。

よって，求める図 G の塗り方の総数は

$$1280-260=\mathbf{1020}\text{（通り）}$$

第 4 問

(1)　462 と 110 をそれぞれ素因数分解すると

$$462=2\cdot3\cdot7\cdot11$$

$$110=2\cdot5\cdot11$$

であるから，両方を割り切る素数のうち最大のものは **11** である。

赤い長方形を並べて作ることができる正方形の一辺の長さは，462 と 110 の公倍数である。よって，辺の長さが最小となるときの辺の長さは 462 と 110 の最小公倍数であるから

$$2\cdot3\cdot5\cdot7\cdot11=\mathbf{2310}$$

赤い長方形を並べて正方形ではない長方形を作るとき，赤い長方形を横に m 枚，縦に n 枚並べると，次の図のようになる。

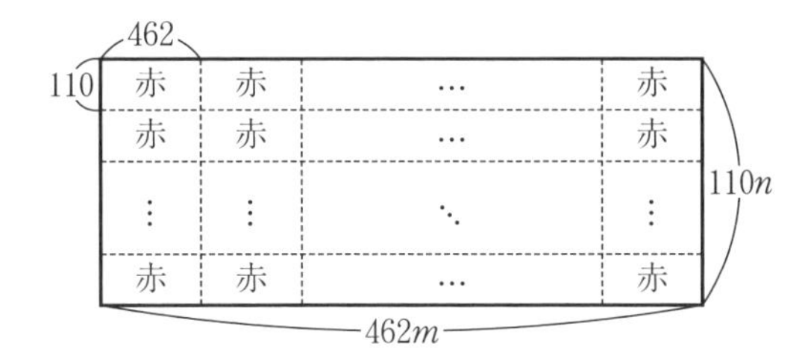

横の長さと縦の長さの差の絶対値は

$$|462m-110n|=22|21m-5n| \quad \cdots\cdots ①$$

である。正方形でないことから $21m-5n\neq0$ であり，m，n は自然数であるから，①が最小となるのは $|21m-5n|=1$ の場合が考えられる。

◀ $21m-5n=0$ のとき $462m=110n$ であるから，赤い長方形を並べた図形は正方形になる。

このとき，$m=1$，$n=4$ とすると

$$21m-5n=21\cdot1-5\cdot4=1$$

であるから，①の最小値は

$$|462m-110n|=22\cdot1=\mathbf{22}$$

縦の長さが横の長さより 22 だけ長いとき

$$110n-462m=22$$

両辺を 22 で割って

$$5n-21m=1 \quad \cdots\cdots ②$$

ここで，$21\cdot1-5\cdot4=1$ より

$$5\cdot(-4)-21\cdot(-1)=1 \quad \cdots\cdots ③$$

② − ③ より

$$5(n+4)=21(m+1) \quad \cdots\cdots ④$$

5 と 21 は互いに素であるから，$m+1$ は 5 の倍数である。よって，ℓ を整数とすると

$$m+1=5\ell$$

と表すことができる。このとき

$$m=5\ell-1$$

であるから，これを④に代入して

$$5(n+4)=21\cdot 5\ell$$
$$n=21\ell-4$$

よって，自然数 m，n について，横の長さ $462m$ が最小となるのは，$\ell=1$ のときである。このとき

$$m=4,\ n=17$$

であり，長方形の横の長さは

$$462m=462\cdot 4=\mathbf{1848}$$

(2) 赤い長方形を並べてできる長方形の縦の長さと，青い長方形を並べてできる長方形の縦の長さが等しいとき，縦の長さは 110 と 154 の公倍数となる。

110 と 154 を素因数分解すると

$$110=2\cdot 5\cdot \quad 11$$
$$154=2\cdot \quad 7\cdot 11$$

より，110 と 154 の最小公倍数は

$$2\cdot 5\cdot 7\cdot 11=770 \quad \cdots\cdots ⑤$$

であるから，縦の長さの最小値は **770** であり，図 2 のような長方形は縦の長さが 770 の倍数である。

462 と 363 を素因数分解すると

$$462=2\cdot 3\cdot 7\cdot 11$$
$$363=\quad 3\cdot \quad 11\cdot 11$$

より，462 と 363 の最大公約数は

$$3\cdot 11=\mathbf{33} \quad \cdots\cdots ⑥$$

であり，33 の倍数のうちで 770 の倍数でもある最小の正の整数，すなわち，33 と 770 の最小公倍数は，⑤，⑥より

$$2\cdot 3\cdot 5\cdot 7\cdot 11=\mathbf{2310}$$

したがって，図 2 のような正方形の横の長さは，2310 の倍数である。このとき，赤い長方形を m' 枚，青い長方形を n' 枚，横に並べると，次の図のようになる。

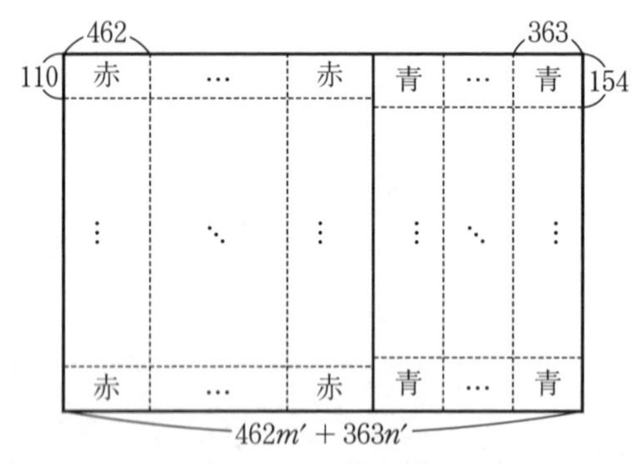

k を自然数とすると

$$462m'+363n'=2310k$$
$$2\cdot 3\cdot 7\cdot 11m'+3\cdot 11\cdot 11n'=2\cdot 3\cdot 5\cdot 7\cdot 11k$$

であるから，両辺を $3\cdot 11$ で割って

$$2\cdot 7m'+11n'=2\cdot 5\cdot 7k$$

これを満たす自然数 k，m'，n' を考えると

$$11n'=2\cdot 7(5k-m')$$

11 と $2\cdot 7$ は互いに素であるから，$5k-m'$ は 11 の正の倍数である。k，m'，n' は

自然数であり，$k=1,\ 2$ のとき，条件を満たす自然数 m' は存在しない。$k=3$ のとき，$m'=4$ とすれば，$5k-m'=11$ となる。

よって，図2のような正方形のうち，辺の長さが最小となるのは $k=3$ のときで，そのときの一辺の長さは

$2310\times 3=\mathbf{6930}$

◀m' は自然数なので，$k=1,\ 2$ のとき
$5k-m'<11$
となり，11の正の倍数にはならない。

第5問

(1)　手順1に従って図をかくと，次のようになる。

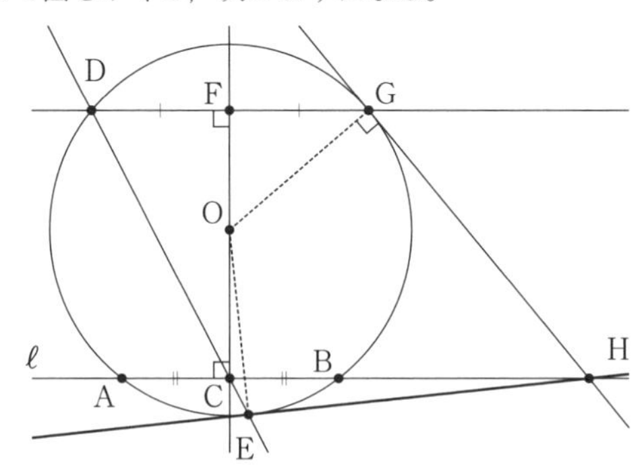

直線EHが円Oの接線であることを証明するには，OEとEHが垂直に交わる，すなわち

$\angle\mathbf{OEH=90°}$

であることを示せばよい。

円の弦の垂直二等分線は，その円の中心を通るので

$\angle OCH=90°$

直線GHは円Oの接線であるから，$OG\perp GH$ より

$\angle OGH=90°$

これより，$\angle OCH+\angle OGH=180°$ となるから，対角の和が $180°$ であることより，四角形OCHGは円に内接する。

したがって，4点**C，G，H，O**は同一円周上にある。　⇨ ③

よって，円に内接する四角形の内角は，その対角の外角と等しいから

$\angle\mathbf{CHG}=\angle\mathbf{FOG}$　⇨ ④

$OF\perp DG$，$DF=FG$，OFは共通より，2組の辺とその間の角がそれぞれ等しいので

$\triangle ODF\equiv\triangle OGF$

よって

$\angle FOG=\angle FOD=\dfrac{1}{2}\times\angle DOG$ ……①

また，弧DGに対する円周角と中心角の関係より

$\angle DEG=\dfrac{1}{2}\times\angle DOG$ ……②

①，②より

$\angle\mathbf{FOG}=\angle\mathbf{DEG}$　⇨ ③

以上より，$\angle CHG=\angle DEG$，すなわち

$\angle CHG=\angle CEG$

が成り立つから，円周角の定理の逆より，4点**C，G，H，E**は同一円周上にある。　⇨ ②

この円も，4点C，G，H，Oを通る円も△CGHの外接円である。よって，こ

の円は点 O を通るので，弧 OH に対する円周角より

$$\angle \mathrm{OEH} = \angle \mathrm{OCH} = 90^\circ$$

を示すことができる。

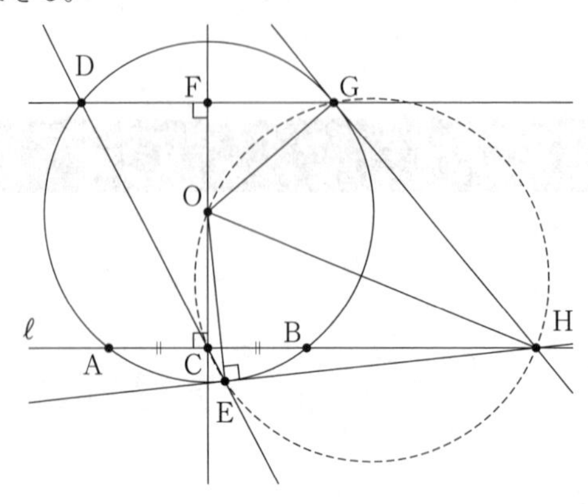

(2)　手順 2 に従って図をかくと，次のようになる。

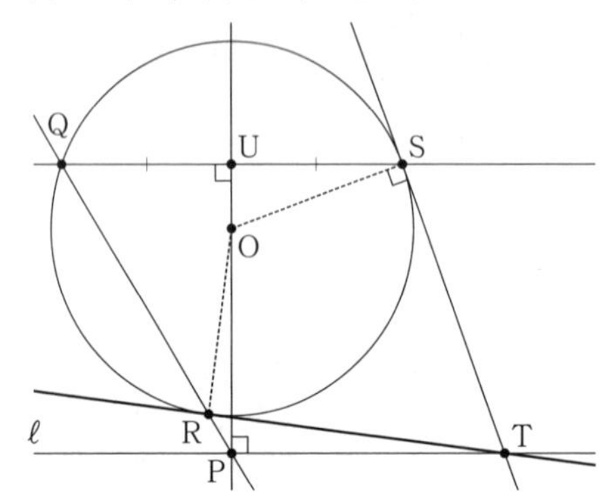

直線 ST は円 O の接線であるから

$$\angle \mathrm{OST} = 90^\circ$$

$\mathrm{OP} \perp \ell$ より $\angle \mathrm{OPT} = 90^\circ$ で，$\angle \mathrm{OST} + \angle \mathrm{OPT} = 180^\circ$ となるから，対角の和が 180° であることより，四角形 OPTS は円に内接する。

円に内接する四角形の内角は，その対角の外角と等しいから，線分 SQ の中点を U とすると

$$\angle \mathrm{PTS} = \angle \mathrm{UOS} \quad \cdots\cdots ③$$

また，QU ＝ SU，UO は共通より，2 組の辺とその間の角がそれぞれ等しいので

$$\triangle \mathrm{OUQ} \equiv \triangle \mathrm{OUS}$$

であるから

$$\angle \mathrm{UOS} = \angle \mathrm{UOQ} = \frac{1}{2} \times \angle \mathrm{SOQ}$$

さらに，弧 SQ に対する円周角と中心角の関係より

$$\angle \mathrm{QRS} = \frac{1}{2} \times \angle \mathrm{SOQ} = \angle \mathrm{UOS} \quad \cdots\cdots ④$$

③，④より

$$\boldsymbol{\angle \mathrm{PTS} = \angle \mathrm{QRS}}$$　⇨ ③

したがって，四角形 RPTS において，一つの内角とその対角の外角が等しいから，四角形 RPTS は円に内接する。このとき，四角形 OPTS も円に内接するから，3 点 P，T，S を通る円周上に点 O，R もあることがわかる。すなわち，5 点 O，R，P，T，S は同一円周上にある。

この5点を通る円を O′ とおく。

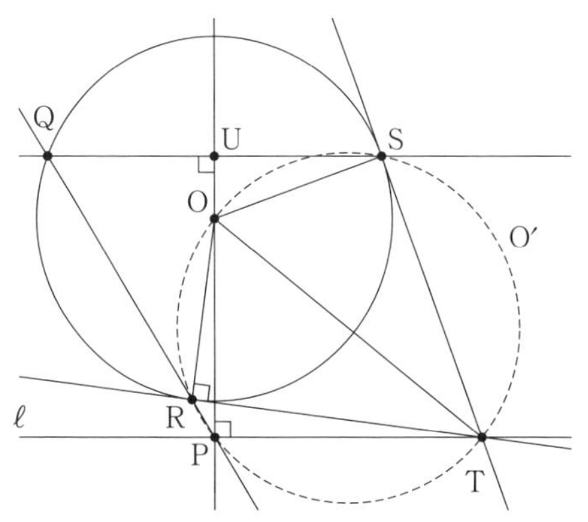

円 O の半径が $\sqrt{5}$，OT $= 3\sqrt{6}$ のとき，$\angle$OPT $= 90°$ より，円 O′ の直径が OT となるから，円 O′ の半径 r は

$$r = \frac{\mathrm{OT}}{2} = \frac{\mathbf{3\sqrt{6}}}{\mathbf{2}}$$

円 O′ において，半円の弧に対する円周角であるから

$$\angle \mathrm{ORT} = 90°$$

したがって，直角三角形 ORT において，三平方の定理より

$$\mathrm{OR}^2 + \mathrm{RT}^2 = \mathrm{OT}^2$$

であり，OR は円 O の半径なので

$$\begin{aligned} \mathbf{RT} &= \sqrt{\mathrm{OT}^2 - \mathrm{OR}^2} \\ &= \sqrt{(3\sqrt{6})^2 - (\sqrt{5})^2} \\ &= \mathbf{7} \end{aligned}$$

MEMO

MEMO

MEMO

Z-KAI